阿爾薩斯
最佳酒莊
與葡萄酒購買指南

Les Meilleurs
Domaines d'Alsace

劉永智 Jason Liu著

積木文化

Remerciements

MERCI, cher Baltzen, toi qui aimes faire tes gravures et tes délicieuses tartes aux pommes qui proviennent du jardin de ton père, ainsi qu'à tous les vignerons qui partagent leurs beaux flacons et leurs passions vinicoles avec moi.

阿爾薩斯
最佳酒莊
與葡萄酒購買指南

Les Meilleurs
Domaines d'Alsace

劉永智 Jason Liu 著

作者序

　　已退休的羅伯・派克（Robert Parker）曾是全球影響力最大的酒評家，以「百分制」評比一度獨霸酒評界。他與阿爾薩斯其實有段重要的淵源，誇張一點說，沒有阿爾薩斯便沒有派克這號人物。1967年聖誕節之際，他當時的女友派翠西亞（現在的老婆）正在史特拉斯堡大學學習法語，也是學生身分的派克造訪女友之餘，勢必於美食之都史特拉斯堡的餐廳用餐。此前只喝可樂，從未飲過葡萄酒的帕克驚覺餐廳裡的葡萄酒要價甚至比美國可樂便宜，便點瓶來試，一飲驚為天人，以前蠻荒未開的五感如承天之甘露洗禮而茅塞頓開如獲新生。三十多年後，他被《洛杉磯時報》評為「全宇宙最具影響力的酒評家」，於是金身鍛成酒界稱王。

　　筆者只是一介人微言輕的葡萄酒作家，雖也評分（10分制），但看重我評分者仍相當小眾。然而，至少我的葡萄酒起點可說與派克相同。雖說去史堡讀法文之前，我也喝過一點點葡萄酒，但只限於當時菸酒公賣局配給的玫瑰紅（先父是公賣局製瓶工廠廠長）。在史堡就讀的兩年期間，我寄居在年紀長我許多的好友家，他藏酒甚多，我也因此雨露均霑：每天中午與晚餐都有葡萄酒搭餐，除阿爾薩斯葡萄酒外，老波爾多飲過不少，香檳、隆河與法國其他產區也有些涉獵。總之，我的葡萄酒奇幻旅程同樣始於阿爾薩斯。唯一不同的是，二十多年後我仍鍾情於阿爾薩斯的醇酒、美食、人文與酒鄉景色；派克則早已離開阿爾薩斯，專注於他鍾愛的隆河、波爾多或其他濃重口味的紅酒產區。

　　本書收錄了四十八家阿爾薩斯最佳酒莊，未被寫入本書的，有些是遺珠（篇幅有限），另些是我認為酒質仍待加強。其實我在阿爾薩斯常常以遊客身分去酒莊試酒，不表明作者身分，是因為若我覺得還不值得寫在書中，就買兩瓶酒後滾蛋，不會覺得不好意思。此外，阿爾薩斯各莊酒款都很多，若只是其中三、四款釀得好，於我來說還不值得花時間寫入書中（在波爾多只要一、兩款釀得好，就妥當了）。

　　阿爾薩斯仍是被愛酒人嚴重低估的產區，這裡不僅酒質水準高、風味多元（自然派葡萄酒、橘酒已相當常見，近年來黑皮諾也愈釀愈好），也是全球生物動力法施行最密集的產區之一（依產區面積的比例而言，或許僅落後於法國侏儸產區，但侏儸面積非常小），最重要的是絕大多數酒價平易近人。一昧地追逐高價波爾多、布根地或巴羅鏤（Barolo）的時代已然過去，予自己與阿爾薩斯一個機會吧，您的味蕾與荷包將對您心存感激。

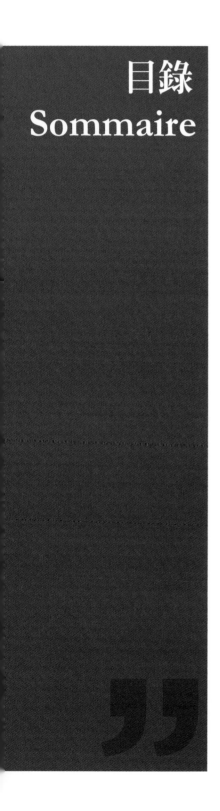

目錄
Sommaire

本書使用說明
Comment Lire ce Livre?

以葡萄串替酒莊分級

三串葡萄酒莊 🍇🍇🍇

整體酒質屬阿爾薩斯最頂尖詮釋，為產區**傑出酒莊（Domaines d'Excellence）**。

二串葡萄酒莊 🍇🍇

整體酒質屬阿爾薩斯的傑出代表，為產區**優秀酒莊（Domaines Remarquables）**。

一串葡萄酒莊 🍇

整體酒質為阿爾薩斯的優質展現，為產區**優質酒莊（Bons Domaines）**。

酒莊施行農法標示

施行生物動力法者（Biodynamie）以新月 標示。
施行有機農法者（Bio）以瓢蟲 標示。
施行永續農法者（Viticulture durable）以小花 標示。

以十分制替酒評分

7～8分為釀酒技術無偏差口感無瑕疵；

8～9分為風味頗佳；

9～9.5分為細節、複雜度、優雅度兼具的好酒；

9.5分以上則是餘韻繞樑且儲存潛力優良的天之美祿；

10分為滿分，但世上無完美事物，故不會出現10/10分的評比。

酒款名稱裡所使用的縮寫

VV：老藤（Vieilles Vignes）

JV：年輕葡萄藤（Jeunes Vignes）

VT：晚摘（Vendanges Tardives）

SGN：貴腐甜酒（Sélection des Grains Nobles）

GC：特級園（Grand Cru）

LD：特定葡萄園（Lieu-dit）

Gewürz：格烏茲塔明那品種（Gewürztraminer）

酒價標示

1$＝1,000NT以下；

2$＝1,000～2,000NT；

3$＝2,000～3,000NT；

4$＝3,000～4,000NT；

5$＝4,000NT以上

酒價範圍僅供參考，會隨著酒莊與進口商的定價策略、購買通路、購買時機以及飲用地點（如餐廳或酒吧）出現或多或少的差距。

註1：本書限於篇幅僅條列出各莊的酒名與評分，至於相關酒款的詳細筆記，讀者可上Jason's VINO網站（www.jasonsvino.com）查詢（並非每款酒都被登錄）。

註2：由本書作者擔任顧問引進的阿爾薩斯好酒，請參考入口網站：jowine.com.tw。

阿爾薩斯產區
總論
L'Alsace
Région
Vitivinicole

建於十五世紀、位於Hunawihr村的Église Saint-Jacques-le Majeur防禦
式教堂（周圍築有城牆）已成為阿爾薩斯葡萄園景色的地標，且被列
為歷史遺產。

節慶時，常可見到阿爾薩斯傳統服裝再現。

　　法國在2016年9月推動行政區劃分改革，將原本的阿爾薩斯地區（Alsace；阿爾薩斯文寫成Elsàss），與香檳─阿登（Champagne-Ardenne）和洛林（Lorraine）地區一同併入範圍更大的「大東部地區」（Le Grand Est）；不過如此一來，卻在某種程度上削弱了三個舊地區的風土文化與特色，也招致不少人惡感，有些阿爾薩斯人甚至希望來日能再改回舊制，我也持相同意見。

　　在本書裡，為方便討論，我還是會沿用「阿爾薩斯地區」這樣的說法，因為它在整個法國裡，不管在方言（阿爾薩斯語）、建築（木筋牆房舍）、服飾、飲食與文化風俗上都獨樹一幟；講到葡萄酒，使用「阿爾薩斯產區」也更方便易懂。總之，「大東部地區」於文化而言，實在籠統，滋味混摻：就像一個包子裡，既有豬肉餡，也摻入紅豆沙甜餡。

　　位於法國東北部、與德國為鄰的阿爾薩斯地區分為北部的「下萊茵省」（Bas-Rhin）與南部的「上萊茵省」（Haut-Rhin），各有其首都，前者是史特拉斯堡（Strasbourg），後者則是柯爾瑪（Colmar）；不過，一般提到「阿爾薩斯的首都」，傳統習慣上還是

指史特拉斯堡。當然，史堡也是世界首屈一指的「聖誕之都」，每年聖誕前夕的聖誕市集吸引眾多國內外遊客造訪，以體驗溫暖繽紛的濃厚過節氣氛。史特拉斯堡一如比利時首都布魯塞爾，駐有許多歐盟重要機構，包括歐洲理事會、歐洲人權法庭、歐盟反貪局、歐洲軍團以及歐洲議會，因而被譽為歐盟的「第二首都」。它也是除巴黎之外，法國最重要的政治與文化城市。

　　阿爾薩斯自古位處歐洲交通樞紐，使其歷史文化兼容並蓄法、德特色。然而，盛產葡萄酒的阿爾薩斯在台灣飲酒人（或說亞洲飲酒人）心中的位置卻仍地處邊陲，多數人繼續追捧酒價已經顯得高不可攀的波爾多或布根地，將阿爾薩斯落在一旁，實在可惜。其實，阿爾薩斯實乃愛酒人淘寶的秘藏，除頂尖酒莊，許多一般人忽視的小型酒莊，也釀有眾多極為精湛的酒款，況且酒價極為物超所值。

產銷的幾個關鍵數字

　　阿爾薩斯葡萄酒生產關鍵字：年均產量為1億5,000萬瓶；九成是白酒；1972年起只能在阿爾薩斯裝瓶；必須使用「阿爾薩斯長直瓶」（La flûte d'Alsace）裝瓶；麗絲玲（Riesling）為種植最多的品種。

史特拉斯堡大教堂與其前面的耶誕市集。

阿爾薩斯葡萄園全圖

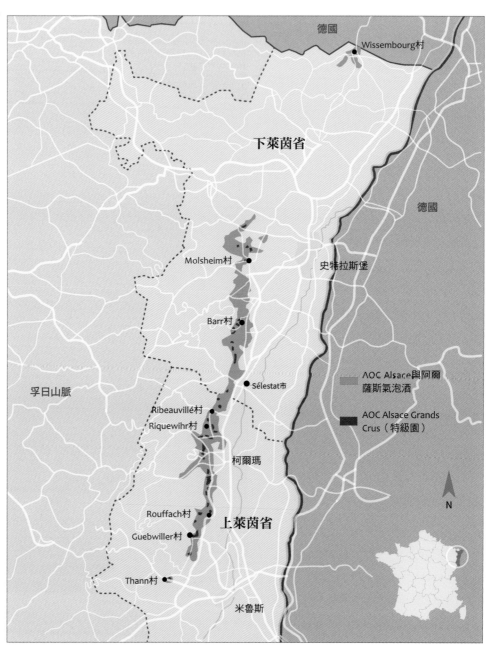

註：法國的AOC轉換至歐盟層次來說就是AOP。

中世紀的阿爾薩斯葡萄酒產業已相當興盛，當時最大出口市場為荷蘭，借水路將橡木桶從柯爾瑪北送，經史特拉斯堡港口過海關出口（如圖），行經德國科隆到達北歐。

阿爾薩斯葡萄酒銷售關鍵數字：在銷售的1億4,000萬瓶酒當中，74%為法國國內市場（其中25%為酒莊莊內直銷，此領域為法國最強），26%出口。法國人所喝的法定產區AOC（Appellation d'Origine Controlée，AOC）白酒，有三成來自阿爾薩斯。除香檳外，法國人所喝的氣泡酒，有三成是阿爾薩斯氣泡酒。此產區葡萄酒出口至全球超過一百三十國（歐盟占75%的出口量，亞洲僅占4%）；比利時以及德國人喝最多。

阿爾薩斯產區簡史

以下條列本產區簡史，讓讀者鑑往知來，筆者相信阿爾薩斯的葡萄酒歷史榮光正逐漸再次被擦亮中。

* 阿爾薩斯物產豐饒，又位處交通中樞（陸路以及可通至北海的萊茵河），自古便是兵家必爭之地。約在耶穌誕生那年，史特拉斯堡的前身——羅馬城市阿疆圖拉特Argentoratum在奧古斯都皇帝手下建立；一如所有的占領區，羅馬軍隊需要葡萄酒當作飲料，便在西元三世紀時開墾阿爾薩斯山坡地，種葡萄釀酒。不過，依據皮耶・嘉斯曼（Pierre Gassmann）的研究與葡萄葉化石證據，他推斷阿爾薩斯的葡萄酒文化早在羅馬人來此之前就已存在。

* 西元850年左右，教會影響力逐漸擴大，修士們也開始開墾現今被列為特級園的優秀葡萄園。

* 中世紀的阿爾薩斯葡萄酒產業已經相當興盛，當時的產酒村莊可達四百三十座，光是從柯爾瑪市出口的葡萄酒一年就達1,000萬公升，當時最大出口市場為荷蘭。最初的出口路徑是借由水路（萊茵河與其支流伊爾河）將橡木桶從柯爾瑪北送，經史特拉斯堡港口過海關出口，行經科隆（Köln）到達北歐。

此為十九世紀末阿爾薩斯畫家Henri Loux所繪製的「Obernai」系列餐盤之一,該系列共有五十二種繪圖,所描繪的都是1900年左右的阿爾薩斯鄉村景色與農民生活。

* 中世紀時,阿爾薩斯所種植的葡萄品種非常多樣,幾乎皆採混合種植。

* 在「三十年戰爭」期間(1618～1648年),法國為削弱哈布斯堡王朝勢力,雙方在阿爾薩斯征戰,使後者成為戰爭下的犧牲品,導致家破人亡(Bergheim酒村在1610年的人口是兩千六百人,但到了1650年卻只剩下二十人)。

* 在「三十年戰爭」之前,阿爾薩斯紅酒釀得比白酒多。

* 1648年起,阿爾薩斯首次納入法國國土。路易十四即位後開始以土地贈予的方式吸引法國人民(甚至是瑞士人與奧地利人)來阿爾薩斯安居樂業,逐漸恢復人口數量。

* 普法戰爭(1870～1871年)的後果是由戰勝的德國統一,巴黎淪陷,拿破崙三世被捕,阿爾薩斯以及部分的洛林(Lorraine)被割讓給德國。

* 此時期的阿爾薩斯葡萄園因天候不佳、粉孢菌以及葡萄根瘤芽蟲病侵襲(1907～1911年),加上因德國所需而釀的重量不重質的葡萄酒,被低價銷往德國進行混調以供給軍隊及礦工們飲用,都讓阿爾薩斯的葡萄酒產業一片蕭條、垂頭喪氣。

* 一次大戰(1914～1918年)後的1919年,戰敗的德國與法國簽署《凡爾賽條約》,阿爾薩斯重回法國懷抱。

* 二戰期間(1939～1945年)的1940年,阿爾薩斯再度被德國占領。二戰後的1945年2月德軍戰敗,阿爾薩斯經盟軍解放後,又入法國籍至今。也因此,與法定產區管理局(l'INAO)商討將阿爾薩斯納入法定產區(AOC)規範的進程,因戰後百廢待舉被迫中止;直到1962年,阿爾薩斯地區葡萄酒才正式進入AOC體系。

* 阿爾薩斯目前只剩約15,600公頃葡

酒村裡的葡萄酒之路(La Route des Vins)路標,下方並以阿爾薩斯方言「Winstross」標示。

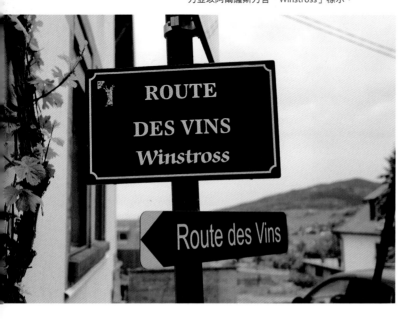

全世界現存最老葡萄酒在史特拉斯堡

奧茲·克拉克（Oz Clarke）在《改變世界的100瓶葡萄酒》（*The History of Wine in 100 Bottles*，中譯本積木文化出版）一書裡的〈施泰因葡萄酒〉章節裡指出，一瓶產自德國符茲堡的1540年份白酒是世界最老的一瓶酒。對此，筆者要提出異議：其實最老的酒在史特拉斯堡。

史特拉斯堡濟貧醫院歷史酒窖（Cave Historique des Hospices de Strasbourg）成立於1395年，一直用於釀酒儲酒，以及存放一些穀物等農產品（當時的窮人無力給付醫藥費時，便捐一些自種物資以為交換，也有人捐出農地），使得濟貧醫院與教會得以自給自足。1789年法國大革命之後，教會被迫釋出許多葡萄園，釀酒機會逐漸減少，直到1994年，濟貧醫院歷史酒窖一度被關閉停止運作；後經三十多家阿爾薩斯酒莊請命，使歷史酒窖在1996年重新運作，同時修復了一些過度老化的大型橡木槽。這三十多家酒莊也成為會員酒莊，每年經過盲飲選出當年份優質潛力新酒，將它們儲於歷史酒窖的古董橡木槽內，在1,200平方公尺的地下拱頂石窖的理想環境中培養酒質，之後以濟貧醫院歷史酒窖的統一「十字架」酒標裝瓶，於歷史酒窖店舖內出售，酒標下方的黃底帶處則會標明該原酒的酒莊大名。

不過，歷史酒窖的鎮窖之寶其實是一桶世界最老的干白葡萄酒：酒窖一處鐵柵欄後，置放了三個古老橡木槽（各槽分別製作於1472、1519與1525年），其中一槽便儲存了傳奇的1472年份白酒；為防葡萄酒每年蒸發，除必要的「添桶」外，也換過不同的酒槽：前一次是在1944年換了較小的酒槽，最後一次是在2016年由「法國最佳工藝大師」（Meilleur Ouvrier de France）Xavier Gouraud與Jean-Marie Blanchard為其特製新儲酒槽。近年因為1472年份的老酒數量不夠用以添桶，所以目前添桶所使用的是新近年份、風格近

上圖：中間的小橡木槽裝有1472年份白酒。
下圖：以鐵柵欄隔起的瓶裝1472年份白酒。

似的麗絲玲或希爾瓦那（Sylvaner）。

此酒酒精度9%（酸鹼值：2.28），歷史上曾被品嘗過四次：前三次分別是1576、1718以及為慶祝二次大戰結束的1944年，品嘗人是解放史特拉斯堡的法國元帥Leclerc將軍。1994年時，跨產區實驗室DGCCRF的釀酒顧問品嘗後，有了以下描述：「帶有亮光的深沉琥珀色，鼻息細緻但強勁，氣味複雜，讓人聯想起香草、蜂蜜、蜂膠、樟腦、香料、榛果以及水果浸漬甜酒……」。之後的液相層析質譜儀除指出它仍舊還是葡萄酒（而不是醋），且依據其礦物質與微量元素組成（如鐵質含量是新酒的幾十倍），加上感官分析（我曾聞過該儲酒槽濕潤的桶篩：與雪莉酒相近），專家確信它仍舊十足地具有1472白酒的特性！

阿爾薩斯西有孚日山脈（Vosges）屏障，遮擋了來自西邊的雲雨濕氣，使其為法國最乾燥的釀酒產區之一。圖為Kitterlé特級園，天氣好時可以眺望遠方的阿爾卑斯山。

萄園（占法國總種植面積的2%），為根瘤芽蟲病發生之前的一半面積。釀造者約三千七百三十四位（2019年）。

產區地理概貌與產酒條件

阿爾薩斯地區總面積為8,280平方公里（約為台灣本島面積的四分之一），僅占法國總面積的1.23%。阿爾薩斯的葡萄園從北（Marlenheim村）至南（Thann村），呈長條狀綿延120公里，寬度在2到5公里之間（北邊靠近德國邊境還有零星幾小塊葡萄園，但一般不太談到）。園區海拔在170～550公尺，貫穿於一百一十九座酒村之間，總種植面積約15,600公頃。此外，穿梭於各酒村之間的葡萄酒之路（La

Route des Vins）成立於1953年，是法國最早成立者之一，全長170公里，細分成貫連的四十七條，遊客可藉此飽覽葡萄園風光與酒村景色；當然，品嘗各莊美酒與當地鄉村菜色更是踏上葡萄酒之路的美味回報。

阿爾薩斯乃上天惠賜的釀酒寶地：西有孚日山脈（Vosges）屏障，遮擋了來自西邊的雲雨濕氣，使其為法國最乾燥的釀酒產區之一，尤以中部葡萄酒重鎮柯爾瑪市周邊葡萄園來說，每年平均雨量只得500公釐（陽光照射時數達1,800小時）。本區夏季溫暖，秋季乾燥，陽光溫和滿溢，夜晚涼爽，植樹釀酒再理想不過。大部分葡萄園都朝東南與南，主要位於海拔200～400公尺之間。

由於古時的造山運動、多處斷層、

海水覆蓋，造就阿爾薩斯的複雜地質。事實上，第一紀到第四紀（人類存在的紀）的地層都可在阿爾薩斯找到。複雜地質（應是世界上地質最複雜的產區）加上多樣品種，使得阿爾薩斯得以釀造極為多樣風格與類型的葡萄酒。

學者將阿爾薩斯分為十三種地質型態，基本上各型態所產酒風也不同（但也與種植和釀造方式有關），舉四種為例：花崗岩質與片麻岩質土壤（此類酸性土壤造就年輕時即風味開放的酒質，質地較為輕巧）、片岩質土壤（風味清新，結構健全，風格鮮明，但需幾年時間才會達到頂峰）、火山岩質沉積土壤（園中帶有深色石塊，酒中常嗅有煙燻調，酒體飽滿、架構嚴謹）、泥灰岩質石灰岩土壤（強勁、酒體飽滿、架構較強、儲存潛力佳）。詳細地質分類請見第84頁的〈阿爾薩斯的十三種土壤類型〉介紹。

全世界最有機與生物動力法的產區

1960年代開始，阿爾薩斯便有酒莊採取有機種植，之後一直蓬勃發展至今，據阿爾薩斯葡萄酒公會（CIVA）於2021年的統計，目前有25%的阿爾薩斯葡萄園被認定為有機，是法國平均（14%）的近乎兩倍。

尤金・梅耶（Eugène Meyer）在人類登上月球的1969年開始實驗生物動力法（Biodynamie），成為阿爾薩斯最早施行此農法者，他也是法國最早接觸生物動力法的先驅者之一。2017年年底時，整個阿爾薩斯有五十二家獲得認證（資料來源：Demeter與Biodyvin兩家認證機構）的生物動力法酒莊；2021年初時，根據阿爾薩斯葡萄酒公會的資料，此數已達六十多家。須知整個義大利僅有七十四家。依產區比例來說，阿爾薩斯也是全球生物動力法施行最密集的產區之一（依照產區面積比例，僅排在侏羅區之後，但侏羅的產區面積比阿爾薩斯小許多）。不僅如此，Demeter與Biodyvin這兩家生物動力法的重要認證與倡導機構也都設立於阿爾薩斯。繼尤金・梅耶之後，尚皮耶・弗里克

Domaine Loew的「Riesling Muschelkalck」釀自殼灰岩（Muschelkalck，意為貝殼石灰岩質）土壤，口感飽滿明亮，質地溫婉迷人。

（Jean-Pierre Frick）於1981年開始採行生物動力法，接著有馬克‧克雷登懷司（Marc Kreydenweiss）也在1989年加入；以上是阿爾薩斯的前三位先驅者。生物動力法本身的詳細介紹，請見附錄一〈有機、生物動力與自然法葡萄酒〉。

Domaine Binner釀自Hinterberg特定葡萄園的皮諾家族（Pinots）葡萄酒（內含白、灰、黑皮諾等）；Hinterberg為花崗岩土質。

阿爾薩斯的法定命名與葡萄酒分級

自阿爾薩斯十七與十八世紀的歷史資料可知，某些酒村或某些葡萄園的酒總能賣得更高的價格，於是在釀酒人、售酒人與飲酒人心中就形成了一份非正式的酒質與葡萄園分級名單。當然，認定知名酒村比較容易一些（如Ribeauvillé村），更細部的確認該村哪塊地的酒更有特色、更傑出（如Geisberg園），就需要更長遠時間的觀察。

我們與熟人約會時，常會約老地方見，這個雙方皆熟知的地點可能被暱稱為「老巢」或「初次牽手處」。阿爾薩斯酒農對於長年表現良好的葡萄園區塊，也常有約定俗成的說法，如Gloeckelberg或Rosacker。這些酒農或葡萄農口中說的「那塊地」（Lieux-dits），我在這裡翻譯成「特定葡萄園」。這些特定葡萄園常常被給予能反映自身特色的命名：如Schlossberg按照字面翻譯，就是「城堡山」（意為城堡的Schloss，加上意為山的Berg）之意。後來有些就直接依據地籍資料給名。

當阿爾薩斯的法定產區命名制度（AOC Alsace）在1962年規範之後，法國法定產區管理局（INAO）又依據各地塊的風土成立了葡萄園分級，這也讓

阿爾薩斯特級園法定產區命名（AOC Alsace Grand cru）得以建立，讓絕大多數在歷史上早已成名，或是後來被認可的頂尖特定葡萄園，正式被認定為阿爾薩斯的特級園之一。至此，以靜態酒而言，葡萄酒分級為兩級制：地區級的AOC Alsace，以及高一階的特級園AOC Alsace Grand Cru等級。

　　經過進一步的討論後，法定產區管理局決定自2011年起，在AOC Alsace與AOC Alsace Grand Cru的兩階分級之間，讓AOC Alsace的酒在更嚴格的生產條件下，得以在酒標上的AOC Alsace後標註十三個附加村莊命名（Dénominations communales），或是特定葡萄園（Lieu-dit）。部分優秀的特定葡萄園有可能在未來被劃入一級園（Premier Cru）等級，不過劃界屬高度政治性的議題：優秀酒莊不願一級園界線被濫劃，以追求最佳酒質為目標；有些商業大廠則希望劃界可以更寬鬆一些，好讓一級園的名號協助銷售。

　　然而，由於法定產區管理局所制定的申請過程非常繁複，一級園的劃分至少要等到2025年後才會成真。其中難處在於決定哪塊地所產出的酒應有何種風格、來自哪些品種，且多年份下來皆顯示如此，再者必須長年酒質高於一般地區性葡萄酒。此外，光是組成專家品酒小組就很頭大，並且每次品鑒時，所有

10月中，手工採收用以釀製晚摘酒的格烏茲塔明那葡萄。

來自各處的專家都必須齊聚一堂參與品評才能算數。

　　特定葡萄園的內情還不僅止於此。首先，如果某特定葡萄園僅由一家酒莊所獨有，則該莊無法替它申請特級園審查資格（如由Zind-Humbrecht酒莊所有的Clos Windsbuhl）；不過將來的一級園則無此限制（如由Valentin Zusslin所獨有的Clos Liebenberg）。此外，基本上所有位於「葡萄酒之路」上的各酒村都希望村內有個特級園，但有些村莊卻懶得申請第二個：比如Kientzheim村只申請了上坡處的Furstentum特定葡萄園成為特級園，但位於其下方中坡處、風土條件同樣極佳的Altenbourg卻

被落在一旁，成為未被列級的歷史名園（Altenbourg的釀造者包括Weinbach、Albert Mannm與Meyer-Fonné等名莊）。結果是有些劃界過大的特級園，在某些釀造者手中無法釀出應有水準，但在Zind-Humbrecht巧釀下，Clos Windsbuhl（正申請成為一級園）卻產出人盡皆知的好酒。

進一步探究法定產區AOC

阿爾薩斯葡萄酒
（AOC Alsace）

1962年成立的地區級酒款占產量70%（其中約90%為白酒）。若酒質呈現特定的村莊或地理區域風格，且品質高於一般AOC Alsace（須降低每公頃產量等等），則可以在酒標冠上十三個「附加村莊命名」之一，例如「Bergheim」規定品種：格烏茲塔明那（Gewürztraminer）；「Côte de Rouffach」規定品種：麗絲玲、灰皮諾（Pinot Gris）、格烏茲塔明那與黑皮諾（Pinot Noir）；「Klevener de Heiligenstein」規定品種：粉紅莎瓦涅（Savagnin Rose）的「非芳香型版本」等等。

若酒質高於AOC Alsace以及AOC Alsace附加村莊命名，且風土的表現更為深入精準，則可在AOC Alsace之後掛上特定葡萄園名稱（每年約有四百個特定葡萄園名稱被用於阿爾薩斯酒標上）；部分風土條較佳件的特定葡萄園可能在幾年後升格為一級園（可能數量約一百七十個）。要在酒標上標示特定葡萄園名稱，則必須達到比「AOC Alsace +村莊命名」更為嚴格的生產標準（包括規定使用品種、種植密度、剪枝與整枝方法、採收時達到較高的葡萄成熟度）。以下列出幾個較知名的特定葡萄園供讀者參考：Altenbourg（Kientzheim村）、Bollenberg（Rouffach村）、Heimbourg（Turckheim村）、Herrenreben（Wihr-au-Val村）、Herrenweg（Turckheim村）、Hinterbourg（Katzenthal村）、Rittersberg（Scherwiller村）、Rotenberg（Wintzenheim村）以及Strangenberg（Westhalten村）、Haguenau（Bergheim與Ribeauvillé村）等等。

阿爾薩斯特級園葡萄酒
（AOC Alsace Grands Crus）

1975年成立，現有五十一個特級葡萄園（布根地有三十三個），僅占總產量的4%。只有種植四個「高貴品種」，即麗絲玲、灰皮諾、格烏茲塔明

那、蜜思嘉（Muscat），才能在酒標上標示「Grand Cru」。但目前存有三個例外：Altenberg de Bergheim特級園除可以單一品種釀造，也能「混釀」多品種，甚至包括「非高貴品種」的白皮諾（Pinot Blanc）、黑皮諾以及夏思拉（Chasselas）；這些「非高貴品種」必須在2005年3月之前種植。Kaefferkopf特級園跟前者一樣，可釀成單一品種或混釀好幾個品種（須至少含60～80%的格烏茲塔明那）。第三個例外是Zotzenberg特級園：它是唯一被允許以希爾瓦那品種釀成Grand Cru的特級園。

這串晚摘熟度的灰皮諾已經沾染一些貴腐黴，空氣中瀰漫的香甜也招來歐洲胡蜂蜇食。

阿爾薩斯氣泡酒
（AOC Crémant d'Alsace）

雖然自十九世紀起，阿爾薩斯便開始釀造氣泡酒，但其AOC遲至1976年才成立，目前占阿爾薩斯總產量的27%。以傳統法（即香檳法：二次瓶中發酵）釀成，瓶中與死酵母渣培養的最低要求期限為九個月。可使用品種：白皮諾（最常用）、灰皮諾、黑皮諾、歐歇瓦（Auxerrois）、麗絲玲與夏多內。每年最早開採的葡萄通常就是那些被用來釀造氣泡酒者。多數的阿爾薩斯氣泡酒都是混調數個品種而成，但也有較少見的單一品種者：如100%麗絲玲或100%夏多內。粉紅氣泡酒必須100%釀自黑皮諾。阿爾薩斯氣泡酒是法國最暢銷的氣泡酒（香檳不算在內），占法國50%銷量，年底為暢銷旺季。

兩種特殊酒款：VT & SGN

如果符合釀造法規，則可以在酒標上註明「晚摘酒」（Vendanges Tardives，VT）或是「貴腐葡萄精選酒」（Sélections de Grains Nobles，SGN，亦簡稱貴腐酒）。

晚摘酒的葡萄比正式開採日還要晚上幾星期才採摘，且只能釀自過熟

的四個「高貴品種」。早期的晚摘酒比較偏向德式的Spätlese Trocken，酒質成熟飽滿但尾韻以干性（不甜）收結；但自1980年代末起，因為天氣連年趨熱，再加上消費者期待，現在的晚摘酒幾乎都屬甜酒（依年份與酒莊之別，殘糖不一，因此甜度不總是相同）。其實法規並未規定晚摘酒的最低殘糖量。釀造晚摘酒的葡萄有時會沾染一些貴腐黴，但這並非必要條件。「掛枝風乾」與天然採收的「冰葡萄」都可以用來釀成晚摘酒。釀造

時，當大部分的酵母死去不再作用後，發酵通常會自然地停止，在酒中留下殘糖。AOC Alsace以及AOC Alsace Grands Crus兩等級都可以在酒標上註寫「Vendanges Tardives」字樣。

　　貴腐黴（Botrytis Cinerea）是生產貴腐甜酒的必要條件，也只能以四個「高貴品種」釀成。採收受到貴腐黴感染的葡萄時，常因天氣所限，無法一次畢其功，故須分多趟以手工逐串，甚至逐粒挑選貴腐葡萄成為釀酒原料。至於貴腐黴如何生成，以及如何的物理化學變化使釀造稀罕的「黃金甘露」成為可能，請讀者參見我的舊作《頂級酒莊傳奇》第54頁〈貴腐幻術之釀〉章節以及本書的〈Domaine Rolly Gassmann〉酒莊介紹。總之，貴腐甜酒不論在甜度、酸度、濃郁度、複雜度與罕見度都比晚摘酒更高一階，量少價昂。AOC Alsace以及AOC Alsace Grands Crus兩等級都可以在酒標上註寫「Sélections de Grains Nobles」字樣。晚摘與貴腐甜酒都以格烏茲塔明那與灰皮諾比較常見。

產自Riquewihr酒村的1904年份尚緹：依據目前法規，它必須含有至少50%的「高貴品種」。

Edelzwicker與Gentil之別

　　艾德茲威可（Edelzwicker）這詞用以指稱AOC Alsace這個等級的混調酒。在艾德茲威可項下，品種的使用

（當然必須是法規允許者）以及比例都無限制，也不必在酒標上標明內含品種。各品種可以一同混釀，或是分開釀造後再行混調。年份寫不寫都行。歷史上來說，「Zwicker」（此為原來的稱法，意指混合、混調）釀自混合種植、混合採收、混合釀造的多品種混調酒。字首「Edel」（高貴）後來被加上，以表示該酒混入了「高貴品種」（即麗絲玲、灰皮諾、格烏茲塔明那、蜜思嘉）。後來的發展是，大多數葡萄園開始採各品種分區塊種植（故無法同時混合採收），而艾德茲威可仍保留了「大鍋混」的特性：採收釀造時，各大槽都分別填入不同的品種酒，因容量之故，無法全部填入，多出來酒液就被導入另一「大鍋混」用途的酒槽，成為艾德茲威可酒款。因每年各品種產量不一，因此艾德茲威可每年所含的品種、比例與風味都有些不同。

二十世紀初，休格爾酒莊（Famille Hugel）將十九世紀常用以指稱混種、混採、混釀酒款的另一名稱尚緹（Gentil）重新推廣上市，現已成為混調酒的另一經典類型。依據目前法規，尚緹的釀造標準比艾德茲威可還要嚴謹一些，通常也意味著酒質更好一些。尚緹必須含有至少50%的「高貴品種」，其他50%可以是希爾瓦那、夏思拉以及（或）白皮諾。此外，尚緹在混調

具領導地位的十大特級名園

《法國葡萄酒雜誌》（*La Revue du Vin de France*）在2019年9月號的一篇專題裡，將阿爾薩斯的五十一個特級園列級為五組，其中排名最高的第一組是「最具領導地位的名園」：評判標準是成名史長、儲存潛力佳、目前有數個菁英酒莊種植釀造，成為長期帶領本產區前進的標竿以及酒質優良。第一組的十大名園分別是Schlossberg、Hengst、Rosacker、Rangan、Brand、Schoenenbourg、Wiebelsberg、Eichberg、Kitterlé、Geisberg。然而依此標準，筆者認為還可以加入Furstentum與Saering兩特級園。

各法定產區（AOC）允許最高產量	
法定產區（AOC）	每公頃最高產量(公升)
AOC Alsace地區級酒款	
白酒	8,000
黑皮諾粉紅酒	7,500
黑皮諾紅酒	6,000
AOC Alsace + 村莊名稱	
白酒	7,200
紅酒	6,000
AOC Alsace + 特定葡萄園名稱	
白酒	6,800
紅酒	6,000
AOC Alsace Grands Crus（特級園）	5,500
阿爾薩斯氣泡酒	8,000

註：Altenberg de Bergheim與Rangen兩個特級園的每公頃最高產量的限制更嚴格，為最高5,000公升/公頃。

休格爾酒莊在其1967年份的格烏茲塔明那晚摘甜酒上，也註明德語：Beerenauslese（貴腐葡萄精選），可知裡頭也有貴腐葡萄。

晚摘與貴腐甜酒的葡萄最低含糖量 （公克/公升）		
	晚摘VT	貴腐甜酒SGN
格烏茲塔明那	270	306
灰皮諾	270	306
麗絲玲	244	276
蜜思嘉	244	276

註：AOC Alsace 與AOC Alsace Grands Crus的規定都一樣。

前，各品種必須分開釀造，並各自獲得AOC Alsace資格才行。最後，必須在尚緹上標出年份，且必須經過品鑑小組認可才能上市。

AOC的歷史

1962年：雖然最原始的阿爾薩斯地區性法定產區AOC法令，早在1945年11月就已經完成，但因二戰後百廢待舉，使得AOC Alsace直到1962年才被通過施行。

1975年：阿爾薩斯的特級園（Grand Cru）分級正式成立；同年第一個通過法令認可的特級園為Schlossberg。

1976年：阿爾薩斯氣泡酒（AOC Crémant d'Alsace）法定產區規範成立。

1984年：晚摘酒（Vendanges Tardives）與貴腐酒（Sélections de Grains Nobles）的特別標註正式生效。

2011年：法定產區管理局認可十三個附加村莊命名以及部分特定葡萄園，可被標示在酒標上。此兩標註本身並非獨立的AOC法定命名，而屬於AOC Alsace「次類別」（Sub-categories）。此外，五十一個特級園自2011年起成為各自獨立的法定產區，且可各自修訂特級園規範。這使得阿爾薩斯的AOC數目達到五十三個（五十一特級園＋AOC Alsace

+ AOC Crémant d'Alsace）。也就是說2011年之前的法定產區數目僅有三個。**目前：**一百三十個特定葡萄園正申請成為將來的一級園（Premier Cru）。

VT & SGN的起源

阿爾薩斯最早有系統地釀造貴腐酒與晚摘酒的是休格爾酒莊。1920年代，當其他酒莊還在種植低品質雜交種時，休格爾仍堅持血統純正的當地高貴品種；當同儕早早開採，之後添糖釀造時，修格爾讓葡萄掛枝至秋末，待其熟美甘甜才採。當時該莊依循德國傳統在酒標上註寫Spätlese（晚摘）與Beerenauslese（貴腐葡萄精選），然而這種標法被當時歐盟前身的CEE禁止，認為這些德文只能用在德國酒酒標上。該莊的艾彌爾‧休格爾（Emile Hugel）便將這兩個德文翻譯成法文的「Vendanges Tardives」與「Sélections de Grains Nobles」，並開始將它們標註於酒標上；雖然，他在1975年便向法國政府申請這兩個詞彙的正式認可，不過直到1984年3月才被編入法條。

混調酒與幾個特例

大部分AOC Alsace等級的酒款，都會在酒標上註明品種，如果真寫出品種名，則必須100%釀自該品種。不過，法規並未規定AOC Alsace的酒款必須寫出品種名，因此理論上雖釀自100%單一品種，也可以省去品種名，只標出AOC Alsace。此外，大部分沒有標明品種的阿爾薩斯葡萄酒，其實都是混調酒（可以混調本產區內法規允許的各品種）。

以下是相關親緣品種混調時的三個特例：

* 標為Muscat或Muscat d'Alsace的酒，可以採用白色小粒種蜜思嘉

新教徒V.S.天主教徒的迥異酒風

根據Domaine Rolly Gassmann莊主皮耶‧嘉斯曼的看法，阿爾薩斯的新教徒與天主教徒之間，存在著釀酒哲學的差異，尤其是對於甜酒與貴腐葡萄的看法：新教徒的村子與酒莊通常設在比較封閉且寒冷的谷地裡，地理位置比較不向平原開放，因此園區少貴腐，同時因為含有貴腐的葡萄汁發酵較慢，傳統上要培養多年才釋出上市，而這樣的金流過緩，不符合新教徒的財務觀念。因此他們會將貴腐挑開，另外釀成貴腐酒（SGN）或晚摘酒（VT），典型酒莊如Maison Trimbach與Famille Hugel等。天主教徒的酒村以及酒莊通常位於中坡，且地理位置望向平原，園區以具有較佳濕度的泥灰岩質石灰岩土壤為主，再加上焚風與陽光助攻，常常有貴腐黴產生，他們也不挑開貴腐葡萄，而是與其他葡萄一同釀造（一般非甜酒裡就含有部分貴腐果粒）。典型酒莊如Marcel Deiss、Rolly Gassmann等。不過，目前這套經驗邏輯因世代演變以及氣候暖化，只在家族傳承久遠的酒莊可以印證。

上圖：休格爾酒莊還保有1884年份的麥桿甜酒（Vin de Paille）三瓶，白色簡標上的右下角有註明「Extra」，指最後三瓶當中保存狀況最優者。持瓶者為尚菲德烈克‧休格爾（Jean-Frédéric Hugel）。

下圖：根據這本出版於1932年的《新阿爾薩斯歷史》（Neuer Elsässer Kalender）一書第93頁指出（黃色螢光筆框畫部分）：十五、十六世紀時的Rouffach村紅酒甚至比白酒出名，紅酒價格甚至超越白酒（1498年份的該村紅酒價值7先令，白酒則值6先令）。

（Musact à Petits Grains Blanc）或歐投奈爾蜜思嘉（Muscat Ottonel）釀成，但若標為Muscat Ottonel時，只能使用100%的歐投奈爾蜜思嘉。

* 當標為Pinot Blanc時，此酒可以100%白皮諾或是100%歐歇瓦釀成，或兩者相混卻依然可標示為Pinot Blanc。若標示為Auxerrois時，則只能使用100%的歐歇瓦。

* 當標為Pinot d'Alsace時，該酒可以採用以下任一品種：歐歇瓦、白皮諾、黑皮諾（釀成白酒）以及灰皮諾。各品種的比例不拘。依據法規，Pinot d'Alsace可以釀成以上四品種的單一品種酒，但多數情況都是以上各品種的混調酒。

罕見麥桿甜酒（Vin de Paille）

　　麥桿甜酒的釀造並未受到阿爾薩斯法定產區的規範或保護，過去幾百年來，阿爾薩斯一直存有麥桿甜酒的釀造傳統，不過如今早已式微，現僅存少數酒莊在罕見年份釀造。麥桿甜酒顧名思義就是將熟美健康的葡萄放在通風的麥桿墊上（吊掛風乾也行），透過長期自然風乾讓果實呈現葡萄乾狀，再慢速榨出微量果汁釀造而成。由於風乾葡萄的含糖量極高，發酵程序通常極為緩慢，甚至可能一度暫時停止發酵，之

後等待時機對了，又再繼續發酵。因為野生酵母通常無法將高量糖分完全發酵殆盡，故成為甜酒。酒精度可能在15%左右，但也可能僅約5%；例如Hugel酒莊「1996 Patience de Riesling」麥稈甜酒，此酒僅釀造三百一十八瓶半瓶裝）。此外，未受到阿爾薩斯法定產區規範的還有極為罕見的冰酒；Seppi Landmann曾釀有「2001 Sylvaner Récolté en Vin de Glace」。

特級園黑皮諾紅酒？

阿爾薩斯長久以來就有釀造黑皮諾紅酒的傳統，只不過後來一度式微；Domaine Muré酒莊的薇若妮克·慕黑（Véronique Muré）甚至拿出古書證明：十五、十六世紀時的Rouffach村（阿爾薩斯南部）的紅酒甚至比白酒出名，當時該村的紅酒價格甚至超越白酒（1498年份的該村紅酒價值7先令，白酒則值6先令）。近年來阿爾薩斯的黑皮諾種植面積逐漸攀升（2017～2019年之間，種植面積增加了1.7%），且酒質大幅提升（部分拜氣候轉暖之賜），使得讓某些特級園也能生產特級園黑皮諾的看法，逐漸在阿爾薩斯釀酒人心中生根（目前本產區黑皮諾只能列為地區級AOC）。

一般而言，泥灰岩質石灰岩土壤或黏土質石灰岩土壤最能夠釀出架構與細緻度兼具的黑皮諾紅酒，因此，將來頭三個被允許產出特級園黑皮諾的園區可能是Vorbourg（Rouffach村，如Domaine Muré所釀的「Pinot Noir "V"」）、Hengst（Wintzenheim村，如Domaine Albert Mann釀的「Pinot Noir Grand H」）與Kirchberg de Barr（Barr市，如Domaine Hering所產的「Pinot Noir Cuvée du Chat Noir」）。然而，目前看來Vorbourg被列為黑皮諾特級園的機會偏小，因該特級園的各家釀造者之間，所釀的黑皮諾風格差異過大。預計一定會獲得黑皮諾特級園資格的是Hengst，Kirchberg de Barr則占一半一半的機會。

此外，產自花崗岩土壤Frankstein特級園的黑皮諾，具有鮮美酸度、修長身段與礦物鹽風味，風味獨特且不流俗，也不可小覷：如Domaine Beck-Hartweg所釀產的「Pinot Noir "F"」；又再如同屬花崗岩土壤的Domaine Albert Boxler的「Pinot Noir "S"」（來自Sommerberg特級園）、Domaine Laurent Barth的「Pinot Noir M」（源自Marckrain特級園）與Domaine Marc Tempé的「Pinot Noir M」（Mambourg特級園）。依據Olivier Humbrecht的推測，特級園黑皮諾的正式認可有可能在2022年達標。

阿爾薩斯自然氣泡酒

除自然酒外，近來自然氣泡酒（Pétillant naturel，Pet'Nat）也愈來愈流行。與其說走在時代流行尖端，不如說這是「復古風」，因為不同於「香檳法」，自然氣泡酒不使用添加酵母和糖液的「二次瓶中發酵法」，而是將尚在發酵中的葡萄汁裝瓶，使仍在瓶中繼續發酵時所產出的二氧化碳被瓶封，就成了無額外添糖的氣泡酒，這種方法在「香檳法」被發明前即已存在，就是古人使用的氣泡酒作法，被稱為「老祖宗法」（Méthode ancestrale）。

在除渣（也有不除渣的版本）後，此類氣泡酒也不補糖液，所以保有「不

Jean Ginglinger酒莊所釀造的浸皮萃取灰皮諾橘酒。

插電」的原始風味，在這層意義上，自然氣泡酒比香檳更貼近風土。與自然酒一樣，自然氣泡酒並沒有嚴謹法規上的定義，所以各家釀法可能存在些微差異，但同樣強調不額外（或很少）添加二氧化硫。總之，最純粹的自然氣泡酒，即是完全無添加。這類酒不強調精緻細膩，常常以飽滿鮮活生津的滋味誘人，可以輕鬆喝，但搭配美食亦無違和。阿爾薩斯在此方面不落人後，釀有自然氣泡酒的酒莊包括Pierre Frick、Christian Binner與Vignoble Klur等等。

阿爾薩斯橘酒

除紅酒、白酒、粉紅酒，現在竟然還有橘酒（Vin Orange）？沒錯，而且日漸火紅。不過，一如自然氣泡酒，橘酒其實也是以返古的釀酒方式所獲得：簡而言之，就是將白葡萄以釀造紅酒的方式來釀酒，實際作法即是透過浸皮（Macération）使酒染有橘紅、橘黃或橘褐色。先不細談喬治亞以陶甕釀造橘酒的悠久傳統，其實僅在一百年前的阿爾薩斯，許多小酒農沒有足量的採收與釀造設備時，常常讓白葡萄（或帶色澤的格烏茲塔明那、灰皮諾或粉紅蜜思嘉）暫放在採收桶裡頭過夜，經過一夜甚至多天的上層葡萄重壓後，下層葡萄於是出汁，並與葡萄皮浸泡，於是釀出

阿爾薩斯新酒

如前段所述，世界最老的一瓶酒在史特拉斯堡，現在來談談最年輕的一種酒：阿爾薩斯的新酒（Vin nouveau）。這種酒在各產區應該都有，但無法出口，比「薄酒萊新酒」還新，因為才剛剛發酵，尚有許多糖分未發酵完畢，所以買來時還正在發酵中，因此沒有正式瓶蓋，只覆蓋上面戳個小孔的扁平塑膠蓋，好讓二氧化碳得以逸出，也因此無法將酒瓶橫躺帶回家，必須直立提著。它算是剛發酵不久的果汁（甜度接近晚摘）＋微酒精度的飲品。圖中這款在Ribeauvillé酒村一家雜貨舖買的「JEHL Clément et Fils」新酒呈混濁粉紅帶點乳白色（瓶底更渣更濁），還帶點怡人氣泡，買來時僅有3%酒精度，由於我放在冰箱內幾天後才喝，所以喝起來比較像6%：圓潤酸度佳，有點草莓牛奶味（應是混合包括黑皮諾在內的多品種），非常可口好飲（甚至比一些大量生產的商業酒款還棒），風格有點像未發酵完畢且爽口可愛的自然派酒款。另，每年9月底，在Eguisheim酒村都會舉行歡樂的新酒節（Fête du vin nouveau），有新酒喝，有風土美食可嘗，若有機會在秋季造訪阿爾薩斯，不要錯過！

帶有不同深淺色澤的「橘色白酒」。

　　泡皮天數的多寡和溫度都會影響到最終的酒色與口感，當然不是泡愈久愈好，一如泡茶不是泡得愈久風味就愈佳。泡得恰到好處的橘酒，口感顯得更飽滿、架構更佳，甚至風味還更清鮮（溫室效應下的格烏茲塔明那，便可從泡皮法獲得這項好處），也可能獲得意外的複雜度。橘酒常會有果乾、核果、樹脂、香料、紅茶，甚至是蘋果酒的氣息。但下手過重，浸泡過度，則單寧感過重、風味粗獷、甚至帶有苦味。若是桶子不乾淨，還可能出現馬廄味。

　　是否適合製作橘酒也與風土有關，Schoenheitz酒莊的阿迪安・軒海茲（Adrien Schoenheitz）指出：花崗岩地塊不適合釀造泡皮橘酒，因花崗岩地塊排水佳但也容易缺水，所獲的葡萄原料經過浸泡容易有過多單寧感與苦味，比較不適合；相對地，黏土質較多的地塊，比較容易釀造優質的橘酒。阿爾薩斯的橘酒釀造者，包括Domaine Binner、Rieffel、Laurent Bannwarth、Jean Ginglinger、Domaine Rietsch、Pierre Frick與Domaine Bohn等等。

熱紅酒與熱白酒

　　歲末年終，11月底的阿爾薩斯已經

上圖：年底的阿爾薩斯瀰漫濃濃節慶氣息，在耶誕節攤位上可嘗到美味暖心的熱紅酒。
下圖：黏附在阿爾薩斯釀酒用大木槽內壁的酒石酸結晶。

開始瀰漫濃濃的節慶氣息，各個美麗酒村與聖誕之都的史特拉斯堡已可見到工人們開始裝飾聖誕樹與節慶街燈，接著聖誕飾品攤位、節慶食品攤位與藝術工藝品業者也開始擺出陣仗，使出混身解數吸引當地人與觀光客。

在此天寒地凍時節，除毛帽圍巾與手套，最能暖身與暖心的就是賣「熱紅酒」（Vin chaud）的攤位了：飲下一杯溫熱酸香充滿香料氣息的熱紅酒，暖了心頭，也似告訴自己「逝者已矣，來者可追」，暖好身子後，就有氣力面對來年的挑戰。阿爾薩斯的熱紅酒基本上以黑皮諾紅酒為底，再加入糖、肉桂棒、丁香花蕾、八角、杜松子、肉豆蔻、檸檬與柳橙等共同煮成。後來，筆者在史堡大教堂前的一個攤位嘗到「熱白酒」（同樣煮法，只是換成白酒）之後，甚至覺得這白酒版本更有滋味、更清爽有層次；這種「熱白酒」相當少見，讀者可在史堡的聖誕市集裡碰碰運氣。

續用多代的大木槽

本書是寫給一般愛酒人看的，所以我不在此詳細談論釀酒細節，況且不管是紅酒、白酒、氣泡酒與甜酒，其實各產區的釀造手法在當代看來都已趨近大同小異。對於釀造基本流程與概念有興趣者，也不難找到相關參考書籍，所以在此省略。不過各莊的釀造哲學與特點，會在後面的酒莊介紹內文提到。

必提的是阿爾薩斯傳統的發酵與培養容器與法國各產區都不相同，可說獨樹一格：這裡基本上沒有波爾多、

布根地使用的小型橡木桶，與隆河所使用的中、大型橡木桶也不同，這裡傳統上都使用大型橡木槽（Foudre），容量從幾千到上萬公升都有。另一要點是這些大型橡木槽均沿用好幾世代，甚至幾百年，許多酒莊仍有續用三代以上者，上百年的也不算罕見。波爾多與布根地的全新小型橡木桶常用了三、五年，當橡木桶的味道被酒液吸收殆盡，就不用或者轉賣了。但阿爾薩斯卻將這些古董級橡木槽當寶，壞了就修，直到完全不堪使用為止。對阿爾薩斯而言，他們不要多餘的外在橡木味，只以被時光與酒液浸潤的木質大容器為母體為子宮，以孕育自然純淨的酒質。

若讀者有機會參觀本區酒莊，又剛好瞥見小型橡木桶，那多是用以培養黑皮諾紅酒或皮諾家族白酒（如Domaine Ostertag 的「Zellberg Pinot Gris」，但以比例而言仍屬小眾；許多酒莊也以舊的大木槽培養黑皮諾）。以Josmeyer酒莊而言，基本上所有酒款都在舊的無溫控大木槽發酵與培養，少數不鏽鋼槽及內有塗層的水泥槽主要用以混調與暫存某些酒款。當然，現在也有酒莊幾乎僅用溫控不鏽鋼槽釀酒，如Trimbach與Vignoble des 2 Lunes。

酒杯的取捨

阿爾薩斯傳統民俗上使用的是綠色長腳杯，但這也是筆者極為不喜歡的杯型：盛酒的杯體太小，晃杯醒酒時酒液容易灑出，杯底相對整體酒杯而言，基底太小，導致稍加振晃到酒杯，就可能傾倒，整體杯形其實也不是特別美觀，不過一些做觀光客生意的小餐館常是這種民俗酒杯的愛用者，大約是認為能在用餐同時提供某種異國風情的氛圍。另一種具「日耳曼風情」的民俗酒杯我個人比較能夠接受：它的杯體頗大，綠色杯腳相當粗壯，整體相當穩固，具有一種粗獷豪邁的美感，不過較少餐廳使用，或許是太過笨重且擺放占體積。

對於阿爾薩斯葡萄酒的愛好者，我建議法國Lehmann Glass杯廠的Grand Sommelier 29杯型，不過，這杯型的原創者其實是當時位於史特拉斯堡市中心的知名米其林三星「鱷魚餐廳」（Au Crocodile）的老闆艾彌爾・甬（Emile Jung，1941～2020年），所以這杯形也被稱為「Grand Sommelier Jung」；該餐廳已賣給他人，現為一星。我曾在該三星餐廳廚房見習過一天，當天見到甬先生時，我送他兩隻自烹的中式醉雞腿，他稱讚我雞腿斬得乾淨俐落，還回贈我一大塊取自廚房的手工鵝肝搭配格烏茲塔明那甜酒凍。Grand Sommelier 29基本上杯型出脫自民俗綠腳杯，但杯體較大，杯底也顯得大氣穩固，不過杯腳是透明的，如此也避免了觀察酒色時受到綠色反光的影響。Lehmann Glass Absolus 38杯型也不錯，它屬全酒種酒杯，外型修長現代，縮口較小，適合技術性的品飲，杯形也相當高雅。

Lehmann Glass杯廠的Grand Sommelier 29杯型很適合品飲阿爾薩斯紅、白酒。

傳統上，製作大木槽的原料都源自孚日山脈的森林，且由當地製桶廠承製，不過目前整個阿爾薩斯只剩一家位於Barr酒村的製桶廠——Tonnellerie Jenny；近來也有酒莊開始向奧地利桶廠購買。休格爾莊內有座製造於1715年的大型釀酒槽，被稱為「La Sainte Catherine」，它是目前仍舊用於釀酒的最古老酒槽，因此被列入金氏世界紀錄。全歐洲最大且仍用於釀造的大酒槽則位於釀酒合作社Cave Jean Geiler莊內，其容量達35,400公升（四萬七千兩百瓶），酒槽製作年份為1880年。

到底有多甜？

消費者常在購買阿爾薩斯葡萄酒遇到此問題：這支酒到底有多甜？

其實傳統上阿爾薩斯的白酒除了晚摘與貴腐甜酒（以及罕見的冰酒和麥稈甜酒），基本上都是干性（Sec／Dry）白酒，但自1980年代中起氣候日趨溫暖，使釀造甜美風格的酒更為容易，加上美國部分酒評家的推波助瀾（愈甜愈高分），讓消費者開始認為帶些甜味的酒比較高級，也驅使部分酒莊故意在酒中多留幾公克殘糖以取悅消費者，但如此也造成有時想買一支干白酒搭蒸魚，卻不小心開了無法搭餐的半甜白酒的窘境。

為因應此現象，開始有酒莊在酒標上標示口感甜度，須注意的是這並非真實的酒中殘糖量，而是該酒整體喝起來的感覺，因為酒中除了糖分，還有酒精、酸度，甚至是單寧（刻意或不經意的浸皮）會影響整體的甜味感受，所以單純標示殘糖量，於口感而言並不準確，意義也不大。可惜的是，目前阿爾薩斯葡萄酒公會並未統整各莊意見，而讓大家自由發揮標示方法，雖有助理解，卻也顯得相當混亂：比如Zind-Humbrecht分為Index 1～5（1為不甜到5非常甜），Bott-Geyl則分為1～9級，Domaine Rieflé分為4級，Durmann使用游標指示，Sylvie Spielmann分為干性（Sec）、圓潤（Rond）、帶甜（Moelleux）與甜酒（Liquoreux），Domaine Hering則標為干性（Sec）、半甜（Demi-sec）、帶甜（Moelleux）與甜酒（Doux）等等不一而足的標法。值得注意的是，後者Sec（殘糖量每公升0～4克）、Demi-sec（殘糖量每公升4～12克）、Moelleux（殘糖量每公升12～45克）、Doux（殘糖量每公升45克以上）屬於歐盟的統一標示法，預計當2021年份上市時，阿爾薩斯葡萄酒公會會以此為準則令各莊統一。

不過以上的歐盟標法可能會制定例外規則：殘糖每公升8克，仍可以標示為Sec（干性），前提是每公升的酒石

Bott-Geyl酒莊在酒標上以1～9級來標示口感甜度（這並非真實的酒中殘糖量）。

酸含量不少於6克。此例外的最高極限是殘糖每公升9克，仍可以標示為Sec，前提是每公升的酒石酸含量不少於7克（即酸的含量必須不低於殘糖量的2克以下）。

　　也有些酒莊不時興標示（如Marcel Deiss與Rolly Gassmann），認為均衡感才是重點。的確，當一支酒顯得絕美均衡時，品飲者的第一感想是「哇，這酒真是美味均衡，還想多喝兩口」，而不是立刻想到其殘糖有幾克。如果僅是單純品酒，以上說法成立，但當要搭餐時，只關注均衡感還不夠，殘糖也是必須考量的要點，比如Marcel Deiss的Altenberg de Bergheim特級園白酒在絕佳均衡之外，口感華麗帶甜（酒標未標示甜度），拿去搭清蒸魚完全不合，但若搭上天香樓的西湖醋魚（口味酸甜，材料包含鎮江醋與白糖）可能就是天造地設的聯姻了。

幾個酒搭餐的基本規則

　　由於食材不同、作法不同以及調味下手輕重不同，酒搭餐上很難有簡單又萬無一失的對照表，以下僅提及幾個基本規則以供參考。不過，可以確定的是，世上很難有其他產區可以產出像阿爾薩斯一般多樣的酒款（多樣品種、多樣風土、乾而長的秋季、各異釀法以及

不同的干度、甜度與酸度；阿爾薩斯還產各式水果蒸餾烈酒、威士忌與啤酒）以供搭餐實驗，且失敗率偏低（波爾多或加州酒能搭的範圍偏窄，如未事先計畫，失敗機會大增），建議讀者多方嘗試，便能日漸累積酒菜聯姻的心得。

　　以風味和諧，但多數淡雅的多品種混調酒艾德茲威可（Edelzwicker）與尚緹（Gentil）來說，阿爾薩斯的火焰烤餅（Tarte flambée）、扭結硬餅（Bretzel）都很適搭，當然白皮諾、希爾瓦那白酒也可以，中式的九層塔煎蛋餅、涼拌豆皮與蔥抓餅（不要辣醬）之類也可以是良伴。然而Marcel Deiss酒莊的特級園酒款雖是混釀自多品種，但風味飽滿豐潤時常帶些甜味，比較適合味道酸甜或較具辛香料的菜式，如茄汁蝦仁。

　　麗絲玲口感清新帶有花香、檬橙與鮮明礦物質風味，結構骨感堅實，酸度明顯卻雅緻，一般而言適搭魚鮮蝦貝料理（清蒸、乾煎或清炒）或是阿爾薩斯的酸菜豬肉盤、酸菜三魚盤。若是產自泥灰岩質石灰岩土壤或黏土質石灰岩土壤特級園（如Hengst、Schoenenbourg）、且出自乾熱年份的麗絲玲老酒，則可搭香料與醬汁重一些的菜餚，如豆豉蒸雞球、脆皮乳豬等。

　　灰皮諾酒色常呈金黃，口感圓厚豐沛而稠密，具熟果香，如糖漬洋梨或榲

筆者自烹的「熊蒜檸檬精油生煎干貝」與「2017 Domaine Loew Grand Cru Altenberg de Bergbieten Riesling」的聯姻極為契合。

檸氣味，適搭肥鵝肝、奶油醬汁龍蝦或台式甘蔗燻雞等等。不過，近年來不少酒莊將灰皮諾「轉性」為較干性、較清新較修長緊緻的類型，此類灰皮諾近似麗絲玲調性，搭菜時必須進行修正：如將番紅花奶油醬汁煎干貝，改成日式鐵板生煎干貝（外表金黃，內半生熟）＋綜合炒蕈。

　　格烏茲塔明那白酒具有香料與甘甜調性，如肉桂、肉豆蔻、荔枝與玫瑰花瓣香馨（老酒呈乾燥玫瑰花氣息），可搭肥鵝肝、藍紋乳酪或是亞洲香料豐盛的菜式，如橙汁鴨、孜然羊排、日式照燒雞腿或三杯雞。不過如果是下萊茵（阿爾薩斯北方）的格烏茲塔明那，其風味顯得較清雅細膩與干性，必須微調：改搭像是乾煸四季豆、紅燒烏參、北市明福台菜的招牌佛跳牆，或是阿爾薩斯家常菜蒜味酸奶馬鈴薯鮭魚。

　　如果你在春季來到阿爾薩斯，千萬別錯過當地盛產的白蘆筍，經典搭配當然是蜜思嘉白酒（阿爾薩斯版本都是干性不甜），不過其實也不盡然：比如干性、具礦物味、酸度佳的灰皮諾也可以配搭得上，或也可以試試較干性老熟的麗絲玲；總之白蘆筍必搭干性，帶些酸度的酒款。至於阿爾薩斯的黑皮諾，基本上搭法同布根地紅酒。

　　如果手上的酒是晚摘甜酒或貴腐酒，則搭菜必須隨之調整，如用以搭配甜點，請搭果酸鮮明的水果類甜點，如洋梨派、大馬士革李子派或羅勒檸檬派等。面對菜餚，若還是猶豫不絕如何選酒，也建議試試阿爾薩斯的優質氣泡酒，不過必須謹記：本地氣泡酒基本上都是「Brut」類型，不要拿去搭味道太甜或是醬汁過重的菜餚（色深的粉紅氣泡酒除外）。最後，如果須搭風味強烈、還帶一絲甜味的異國菜餚，卻還捉不定主意，此時可把終極武器拿出來：日益常見的阿爾薩斯橘酒！

菁英聯盟ACT

2015年秋天，「阿爾薩斯優質葡萄園暨風土聯盟」（Alsace Crus et Terroirs，ACT）草創成立，欲藉由阿爾薩斯最佳酒莊的風土酒款，讓世人明瞭阿爾薩斯風土的多元，並愛上各特級園與特定葡萄園的精湛葡萄酒。協會總裁是Domaine Schlumberger的瑟芙琳・舒倫貝傑（Séverine Schlumberger），目前有十九家菁英酒莊入列，未來還會擴大成員數目。這十九家本書都有介紹，他們分別是：Domaine Barmès-Buecher、Domaine Bott-Geyl、Domaine Albert Boxler、Josmeyer、Domaine Kientzler、Domaine Marc Kreydenweiss、Domaine Etienne Loew、Domaine Albert Mann、Domaine Meyer-Fonné、Domaine Muré、Domaine Ostertag、Domaine Kirrenbourg、Domaine Schlumberger、Domaine Schoffit、Domaine Trapet、Trimbach、Domaine Weinbach、Domaine Zind-Humbrecht，以及Domaine Valentin Zusslin。

上圖：Domaine Bohn於採收最後一天的忙碌後，與採收夥伴吃些起司麵包，喝喝自釀好酒，放鬆採收以來的緊迫心情。
下圖：榨汁後的葡萄渣。

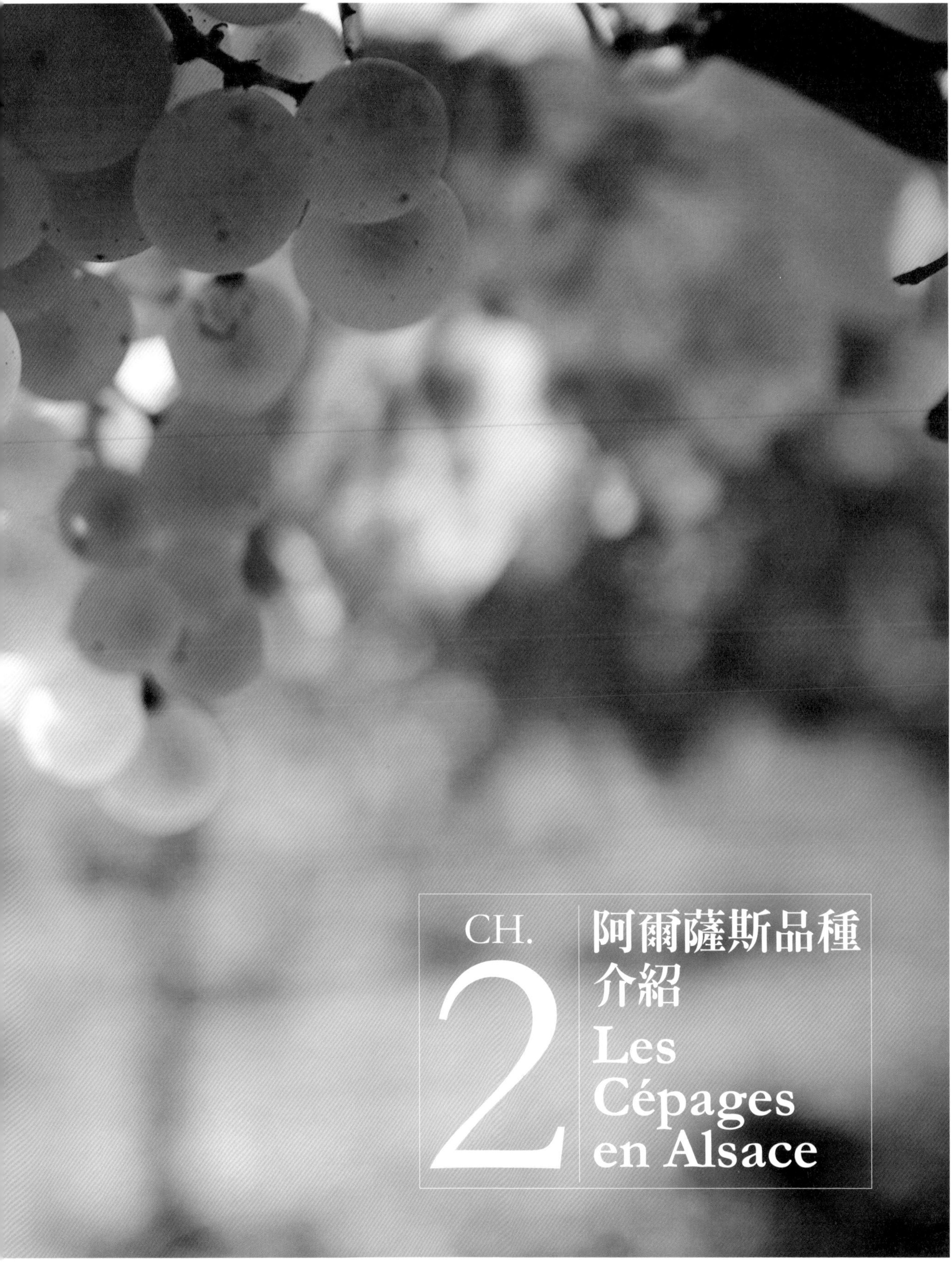

CH. 2 阿爾薩斯品種介紹

Les Cépages en Alsace

由於阿爾薩斯的地質與地貌之複雜度為法國之冠（放在全球單一產區而言，也是佼佼者），不像布根地以一紅一白雙品種即可表述風土葡萄酒的內涵，因此當地酒農或釀造者會使用多個品種來顯現本產區風土的潛能。

品種的選擇奠基在兩大目標，首先是該品種必須適合本產區的風土條件（夏季乾熱，冬季嚴寒），再來是具有對抗各種黴菌的基本能力。再細究，有些品種因適合排水良好的土壤而入選，有些則適合較為潮濕一些的土質，另一些是因抗病能力強，或者因為產能大而被青睞。

秋季採收時，阿爾薩斯白天乾熱，夜晚又轉為冷涼，葡萄也因此容易保持更多的芬芳物質，因而在品種選擇上，也傾向更多的「芳香品種」。由於本產區理想的秋收氣候，得以收取相當熟美的葡萄，故而通常也不須進行乳酸發酵以柔化酒中酸度（布根地通常會有此步驟；乳酸發酵會減少品種部分特有香氣，但卻可增加圓潤感以及風味複雜度）。為了保存純淨的花果香氣，傳統上本產區都使用大型舊木槽（foudres）來釀酒以及培養酒質，以降低橡木桶的桶味影響（皮諾家族品種比較適合小型橡木桶）。

二十世紀初的根瘤芽蟲病侵襲本區以致毀掉大半葡萄園之後，酒農與之後成立的葡萄酒公會得以重新審視適合阿爾薩斯的最佳品種，並汰除一些品質欠佳者，之後逐漸形成我們目前所認識的釀酒品種。

阿爾薩斯也是法國唯一一個在「法定產區命名」標示之餘，還特別強調品種標注的產區。目前被允許用來釀造葡萄酒的品種共有十個，其中之一是紅酒品種，其他都屬白酒或氣泡酒品種。

主要釀造品種

麗絲玲（Riesling）

麗絲玲源自萊茵河流域，羅馬人時代即見種植，與古老品種白固維（Gouais Blanc）有親緣關係。此品種雖在十五世紀就被引進阿爾薩斯，直到十九世紀末才逐漸受到當地歡迎，且到了1960年代之後才成為阿爾薩斯種植最多的品種。麗絲玲古時在阿爾薩斯被稱為「Gentil aromatique」。

果粒色澤從淡青到金黃，完全成熟後會帶些紅褐色小點，果皮較厚。基本上喜愛貧瘠且排水良好的土壤，不過適合它的土質也相當多元，包括花崗岩、砂岩、泥灰岩、石灰岩、黏土、片岩以及火山岩質土壤。屬於較晚熟的品種，植株也比較耐寒。占阿爾薩斯21.8%的種植面積，本產區釀出全世界10%的麗

絲玲白酒。若說在紅酒品種之中，黑皮諾是最能表現細微風土差異者，那麼以白酒而言，麗絲玲更是當之無愧。

麗絲玲屬中度芬芳品種，也是阿爾薩斯各品種之王者，通常呈現冷斂風格且具極好的張力，質地細緻優雅。簡單酒款清鮮爽口，偉大酒款複雜精練，層次無與倫比。風味常帶有檸檬、葡萄柚、甘草、椴花、洋槐與礦物質風味，甚至具備打火石與汽油味。麗絲玲多釀成干性（不甜；sec）版本，各莊酒質落差也極大。酒質較差或普通者，主要肇因於每公頃產量過大且採收過早，連帶使風土表現及酒質遭到妥協。

那麼，我們有時會在麗絲玲酒中感知到的汽油味或媒油味來自何處？依據知識豐富的酒農皮耶・嘉斯曼的看法：他認為麗絲玲如果有足夠的熟度，且來自石灰岩土壤（貝殼石灰岩或考依波雜色泥灰岩土〔Marne irisée du keuper〕），酒中便會帶有細緻的汽油味；若酒中汽油味過於粗獷不文，則是葡萄熟度不足或是加入過多二氧化硫。依據最新研究，此汽油味來自葡萄中的化學合成物TDN（1,1,6-trimethyl-1,2dihydronaphthalene，中文：1,1,6-三甲基-1,2-二氫萘），由葡萄中的先驅物——類胡蘿蔔素經發酵後轉化而來。基本上，葡萄受到愈高量的陽光照射時，其類胡蘿蔔素會愈高，隨後酒中的TDN含量也會提高。澳洲麗絲玲白酒中的TDN通常來得比歐洲酒款要高。雖其他品種也可能出現汽油味，但強度不若麗絲玲明顯。酒中的酸度愈高，通常TDN的發展也會愈加快速。麗絲玲白酒在年輕時的鮮明果香有時會遮掩住TDN（汽油味）的顯現，但隨著酒齡增長，就會開始顯現。汽油味沒啥不好，只要个過於強勢，也算是特色。此外，似乎在榨汁之前，先對葡萄進行破皮（foulage）也會讓汽油味更加突出（如Domaine Muré以及Trimbach的做法）。

熟美的麗絲玲。

白皮諾（Pinot Blanc）

　　此為布根地土生品種，屬黑皮諾的白色變種。其實白皮諾、灰皮諾以及黑皮諾都具有相同的基因圖譜，都來自古老的皮諾（Pinot），不同之處在於外顯的表現型（phenotypes）。它的風味有點類似夏多內；事實上，在一場1896年於Chalon-sur-Saône舉行的學術會議上，白皮諾才自夏多內區分出來。此品種常被用來當作釀造阿爾薩斯氣泡酒的基酒原料之一。

　　白皮諾與歐歇瓦是兩個不同的品種，但若溯源久遠，還是有些親緣關係；兩者其實風味有些相近，但白皮諾的酸度好一些。在阿爾薩斯，被標為「Pinot Blanc」的白酒裡，其實常常或多或少混有歐歇瓦（背標常常沒說明混調比例）；由於二戰後的白皮諾選種標準以量產為目標，所以單一品種白皮諾酒款的品質常常顯得很普通，此時混入口感較圓潤、架構較佳的歐歇瓦有助調整酒質。比較奇特的是，即便酒標上寫明是白皮諾，裡頭卻可以用100%歐歇瓦來釀造而不違反法規。在該產區，白皮諾又被稱為克雷弗諾（Klevner），不過它與艾林根斯坦克雷夫諾（Klevener de Heiligenstein）並不同，不要搞錯了。

　　白皮諾與歐歇瓦合占阿爾薩斯21.2%的種植面積，喜歡較深厚且溫暖的土壤，產量偏大，耐寒性不錯，較早發芽，也較為早熟，果粒呈黃綠色，皮薄。不算芳香品種，故果香不特出，帶有清淺的蘋果、桃子與花香。整體口感柔軟輕巧且清鮮。易於搭配各式味道不

右圖：八月尚未完全成熟的白皮諾。
下圖：J. Becker酒莊所釀的1907年份Clevner（白皮諾在當地的老式拼法）。

過於強烈的開胃前菜或白肉料理。

格烏茲塔明那
（Gewürztraminer）

　　這是阿爾薩斯香氣最為奔放的品種，由德文字首「Gewürz」可知，酒中常帶有一絲香料氣息。在阿爾薩斯地區寫成「Gewurztramincr」也屬正確（畢竟是在法國）。曾有友人嫌中文音譯有點繞舌，建議乾脆翻成「該會多思念」。的確，上乘的格烏茲塔明那之風味，嘗過後，常常令人心生思念之情。此品種古稱為「Gentil-duret」。

　　格烏茲塔明那占阿爾薩斯19.6%的種植面積，是在十九世紀中被引進阿爾薩斯，當時被當地人稱為粉紅塔明那（Traminer Rose）。此品種其實是粉紅莎瓦涅（Savagnin Rose）的「芬芳型版本」，而粉紅莎瓦涅又是較常見的白莎瓦涅（Savagnin Blanc，就是Traminer）的粉紅色變種。此外，粉紅莎瓦涅的「非芳香型版本」則是艾林根斯坦克雷夫諾（Klevener de Heiligenstein）。

　　格烏茲塔明那有落花導致結果不全的傾向，屬早熟品種，容易蓄積糖分，喜愛泥灰岩質石灰岩土壤、花崗岩以及砂質黏土。它的成熟果實呈粉紅色（有時帶點橘），皮厚。常呈金黃酒色，帶有玫瑰或洋槐花香，最經典的是熱帶水果的荔枝氣息，還可能出現有百香果、鳳梨與芒果風味，柑橘皮也算常見；至於品種名所明示的香料調，常以近似肉桂、肉豆蔻或阿爾薩斯蜂蜜香料麵包（Pain d'épices）的氣韻呈現。釀得較差的版本，常顯得酒精味過重，雖甜美但癡肥而無神；上乘者，除以上迷人氣味外，應具良好酸度，風味晶透複雜而毫無滯重感。

上圖：成熟的格烏茲塔明那。

下圖：部分沾染貴腐黴、部分果粒被風乾的格烏茲塔明那。

灰皮諾（Pinot Gris）

如前所述，白皮諾、灰皮諾及黑皮諾都具有相同的基因圖譜，都來自古老的皮諾種，不同之處在於外顯的表現型。其枝葉以及果實外型都與黑皮諾相仿，差別僅在果實色澤。灰皮諾占阿爾薩斯種植面積的15.4%（莊主Olivier Humbrecht表示1960年代時僅占2%）。

在1970年之前，此品種在阿爾薩斯被稱為「Grauer Tokayer」；之後又被名為「Tokay Gris」、「Tokay d'Alsace」，之後頗長一段期間被稱為「Tokay Pinot Gris」，後因匈牙利的多凱產區抗議（容易與該產區的Tokaji白

成熟的灰皮諾粉紅果實上帶著一層鐵灰色。

酒產生混淆），故自2007年4月起更名為正式的合法名稱「Pinot Gris」。灰皮諾為布根地土生品種，而目前Tokaji（甜）白酒的主要釀酒品種則是芙明（Furmint）。

約在1565年時，在阿爾薩斯與巴登（Baden，現為德國領土）都擁有不少土地的史汪迪男爵（Baron Lazare de Schwendi，1522～1583年），正協助神聖羅馬帝國與土耳其對戰，回途自匈牙利的多凱帶回不少當地品種，並種在位於阿爾薩斯肯恩塞村（Kientzheim）的自有莊園裡（此莊園與其城堡為「阿爾薩斯聖伊田葡萄酒兄弟會」〔Confrérie Saint-Étienne〕現址）。雖然後來那些葡萄藤已被灰皮諾所取代，但匈牙利的歷史榮光依舊在品種舊名「Tokay d'Alsace」、「Tokay Pinot Gris」裡回憶與受到尊崇，直到2007年此命名被迫下架。其實，西篤教會的修士早在十三世紀就將灰皮諾自布根地引自匈牙利，後者當時暱稱此品種為「灰色修士服」。至於，當時史汪迪男爵所帶回種植的品種中，是否包括灰皮諾，就不得而知了。

灰皮諾發芽早，成熟也早，因為皮薄，所以容易感染灰黴菌，當然，假使天氣條件好，它便可轉變成貴腐黴，成為釀造貴腐甜酒的功臣（某些不甜的灰皮諾白酒也會參雜一些貴腐葡萄一同釀

造以增加圓潤度與複雜度）。灰皮諾酒色通常較為金黃一些，常帶一抹煙燻調性，還可採有蕈菇、秋季林下濕葉、蜂蜜、蜂蠟、核果、杏桃、蜂蜜香料麵包以及椴梓等等。

黑皮諾（Pinot Noir）

原產自布根地，在十三世紀時引進阿爾薩斯。黑皮諾在中世紀的阿爾薩斯就已是當時種植的十幾款品種當中，最受歡迎的其中一種。然而在十六世紀晚期，黑皮諾的盛世不再，漸漸失去其重要性，後來只剩少數幾個酒村仍舊保持釀造黑皮諾紅酒的傳統，這幾個村莊是Ottrott、Saint Léonard、Boersch、Saint Hippolyte、Rodern與Marlenheim。

白皮諾、灰皮諾與黑皮諾都具有相同的基因圖譜，都來自古老的皮諾種，不同之處在於外顯的表現型。「Pinot」一詞源自於拉丁文的「Pineau」，意指松樹的毬果，此因黑皮諾果串小巧，果粒間的空隙也小，一如松果。

阿爾薩斯傳統風格的黑皮諾通常冰涼著喝，果香鮮明可口，但一般欠缺深度，且顏色淺淡（比粉紅酒深一些），所以多數人不會太認真看待阿爾薩斯黑皮諾。不過，隨著新一代酒農的熱情專研及溫室效應之助，阿爾薩斯目前已

左圖：熟美的黑皮諾。
右圖：八月初處於轉色期的黑皮諾。

有酒莊可釀出非常傑出的黑皮諾。種植面積也從1969年的2%增長為目前的10.1%。

黑皮諾是阿爾薩斯唯一允許使用的紅酒品種，也常被用來釀造氣泡酒。由於較早長出芽苞，所以可能受到春霜凍害，幸好也屬早熟品種，所以常常能在秋末雨季來臨前採收完畢。其成熟果實呈現藍黑色，年輕酒款以櫻桃與草莓氣息為主，幾年瓶中熟成後，則會發展出皮革、土壤、紫羅蘭、肉豆蔻、蕈菇、煙燻調性以及松露氣韻。此外，Sylvie Spielmann酒莊有時甚至會推出黑皮諾貴腐甜酒。

希爾瓦那（Sylvaner）

此品種原產自奧地利東部，酒的香氣不特別奔放，較為中性，一般釀為清新爽脆，可以大口暢飲的日常白酒，風味以青草、小白花、蘋果等為主；此品種的好處是即便葡萄很熟，仍可保持不錯的酸度（比白皮諾的酸度更佳）。希爾瓦那也常被拿來與白皮諾等品種，混調成艾德茲威可（Edelzwicker）多品種白酒。通常喜愛土質較輕，砂質帶石土壤，但在石灰岩地形上，可以釀出熟美有深度的佳釀（如Mittelbergheim酒村的Zotzenberg特級園，或是Bollenberg特定葡萄園裡較多石灰岩質的區塊，又或是Rorschwihr酒村的Weingarten特定葡萄園的魚卵石石灰岩地塊）。

根據基因圖譜鑑定，希爾瓦那是白莎瓦涅與Osterreichish Weiss兩者的雜交種，而後者又是古老的白固維之後代。希爾瓦那的果色從淡綠到較熟美的金黃色都有，果皮較厚一些，與麗絲玲同樣屬於晚熟品種，占阿爾薩斯葡萄種植面積的7.2%。此外Domaine Loew釀有紅色變種紅希爾瓦那（Sylvaner Rouge）。

蜜思嘉（Muscat）

阿爾薩斯種植了兩種蜜思嘉以釀酒（占總體種植面積的2.3%），分別是白色小粒種蜜思嘉（Musact à Petits Grains Blanc），它也被稱為阿爾薩斯蜜思嘉（Muscat d'Alsace），在十六世紀初被引進此地。另一種是在十九世紀中才被引進阿爾薩斯的歐投奈爾蜜思嘉（Muscat Ottonel），種植面積大於小粒種。除罕見的晚摘與貴腐甜酒外，這兩種蜜思嘉在阿爾薩斯都釀成不甜的版本。許多酒莊的酒裡其實都包含了這兩種蜜思嘉。

白色（以及粉紅色〔Rose〕）小粒種蜜思嘉：可釀出酸度鮮明的醒神白酒，香氣以葡萄本身氣味、蜂蜜、蜜桃、杏桃、芒果、橙花與麝香為主，有時尾韻輕微帶苦，有時也帶些淡薄的荔枝氣息。一般認為其原生地為希臘（當地稱為Moschato Samou），雖與北義的Moscato Giallo有親緣關係，但並非相同品種。它的葉片厚，呈球形，有許多參差的小鋸齒，果串呈長窄錐形。果皮厚，呈黃琥珀色。屬早熟品種（也因此較易受到春霜之害），偏愛溫暖多陽的石灰岩園區。Bohn酒莊釀有百分之百的可口「Muscat d'Alsace Rose」，建議可試。相對於歐投奈爾在樹齡年輕時即可產出優良酒款，小粒種必須老藤才能產出佳釀。

歐投奈爾蜜思嘉：為夏思拉（Chasselas）以及Musact d'Eisenstadt

的雜交種，也有一說是此品種是夏思拉的變種。酸度較白色小粒種蜜思嘉為低，但若因之而早採，香氣會顯得偏弱（或說不似小粒種那般香豔，但其實其香氣比較細緻），口感也較小粒種更圓潤一些。由於比小粒種還早熟，所以適合緯度偏北的產區。葉片呈淺裂掌狀，喜愛多陽的黏土質石灰岩土壤。較易產生落花，所以產量相對較不穩定。以上看似潛質不如小粒種，但事在人為：Domaine Ostertag以及Dirler-Cadé就釀有相當優秀的歐投奈爾蜜思嘉白酒。此外，其實歐投奈爾蜜思嘉的果粒比小粒種蜜思嘉更嬌小，且法國僅有阿爾薩斯有此品種（奧地利也有一些）。基本上，歐投奈爾蜜思嘉更適合釀成干白酒。

次要釀造品種
夏多內（Chardonnay）

源自布根地以及周遭地區，此為世上種植量最高也是最受歡迎的白酒品種。它是皮諾與白固維的雜交種，喜愛石灰岩或石灰岩含量豐富的土壤，發芽早，成熟早，產量也大。葡萄相當容易

左圖：白色小粒種蜜思嘉。
右圖：粉紅色小粒種蜜思嘉。

蓄積糖分，也含有相當高的可萃取物，但過熟則酸度顯著降低。酒款年輕時以蘋果與柑橘類果香為主，酒質在成熟後會釋出奶油、核果或肉豆蔻之類的氣韻。果串小，果粒間距緊密，加上皮薄，所以在陰濕多雨的天氣下相當容易感染灰黴菌。

由於夏多內與白皮諾在形態上頗為近似，因此直至十九世紀晚期，許多人常將此兩品種混為一談。直到1980年，夏多內白酒可以用Alsace AOC的名義販售，目前則只能用它來釀造阿爾薩斯的Crémant氣泡酒（否則必須標成Vin de France）。

夏思拉（Chasselas）

此為源於瑞士日內瓦湖附近的古老品種，在瑞士的瓦萊州稱為「Fendant」；不過據研究，品種名應該來自離布根地馬貢產區不遠的同名酒村Chasselas（此村是夏思拉植株首先被引入法國的地方）。夏思拉白酒風味相當中性，以花香和乾草堆氣息為主，也常帶有一絲打火石或煙燻調。少數情況下，可釀出優良酒款（如Domaine Schoffit的老藤，其內包含白色與粉紅夏思拉），然而絕大多數的酒質非常普通。

夏思拉果粒較大，曾經是阿爾薩斯南部上萊茵省（Haut-Rhin）種植量最高的品種之一，不過根據1999年的數據指出，其種植面積僅剩寥寥可數的1%，目前已降到不到1%（全阿爾薩斯僅存70公頃）。雖然在阿爾薩斯可以釀成單一品種酒，但是通常會與其他品種混調為艾德茲威可（Edelzwicker）。

歐歇瓦（Auxerrois）

歐歇瓦是皮諾與白固維的眾多雜交後代之一，因此與夏多內及白皮諾有「手足」的親緣關係，喜愛石灰岩土壤。歐歇瓦的原產地位於阿爾薩斯與洛林，在阿爾薩斯又被稱為「Pinot Auxerrois」，在德國摩塞爾河谷地則名為「Auxerrois de Laquenexy」；但與卡歐地區的馬爾貝克別名「Auxerrois」並無關係。此品種風味近似白皮諾，但口感圓潤一些，酸度低一些。歐歇瓦常被用來與其他品種混調後裝瓶，阿爾薩斯的氣泡酒裡也常見其身影。

歐歇瓦在阿爾薩斯可以用「Pinot Blanc」的名義銷售，但通常會混有一些白皮諾，即使酒標寫的是「Pinot Blanc」，但裡頭裝的是百分之百歐歇瓦也算合法。當然，如果不與其他品種混調，則可以標為「Auxerrois」上市，但此例並不多（罕例是酒質優良的Josmeyer Pinot Auxerrois "H" Vieilles

Vignes、Kientzler Auxerrois "K"、Hering Auxerrois Les Authentiques，或Rolly Gassmann Rotleibel de Rorschwihr Auxerrois）。

艾林根斯坦克雷夫諾
（Klevener de Heiligenstein）

此品種其實是粉紅莎瓦涅的「非芳香型版本」，至於「芳香型」則是指格烏茲塔明那；此外，不論是「芳香型」或「非芬芳香型」，它們都是白莎瓦涅（就是Traminer，原產地在法國東北及德國西南）的粉紅色變種。品種學家嘉雷（Pierre Galet）指出，直到十九世紀末，此「非芳香型版本」的粉紅莎瓦涅，一度被誤認並稱為「Traminer」，當時也廣泛種植。不過到了1850年代，除了艾林根斯坦（Heiligenstein）村以及周遭地區，此品種都已被格烏茲塔明那所取代。事實上，史特拉斯堡的法官早在1742年就允許艾林根斯坦種植「Traminer」，但之後不久，品種名就被改為艾林根斯坦克雷夫諾。

其實此品種聞起來與喝起來都和格烏茲塔明那相當近似，只是香氣及口感複雜度在終極表現上，還是略輸後者一籌。基本上屬於輕鬆易飲，迷人但明快的白酒（常帶一絲微甜），一般都在五年內喝完，但在優良釀造

麗絲玲、夏多內與歐歇瓦其實都和古老品種白固維具有親緣關係，圖為薄酒來產區的Château Thivin所釀的罕見白固維白酒，可惜風味中性無趣。

者手上，多儲幾年後，仍會有較為繁複的風味展現。若酒標標為「Klevener de Heiligenstein」販售，則必須以百分之百的艾林根斯坦克雷夫諾釀成，且葡萄須來自艾林根斯坦、Bourgheim、Gertwiller、Goxwiller以及Obernai五村內所指定的葡萄園（主要土壤為礫石、砂與黏土，坡面朝東和東南）。在形貌上，此品種的葉片比格烏茲塔明那的大且圓，無明顯葉裂。

上圖：阿爾薩斯聖伊田葡萄酒兄弟會的地下藏酒窖，圖中人物為2019年大宗師Jean-Louis Vezien。

下圖：梅基耶窖藏裡的「1911 Riquewihr Riesling」。

阿爾薩斯葡萄酒兄弟會與葡萄酒博物館

法國許多產區都有推廣葡萄酒的兄弟會，阿爾薩斯也不例外。阿爾薩斯聖伊田葡萄酒兄弟會（La Confrérie Saint-Étienne d'Alsace）位於上萊茵省肯恩塞村（Kientzheim）的肯恩塞城堡裡，是本地區最知名、也是法國最老牌的兄弟會之一。該兄弟會由阿摩許威爾村（Ammerschwihr）的顯赫人士成立於十四世紀，當時的核心任務是審核葡萄酒品質，後在法國大革命時期逐漸式微，直到1848年消失在歷史煙塵中。

一個世紀後的1947年，德耶（Joseph Dreyer）讓兄弟會起死回生，將其轉型為阿

爾薩斯葡萄酒推廣組織。與阿爾薩斯葡萄酒公會（CIVA）的一般性產區溝通與推廣不同，該兄弟會除在城堡內舉行專題品酒會外，也在國內外舉行高檔的精緻餐酒會以推廣阿爾薩斯葡萄酒。此外，每年會推舉一位大宗師（Grand Maitre）領導兄弟會、制定該年重大推廣方向並執行，共有員工十五名。此兄弟會也是肯恩塞城堡的擁有者（最老的建物建於十三世紀），自匈牙利多凱帶回葡萄品種的史汪迪男爵曾是該堡擁有人，聖伊田也是法國唯一擁有歷史性建物的兄弟會。

該會每年舉辦阿爾薩斯葡萄酒競賽（每年約有六十多家酒莊參與），入選的優質酒款可獲該會紅色徽章以茲表揚，入選酒莊同時必須捐出該酒款十二瓶入窖成為歷史性窖藏，好讓後人可資認識阿爾薩斯葡萄酒在各時期的品質與轉變。這些好酒也可能出現在日後的老酒拍賣會上（如2019年拍賣會的「1999 Josmeyer Grand Cru Brand Riesling」拍賣起標價為110歐元），所得將挹注本會運作與城堡修繕。

在城堡的六萬多瓶窖藏中，最珍貴的是幾百瓶的「梅基耶窖藏」（La Collection Méquillet），這些酒是二戰中未被納粹德軍占有的倖存者（梅基耶砌牆隱匿了這些酒），其中最老的年份為1834年。城堡對面還有一座「葡萄園暨葡萄酒博物館」（Musée du Vignoble et des Vins d'Alsace），裡頭的相關歷史收藏非常豐富，值得愛酒人參觀（5到10月開放給遊客參觀，其他淡季須預約）。

CH.

3

阿爾薩斯特級園
初探

**Les 51
Grands Crus
d'Alsace**

下萊茵省特級園地圖

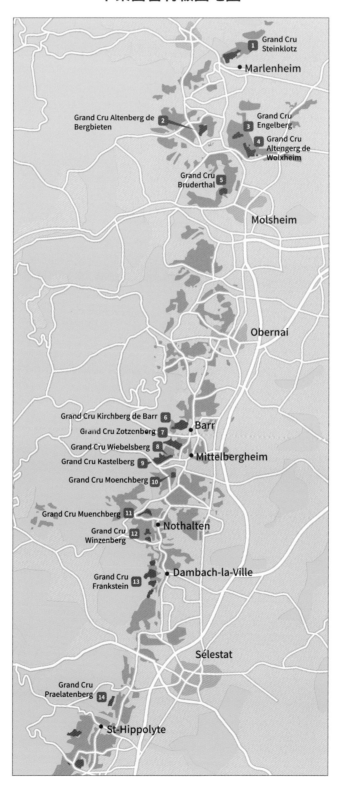

上萊茵省特級園地圖

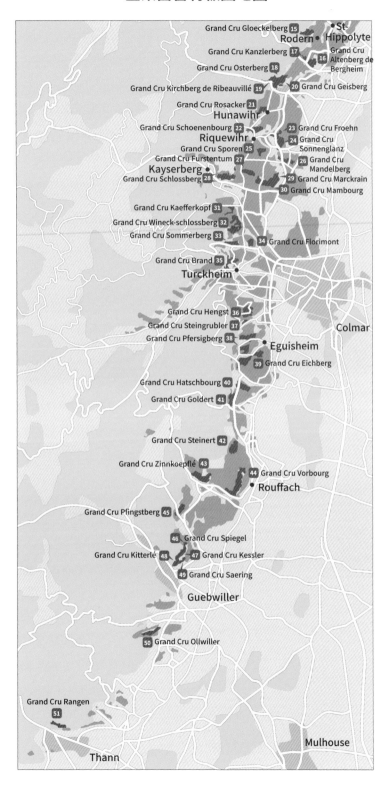

對於布根地的特級園，許多酒友都能夠朗朗上口，甚至默背出幾個園名，但多數人對阿爾薩斯特級園其實非常陌生，以下依照由北至南的順序，簡介本產區五十一個特級園。為方便讀者發音，園名都採音譯，如果特級園本身具有可資翻譯的特殊意義會於文中註解。此外，ISO手機系統的「Wine-Whisper」應用軟體，可協助您學習各特級園名稱發音，建議可下載。至於本書其他章節（尤其是酒名），則全部以原文寫出園名，以方便閱讀。特級園介紹文中若提及本書收錄的酒莊，將以**粗體**顯示。

01 斯坦克羅茲特級園
Grand Cru Steinklotz

位於Marlenheim村西邊，為阿爾薩斯最北端的特級園。「Steinklotz」中譯是「石頭堆」之意，因其土壤底下有許多石灰岩塊（堅硬的貝殼石灰岩與含白雲石的石灰岩），由於土壤貧瘠，且因含鐵質使得土色偏紅，這些特色都使此園成為阿爾薩斯最適合種植黑皮諾的風土之一。主要品種麗絲玲、格烏茲塔明那與灰皮諾都具有清新芬芳且細緻均衡的特色。總面積40.6公頃，朝東南與南，海拔200～315公尺。主要釀造者有**Domaine Fritsch**、Arthur Metz、Domaine Mosbach。

由Charles Durand所設計的「Wine-Whisper」手機應用軟體，可協助您發出各特級園與品種名稱。

斯坦克羅茲特級園（Grand Cru Steinklotz）。

02 阿騰伯格得貝比騰特級園
Grand Cru Altenberg de Bergbieten

位於Bergbieten村北邊，距史特拉斯堡25公里。「Altenberg」是「老山」的意思。該園西邊與北邊受到屏障，所以少雨，且因與孚日山脈有些距離，毫不受高山陰影籠罩，所以日照時數相當長。占地29.07公頃，海拔210～265公尺，朝南與東南。以黏土質泥灰岩為主，上坡有白雲石石灰岩，有些區塊擁有可助土壤升溫的石膏。主要品種麗絲玲、格烏茲塔明那與灰皮諾都顯得細膩精緻與輕盈。於1050年就有關於此園的紀載，史特拉斯堡主教也曾在此擁園。主要釀造者有**Domaine Loew**、**Frédéric Mochel**、Roland Schmitt。

03 安潔伯格特級園
Grand Cru Engelberg

這座特級園位於Dahlenheim與Scharrachbergheim兩村村界內。「Engelberg」中譯是「天使山」之意，此園酒質也確如天使般地輕盈優雅。Engelberg位於夏哈山（Scharrachberg）的南面坡段，以黏土質泥灰土為主，在東段含有不少貝殼石灰岩，西段有魚卵石石灰岩。占地14.8公頃，海拔250～300公尺。依據史料顯示，史特拉斯堡大教堂曾在此擁園。主要品種為麗絲玲、格烏茲塔明那與灰皮諾。主要釀造者有**Domaine Pfister**、Maurice Heckmann、Domaine Bechtold。

04 阿騰伯格得沃爾塞特級園
Grand Cru Altengerg de Wolxheim

位於Wolxheim村、史特拉斯堡西邊20公里處。「Altenberg」是「老山」的意思。此園位在Rocher du Horn山腳下，微氣候溫暖乾燥，海拔200～250公尺，總面積占地31.2公頃。不少教會都曾在這裡擁園，史特拉斯堡濟貧醫院於1320年曾經握有不少面積。主要為泥灰岩質石灰岩土，也含有不少小石頭，基岩為石灰岩。主要品種為麗絲玲（常帶有打火石氣息）與格烏茲塔明那（須注意每公頃產量）。主要釀造者有Domaine Lissner、Laurent Vogt、Cave du Roi Dagobert。

05 布德塔特級園
Grand Cru Bruderthal

位於莫爾塞（Molsheim）村西北邊。「Bruderthal」中譯是「弟兄

谷」，因為曾由修會的弟兄們耕作之故。筆者曾在此園裡春季剪枝，天氣好時可以看見史特拉斯堡大教堂的塔尖。為泥灰岩質石灰岩土，底層有殼灰岩（Muschelkalk，也稱貝殼石灰岩）。面積18.4公頃，海拔220～300公尺，朝東南，面向阿爾薩斯平原。此園種植量最高的是麗絲玲（圓潤清鮮緊緻）與格烏茲塔明那（花香迷人），也種有少量蜜思嘉。主要釀造者有**Domaine Neumeyer**、Bernard Weber、Alain Klingenfus。

06 克希伯格得巴特級園
Grand Cru Kirchberg de Barr

柔參伯格特級園（Grand Cru Zotzenberg）。

此園位於Barr村北邊，該村的舊

城區值得參觀，尤其不要錯過9月底至10月初的採收節慶。「Kirchberg」中譯是「教堂山」（該園頂端設有Saint-Martin教堂）。為泥灰岩質石灰岩（殼灰岩）土壤，朝東南與南，面積40.63公頃，海拔220～350公尺。表現最好與種植量最高的品種是格烏茲塔明那（和諧花果香中有恰好的香料調，酒體飽滿和諧），麗絲玲占有第二面積順位，接著才是灰皮諾。此特級園內有兩處克羅園（Clos）：Clos Gaensbroennel與Clos Zisser。主要釀造者包括**Domaine Hering**、Vincent Stoeffler、Klipfel。

07 柔參伯格特級園
Grand Cru Zotzenberg

位於Mittelbergheim村北邊、朝東與朝南的山坡上，受陽良好，海拔225～320公尺。總面積36.45公頃。主要為泥灰岩與石灰岩質土壤，其中還混有一些石灰岩塊，整體而言土壤保濕度不錯，較不怕旱。此園從前以希爾瓦那建立名聲（自2005年3月起為全阿爾薩斯唯一能以希爾瓦那釀造特級園酒款的園區），但如今也產優質的麗絲玲與格烏茲塔明那。1364年時，此園名為Zoczenberg，直到二十世紀才改為Zotzenberg。主要釀造者有**Domaine Rietsch**、**Rieffel**、Albert Seltz。

08 威貝斯伯格特級園
Grand Cru Wiebelsberg

位於Andlau村北邊，Kastelberg特級園的東邊，「Wiebelsberg」中譯是「女人丘」之意，有專家認為此園酒款除具個性，還穿戴了「絲絨手套」。園區總面積12.52公頃，海拔250～300公尺。此山坡葡萄園以砂岩和富含石英與鐵質的砂岩崩落岩屑堆組成。由於土壤組成與面南（從東南至西南）的關係，葡萄園升溫快速。該園幾乎由麗絲玲所占滿，但也種有約4%的灰皮諾。主要釀造者有**Marc Kreydenweiss**、**Rieffel**、Remy Gresser。

09 卡斯泰爾伯格特級園
Grand Cru Kastelberg

位於Andlau村北邊。該村有三個特級園，此園最陡、面積最小（5.82公頃），也是三者中最負盛名者。因為葡萄園坡度陡，所以用片岩圍出不少小梯田，梯田在阿爾薩斯方言裡寫成Kaschte，這也是園名「Kastelberg」的由來，中譯為「梯田山」。此東南向園區的海拔在240～300公尺，種植百分百的麗絲玲，這裡獨特的「史岱奇片岩」（Schiste de Steige）也是阿爾薩斯最古老的地質之一。其實，「史岱奇片岩」不是真正的片岩，而是由花崗岩砂變質而來的黑色堅硬岩塊，但形如片岩。羅馬人據此之時便已開始種植葡萄釀酒。主要釀造者有**Marc Kreydenweiss**、Domaine Durrmann、Remy Gresser。

10 門希伯格特級園
Grand Cru Moenchberg

位於Andlau與Eichhoffen兩村村界內，後者占地較大。羅馬人時期即已開發此地釀酒，由於曾屬於Altdorf修院財產，且由修士耕作，因此此園有「修士山」的意思。位於朝南緩坡，此園面積11.83公頃。海拔230～260公尺，微氣候溫暖乾燥。主要是泥灰岩質石灰岩土壤，上坡石灰岩較多，下坡有些軟泥。以怡人果香見長，酒在年輕時就顯得相當可親。主要品種為麗絲玲、灰皮諾與格烏茲塔明那。主要釀造者有**Marc Kreydenweiss**、Domaine Durrmann、Remy Gresser。

11 慕希伯格特級園
Grand Cru Muenchberg

位於Nothalten村西北邊。土壤為火山岩沉積土與風化砂岩，排水性極佳，土壤升溫快，土壤貧瘠，單位產量不高，面積17.7公頃，園區呈新月狀，朝

慕希伯格特級園（Grand Cru Muenchberg）。

之意，為富含黑、白兩色雲母的花崗岡土壤，也含有不少石英。海拔240～320公尺，面積19.2公頃，朝南與東南，由於土壤溫暖以及極好的向陽坡面，讓此園具有熟成葡萄的優良條件。主要品種為麗絲玲、格烏茲塔明那與灰皮諾。筆者尤其喜愛該園格烏茲塔明那的輕盈與細緻感。主要釀造者有Domaine Wolff-Dresch、Domaine Auther。

13 法蘭克斯坦特級園
Grand Cru Frankstein

位於Dambach-la-Ville村西邊。為富含黑、白兩色雲母且風化程度較高的花崗岩質土壤，摻有許多花崗岩小石塊，排水佳（即使雨後都還能散步其中），土壤升溫快。56.2公頃面積分成土質相同的連續四塊，朝東及東南向，最靠西邊的區塊較為陡峭。主要品種為格烏茲塔明那（輕盈不流俗，常有鳳梨味）、麗絲玲（花香與礦物味鮮明）、灰皮諾與少量的蜜思嘉。主要釀造者有 **Domaine Beck-Hartweg**、Ruhlmann、Schaefffer-Woerly。

南，西邊有901公尺的Ungersberg山屏障掉風雨，頂邊則有森林擋去北風。十二世紀時曾屬於Baumgarten教會財產，且由熙篤教派修士耕作，故此園譯成中文為「修士山」之意。晚熟的麗絲玲是此園的最主要品種，有熟美花果香，成熟後還帶茴香與甘草滋味。灰皮諾也有極好表現，但種植面積不大。主要釀造者有 **André Ostertag**、**Wolfberger**、Julien Meyer。

12 文參伯格特級園
Grand Cru Winzenberg

此特級園位於Blienschwiller村北邊。「Winzenberg」有「葡萄農之丘」

14 裴拉騰伯格特級園
Grand Cru Praelatenberg

位於Kintzheim村西南邊，阿爾

薩斯最美的中世紀城堡Château Haut-Koenigsbourg就位於山頂俯瞰該園，「Praelatenberg」意為「主教山」，因它曾在西元823年屬於Ebersmunster修院主教的產業。園區18.7公頃，朝東與東南，海拔250～350公尺，以含有雲母與石英的花崗岩以及片麻岩為主要土壤成分。酒風優雅細緻，酸度佳，常含有礦物質風味。種植最多的是麗絲玲與格烏茲塔明那，再來是灰皮諾與少量蜜思嘉。主要釀造者有Domaine Allimant-Laugner、Fernand Engel、Jean Becker。

15 格羅克伯格特級園
Grand Cru Gloeckelberg

此園位於Rodern與St-Hippolyte兩村村界內。「Gloeckelberg」譯成中文為「吊鐘山」，面積23.4公頃，海拔250～360公尺，朝南與東南，以風化的花崗岩土壤為主（含有鉀、石英、長石），上端區塊有些片岩。土壤溫暖、排水好，天氣過於乾熱時，此園會有缺水的危機。種植最多的是灰皮諾（果香熟美同時，酸度也不欠）與格烏茲塔明那，麗絲玲僅占少數。主要釀造者有**Muller-Koeberlé**、Cave de Ribeauvillé、Koeberle-Kreyer。

16 阿騰伯格得貝格翰特級園
Grand Cru Altenberg de Bergheim

位於中世紀村落Bergheim的北邊。該村在二戰時倖免於難，還有許多值得一看的傳統民居。「Altenberg」是「老山」的意思，園區位於相當陡斜的朝南山坡上，屬土層較淺（但保水性不錯）、多石、富含化石的泥灰岩質石灰岩土壤。面積35.06公頃，海拔220～320公尺。此園是阿爾薩斯兩個允許混種與混釀的特級園之一（另一個是Kaefferkopf），種植最多的是格烏茲塔明那與麗絲玲，灰皮諾則在近年有增多的趨勢。限制每公頃最高產量為5,000公升（比其他特級園的5,500公升要低，另一同樣限為5,000公升的是

阿騰伯格得貝格翰特級園（Grand Cru Altenberg de Bergheim）。

Rangen特級園）。主要釀造者有**Marcel Deiss**、**Sylvie Spielmann**、Gustave Lorentz。

17 康茲勒伯格特級園
Grand Cru Kanzlerberg

位於Bergheim村與Altenberg de Bergheim特級園西邊。中世紀時，聖殿騎士團曾在這裡擁園。「Kanzlerberg」意為「尚的山丘」（Coteau de Jean，

圖中葡萄為康茲勒伯格特級園（Grand Cru Kanzlerberg）裡的貴腐灰皮諾。

因聖殿騎士尚的宅邸就位於特級園山腳下）。面積極小，僅3.4公頃（為阿爾薩斯最小的特級園），平均海拔250公尺，朝東南與南，土質屬較為厚重的泥灰岩質石灰岩，泥灰岩中含有許多石膏，還雜有螢石（fluorine）與重晶石（barytine），底下基石是貝殼石灰岩層。整體酒質飽滿卻維持細緻，年輕時略為封閉嚴肅一些，具絕佳儲存潛力。主要品種為麗絲玲、格烏茲塔明那與灰皮諾。主要釀造者有**Sylvie Spielmann**與Gustave Lorentz。

18 歐斯特伯格特級園
Grand Cru Osterberg

此園位於Ribeauvillé村北邊。「Osterberg」意為「轉而朝東的山丘」。為泥灰岩質石灰岩土壤，也混有一些砂岩。總面積24.6公頃，朝東與東南，海拔250～350公尺。主要品種是麗絲玲、格烏茲塔明那與灰皮諾。此外，此園的核心地帶還有個Clos du Zahnacker克羅園（於八世紀時就有史載），自古以來就混種不同品種、一起採收、同時發酵，酒質精湛，目前為Cave de Ribeauvillé的獨占園，但依規定無法掛上特級園分級。此園的主要釀造者有**André Kientzler**、Louis Sipp、Cave de Ribeauvillé。

19 克希伯格得里伯維雷特級園
Grand Cru Kirchberg de Ribeauvillé

此園位於Ribeauvillé村北邊，與Geisberg特級園相鄰（兩園都相當陡峭）。「Kirchberg」意為「教堂山」。為泥灰岩質石灰岩土壤，也混有一些砂岩。總面積11.4公頃，朝南與西南，海拔270～350公尺。由於位於谷地出口，所以不時有涼爽微風吹拂，使葡萄得以緩慢有序地成熟。主要品種是麗絲玲與灰皮諾，整體酒風在細緻之餘，還具有活力、張力與礦物質風味。此園的主要釀造者有**André Kientzler**、**Jean Sipp**、Henry Fuchs。

20 蓋斯伯格特級園
Grand Cru Geisberg

該園位於Ribeauvillé村的北邊，「Geisberg」中譯是「山羊山」。是該村三個特級園中面積最小者（8.53公頃），也是最陡峭者（所以築了梯田），海拔220～350公尺，朝南。土壤由貝殼石灰岩與富含白雲石（石灰岩含量高）的泥灰岩所組成，最上坡處有些砂岩與石灰岩塊。此園自1308年起就聲名遠播。種植百分之百的麗絲玲，酒質飽滿複雜，架構佳，潛力強。該園的主要釀造者有**André Kientzler**、**Trimbach**（2009年份起）、Kuentz-Bas。

21 侯薩克特級園
Grand Cru Rosacker

此園位於Hunawihr村北邊。「Rosacker」是「野生薔薇那塊地」的意思，面積26.18公頃，朝東與東南，海拔260～330公尺。以白雲石石灰岩為主（富含鈣與鎂），最重要的品種是麗絲玲（酒質純淨複雜），其次是格烏茲塔明那與灰皮諾。此園核心地帶還有著名的克羅園Clos Sainte Hune（占地僅1.67公頃），目前由Trimbach酒莊所有，但Clos Sainte Hune酒標上並未標示Grand Cru Rosacker。此園的主要釀造者有**Trimbach**、**Domaine Agapé**、Cave de Hunawihr。

22 雪儂堡特級園
Grand Cru Schoenenbourg

位於Riquewihr與Zellenberg兩村村界內。「Schoenenbourg」意為「美麗山丘」。主要是黏土質泥灰岩，上坡處有些粉紅砂岩，土壤底層有些石膏，土壤含有一些砂岩與貝殼石灰岩，整體土質較為複雜。保水性良好。總面

雪儂堡特級園（Grand Cru Schoenenbourg）眺望下端的Riquewihr村。

積54.3公頃，海拔265～380公尺，整體相當陡峭，朝東南與南，自中世紀前期起即以酒質聞名。酒風強勁飽滿寬厚，也具礦物質風味，儲存潛力強。以麗絲玲表現最佳，灰皮諾也有精彩表現，少量種植了一些蜜思嘉。此園風土也適合釀造晚摘與貴腐甜酒。主要釀造者有**Hugel**（未標示特級園名稱）、**Marc Tempé**、**Meyer-Fonné**、Dopff au Moulin。

23 芙恩特級園
Grand Cru Froehn

Zellenberg村位於一處獨立丘陵，

而此園就位在村子的東邊、南邊與西南，整塊園區連成一氣。「Froehn」意指「農奴替封建領主耕種的那塊地」。總面積14.6公頃，海拔270～300公尺。土壤主要是黏土質泥灰岩（這裡的泥灰岩土壤源自片岩風化），含有不少黏土，以及許多鐵質（因此傳統上也釀有少量紅酒）。主要品種是格烏茲塔明那與灰皮諾，種植面積較小的蜜思嘉表現不俗，深度不錯。果香鮮明，酒體偏潤為此園的整體風格。主要釀造者有Jean Becker、Maison Zimmer、Cave de Beblenheim。

24 索能格朗茲特級園
Grand Cru Sonnenglanz

此特級園位於Beblenheim村北邊。
「Sonnenglanz」意指「太陽光芒」，
此園朝東南的日照極為充足，微氣候溫
暖且雨量少，故即使艱難年份，葡萄
也能有相當不錯的熟度。總面積32.8公
頃，海拔220～270公尺（緩坡）。為泥
灰岩質石灰岩土壤，黏土多些，屬較
厚重的土壤（偏旱時也不致缺水）。
整體酒質飽滿多汁，架構扎實。主要
品種是灰皮諾（常帶蜜香）與格烏茲
塔明那（果香鮮明，具果肉可咀嚼
感）。主要釀造者有**Bott-Geyl**、Cave
de Beblenheim、Domaine de la Vieille
Forge。

25 史波恆特級園
Grand Cru Sporen

此特級園位於Riquewihr村東
南邊，為該村兩個特級園之一（另
一是Schoenenbourg）。1432年時，
Wurtemberg公爵已在文檔中提及此
園。為黏土質泥灰岩，且黏土含量較
高，保水性佳，也富含磷酸與鉀，皆
是優質土壤的表徵。此園位於緩坡，
海拔260～315公尺，面積23.7公頃，
朝東南與南。最主要且表現最佳的品
種是格烏茲塔明那，種植居次的是灰
皮諾，麗絲玲較不受酒農青睞，或許

芙恩特級園（Grand Cru
Froehn）。

是因北邊的Schoenenbourg麗絲玲名氣太大？主要釀造者有**Hugel**（未標示特級園名稱）、**Meyer-Fonné**、Dopff au Moulin。

26 曼德伯格特級園
Grand Cru Mandelberg

位於Mittelwihr與Beblenheim兩村村界內，但比較靠近前者。「Mandelberg」意指「杏仁樹山」，目前園區裡仍有不少杏仁樹，春季開花時尤值一賞；杏仁樹的存在也顯示此微氣候相當溫暖。羅馬人時期即已開始種樹釀酒。為泥灰岩質石灰岩土，表面土壤混有石灰岩塊，底下基石為石灰岩。面積22公頃，朝東南、南與西南，海拔205～256公尺，西邊區塊相當陡峭。主要品種為格烏茲塔明那、麗絲玲與灰皮諾。主要釀造者有**Bott-Geyl**、Cave de Beblenheim、Domaine Baumann-Zirgel。

27 富斯東頓特級園
Grand Cru Furstentum

位於Kientzheim與Sigolsheim兩村村界內，「Furstentum」意為「王子的封邑」。此園位於Kayserberg谷地出口的延伸處，旁有Mambourg、Markrain與Schlossberg特級園圍繞，頗有眾星拱月之姿，下方的Altenbourg特定葡萄園也潛質極高。此園面積30.5公頃，朝南與西南，海拔較高（295～400公尺），也相當陡峭（37%），為泥灰岩石灰岩質砂岩土壤（砂岩含鐵偏紅，石灰岩塊偏黃）。1330年為巴塞爾修道院所有。主要品種為麗絲玲、格烏茲塔明那與灰皮諾，前兩者表現最佳。主要釀造者有**Albert Mann**、**Marc Tempé**、**Weinbach**、Paul Blanck。

28 史若斯貝格特級園
Grand Cru Schlossberg

位於Kientzheim村西北邊，與孚日山脈相連。自十五世紀起便以酒質著稱，中文是「城堡山」的意思，也是阿爾薩斯第一個列級的特級園（1975年）。屬風化程度較高的花崗岩土壤，含多樣可讓葡萄藤利用的礦物質，容易蓄積光與熱，排水極佳。總面積相當大，共80.28公頃，且分為一大（南邊）一小（北邊）兩塊，整體相當陡峭，海拔230～350公尺。主要品種為麗絲玲與灰皮諾，亦種有少量格烏茲塔明那與蜜思嘉，最具代表性的是麗絲玲：花香空靈，質地細美，帶有礦物氣息。主要釀造者有**Albert Mann**、**Weinbach**、**Kirrenbourg**、Jean-Marc

Bernhard。

Laurant Barth、Michel Fonné。

圖為史若斯貝格特級園（Grand Cru Schlossberg），分為南北兩塊，此為北邊小塊，而圖中陡峭梯田部分被稱為 Kirrenbourg，也是 Domaine Kirrenbourg 的命名由來。

29 馬康特級園
Grand Cru Marckrain

　　此園位於Bennwihr與Sigolsheim兩村村界內，往此園西邊延伸就是Mambourg特級園。為泥灰岩質石灰岩土壤，含有不少紅色黏土，也雜有魚卵石石灰岩塊。總面積53.35公頃，朝東與東南，海拔200～300公尺。最具代表性品種是格烏茲塔明那（飽滿扎實，氣韻複雜，整體均衡），灰皮諾也有精彩表現（飽滿，具煙燻與甘草氣韻）。主要釀造者有**Domaine Weinbach**、

30 曼堡特級園
Grand Cru Mambourg

　　位於Sigolsheim村北邊。土壤近似其東邊的Marckrain特級園：為泥灰岩質石灰岩土壤，含有不少紅色黏土，也雜有魚卵石石灰岩塊。不過因為朝正南，氣候較為炎熱，光照也相當強。總面積61.85公頃，海拔205～340公尺。自783年起即為知名葡萄園，不少教會與貴族曾在此擁園。整體酒風飽滿渾厚，種植最多的品種是格烏茲塔明那，灰皮諾也有精彩表現，少量種植麗絲玲

自維內克史若斯貝格特級園（Grand Cru Wineck-schlossberg）上坡往下望。

（但近年天氣炎熱，要釀出酸度與均衡俱佳的麗絲玲愈來愈有難度）。主要釀造者有**Marc Tempé**、**Marcel Deiss**、Jean-Marc Bernhard。

31 可菲寇夫特級園
Grand Cru Kaefferkopf

位於Ammerschwihr村的北邊與南邊，呈連續的四塊。Kaefferkop自古聞名（從1328年起便有紀載），不過反倒是阿爾薩斯最後被列為特級園者（2007年，第五十一個特級園），「Kaefferkopf」中文是「甲蟲頭」的意思（上坡處的形狀有點類似）。基岩是

花崗岩與石灰岩，下坡比較多砂岩，上層的土壤富含鈣與鎂。園區朝東，總面積71.65公頃，海拔230～350公尺。主要種植品種是格烏茲塔明那與麗絲玲，接著才是灰皮諾。此外，此園也是阿爾薩斯兩個允許混種與混釀的特級園之一（另一是Altenberg de Bergheim）。主要釀造者有**Christian Binner**、**Meyer-Fonné**、Maurice Schoech。

32 維內克史若斯貝格特級園
Grand Cru Wineck-schlossberg

位於Katzenthal與Ammerschwihr

兩村的村界內。園名「Wineck-Schlossberg」意指「Wineck城堡旁的山坡葡萄園」。城堡本身建於十二世紀，上頭風景優美。為風化的花崗岩土壤，混有黑、白兩色雲母。總面積27.4公頃，朝東南與南，海拔270～420公尺，相當陡峭。種植最多的品種是麗絲玲（細緻優雅，以清雅花香誘人），其次是格烏茲塔明那。主要釀造者有**Meyer-Fonné**、Paul Blanck、Jean-Marc Bernhard。

33 索梅伯格特級園
Grand Cru Sommerberg

此園位於Niedermorschwihr與Katzenthal兩村村界內，但比較靠近Niedermorschwihr，是仍保有許多令人思古幽情老房子的美麗小村，村內十三世紀教堂的旋紋狀鐘塔值得一看。「Sommerberg」是「夏丘」的意思，此朝南且非常陡峭（45度）的園區，夏日來訪，非常曬人，總面積28.36公頃，海拔270～407公尺，為風化的花崗岩土壤，混有黑、白兩色雲母，土壤富含多樣礦物質，在此條件下，每公頃產量自然不高。主要品種是麗絲玲與灰皮諾，尤以前者為招牌。主要釀造者有**Albert Boxler**、**Domaine Schoffit**、Paul Blanck。

34 夫羅里蒙特級園
Grand Cru Florimont

位於Ingersheim與Katzenthal兩村村界內。「Florimont」為「花開滿山」的意思。羅馬人時代即在此植樹釀酒，768年時Murbach修道院曾在在此擁園。泥灰岩質石灰岩土壤，底下有石灰岩基石，混有一些黃色圓形石塊。西邊有孚日山脈屏障，使此園溫暖乾燥（法國最乾燥的地方之一），天氣過旱時有可能缺水。種植最多的品種是格烏茲塔明那（花香迷人，口感柔潤）、麗絲玲與灰皮諾，也少量種植了一些蜜思嘉。主要釀造者有Cave Jean Geiler、Bruno Sorg、Domaine de l'Oriel。

35 布朗德特級園
Grand Cru Brand

位於Turckheim村正北。此園意為「火之地」，表示受陽極佳。這塊傳說中有隻飛龍被烈陽炙傷落敗之處為花崗岩土壤，在很旱熱的年份，葡萄藤可能遭受旱苦，但較為冷涼的年份，花崗岩就似可吸飽陽光熱能的硬質棉花，可造就出他處所不能的美釀：細緻卻架構十足。總面積57.95公頃，位於接連的兩丘之上，朝東南與南，部分地塊相當陡峭，海拔240～390公尺。目

布朗德特級園（Grand Cru Brand）。

前種植最多的品種為麗絲玲，接著是格烏茲塔明那、灰皮諾與蜜思嘉。主要釀造者有**Albert Boxler**、**Josmeyer**、**Kirrenbourg**、Dopff au Moulin等等。

36 恩斯特特級園
Grand Cru Hengst

位於Wintzenheim村南邊。此園翻成中文為「種馬」之意，因出自此園酒款具有驚人的飽滿能量與純然的激情，具備豐沛扎實的肌肉與適合久儲的肌力。總面積53.02公頃，為泥灰岩質石灰岩土，也帶砂岩，部分區塊有較多棕色黏土，最上端山脊部分有石灰岩露頭。朝東南與南，海拔270～360公尺，目前種植最多的品種為格烏茲塔明那，接著是灰皮諾與麗絲玲，也有少數人種植了白皮諾與黑皮諾。主要釀造者有**Josmeyer**、**Barmès-Buecher**、**Zind-Humbrecht**等等。

37 史坦固伯樂特級園
Grand Cru Steingrubler

此特級園位於Wettolsheim村西邊。「Steingrubler」是阿爾薩斯方言，為採石場的意思。此園面積22.94公

頃，海拔230～350公尺，朝東南與南。土壤組成頗為複雜，整體是泥灰岩質石灰岩土壤，還混有一些砂岩，下坡處有不少石灰岩塊，上坡則有矽砂與高風化程度的花崗岩。目前種植最多的是格烏茲塔明那（酒體飽滿，口感精緻），接著才是麗絲玲（熟美又具精巧酸度）與灰皮諾。主要釀造者有**Albert Mann**、**Barmès-Buecher**、**Wolfberger**等等。

38 菲斯伯格特級園
Grand Cru Pfersigberg

位於Eguisheim與Wettolsheim兩村村界內，位於南北兩大塊的三個山坡上，十一世紀起即有名聲。

「Pfersigberg」是「桃樹丘」之意。總面積74.55公頃，朝東與東南，向陽絕佳，海拔220～330公尺。為泥灰岩質石灰岩土壤，含有不少堅硬的灰色殼灰岩塊（貝殼石灰岩塊）與砂岩塊。目前種植最多的是格烏茲塔明那（酒體飽滿，花果香迎人，儲存潛力強），接著才是灰皮諾、麗絲玲與蜜思嘉。主要釀造者有**Wolfberger**、Paul Ginglinger、Kuentz-Bas等等。

39 艾須伯格特級園
Grand Cru Eichberg

位於Eguisheim村南邊，分成南北幾乎相連的兩大塊，「Eichberg」是

初春時，葡萄農正在恩斯特特級園（Grand Cru Hengst）裡重植新株。

「橡樹丘」的意思，位於知名的「三城堡」（Trois-Châteaux）下方。總面積57.62公頃，海拔220～340公尺，為泥灰岩質石灰岩土壤，黏土不少，但整體土質並不厚重，其中混有砂岩與圓形石塊，底層基石是石灰岩。微氣候乾熱少雨。主要品種是格烏茲塔明那（有烤蘋果與鳳梨氣息）與麗絲玲（口感細緻，成熟後帶辛香調），接著才是灰皮諾。主要釀造者有**Wolfberger**、Paul Ginglinger、Bruno Sorg等等。

40 阿須堡特級園
Grand Cru Hatschbourg

位於Hattstatt與Voegtlinshoffen兩村村界內，此園名稱Hatschbourg來自曾存在於此的城堡Ottosbourg。面積47.36公頃，海拔210～330公尺，朝東南與南，為泥灰岩質石灰岩土壤，黏土多，偏厚重，但因有砂岩塊與石灰岩塊摻混其中，排水良好。此園酒款自十三世紀起即享名望，十六與十七世紀時已享高價。酒風屬於大架構、口感層次多、溫潤、有果肉感的類型，也常帶有一絲礦物質風味。主要品種是格烏茲塔明那與灰皮諾，接著是麗絲玲。主要釀造者有**Wolfberger**、Joseph Cattin、Gérard Hartmann等等。

41 哥代爾特級園
Grand Cru Goldert

位於Gueberschwihr村北邊。阿爾薩斯方言「Goldert」是金色的意思，衍生為「金丘」與「金黃酒色」，的確不管什麼品種，此園的酒款只要陳上幾年，就會閃耀出誘人的金黃。自中世紀到法國大革命為止，許多教會都在此處擁園。整體風味飽滿複雜。園區面積45.35公頃，海拔230～330公尺，朝東與東南，為泥灰岩質石灰岩土壤（魚卵石石灰岩）。主要品種是格烏茲塔明那、麗絲玲與灰皮諾，蜜思嘉也占有約10%的面積（此園以優質蜜思嘉為特色）。主要釀造者有**Gross**、**Zind-Humbrecht**、Ernest Burn、Cave de Pfaffenheim等等。

42 史代納特級園
Grand Cru Steinert

位於Pfaffenheim與Westhalten兩村村界內。此園名意指「滿布石塊之地」：主要為石灰岩質土壤，母岩也是石灰岩層（魚卵石黃色石灰岩，有許多化石）。因應此種極為乾燥又高度石灰岩質的地塊，葡萄農也選擇特殊嫁接砧木加以適應。石灰岩也讓酒質細緻且具有良好酸度。園區朝東，面積38.9公

頃，海拔245～348公尺。主要品種是格烏茲塔明那、灰皮諾與麗絲玲，此園酒款在陳年後，香氣驚人。主要釀造者有**Pierre Frick**、Domaine Rieflé、Cave de Pfaffenheim等等。

43 辛科弗雷特級園
Grand Cru Zinnkoepflé

此園位於Soultzmatt與Westhalten兩村村界內，左邊有孚日山脈的大、小巴隆山（Ballon）屏障，使此園乾燥溫暖；葡萄園上方區域甚至被列為保護區，以保存其近似地中海氣候的特殊植物群。園區陡峭，海拔也高（220～440公尺），朝東南與南，面積71公頃，屬混有砂岩的貝殼石灰岩土壤。「Zinnkoepflé」是「頭頂有陽光籠罩」的意思。酒款風味飽滿且細緻，儲存潛力絕佳。主要品種是格烏茲塔明那（具美妙玫瑰花香）、灰皮諾（晚摘與貴腐非常傑出）與麗絲玲。主要釀造者有**Domaine Muré**、Agathe Bursin、Seppi Landmann。

遠景左邊的陡峭山坡即是辛科弗雷特級園（Grand Cru Zinnkoepflé）。

44 沃堡特級園
Grand Cru Vorbourg

位於Rouffach與Westhalten兩村村界內,左邊有孚日山脈的大、小巴隆山(Ballon)屏障,使此園乾燥溫暖。此園名稱意為「前山」。園區面積73.61公頃,海拔210～300公尺,朝東南與南,為泥灰岩質砂岩土壤,摻混有不少石灰岩塊。此園南端還有知名的Clos Saint Landelin(12公頃)。主要品種是格烏茲塔明那、麗絲玲(主要在下坡處)與灰皮諾。主要釀造者有**Domaine Muré**、**Pierre Frick**、Dopff & Irion。

45 芬斯伯格特級園
Grand Cru Pfingstberg

位於Orschwihr村北邊。此園位於同名山丘的上半部,較陡峭園區築有梯田。總面積28.15公頃,朝東南,海拔270～370公尺,為泥灰岩質石灰岩土壤,基岩是殼灰岩與砂岩。整體微氣候較為涼爽,但東邊及北邊受到良好屏障,使葡萄可緩慢成熟。主要品種是麗絲玲(清鮮具活力,儲存潛力強)、格烏茲塔明那(恰到好處香料調)與灰皮諾(相當細緻)。主要釀造者有**Valentin-Zusslin**、**Wolfberger**、Camille Braun。

46 史皮格特級園
Grand Cru Spiegel

位於Bergholtz與Guebwiller兩村村界內(Guebwiller共有四個特級園),位於中上坡處,園區狹長,於十五世紀時即有史料紀載。此園名稱是「鏡子」的意思。總面積18.26公頃,朝東南,海拔260～315公尺。為黏土質泥灰岩土壤,混有不少砂岩石塊。主要品種是格烏茲塔明那(氣韻芬芳)、麗絲玲(果香熟美,質地清透,儲存潛力強)與灰皮諾。主要釀造者有**Dirler-Cadé**、**Schlumberger**、Eugène Meyer。

47 凱斯樂特級園
Grand Cru Kessler

位於Guebwiller村東北邊,園名意為「鍋爐工」。此園位於環狀丘陵地帶,朝東南,受屏障,北方與南邊的Guebwiller谷地的涼風都吹不到此,氣候溫暖乾燥。核心地帶有一塊「Wann」葡萄園,為「熱區」之意,乃整園受陽最多的區域,酒質熟美。總面積28.35公頃,海拔300～390公尺。土壤中含有許多孚日山脈的粉紅色砂岩,也讓此園酒款富含礦物質風味。主要品種是格烏茲塔明那(約64%,芬芳帶細緻香料調)、灰皮諾、麗絲

玲（細緻直爽）與小比例蜜思嘉（約4%）。主要釀造者有**Dirler-Cadé**、**Schlumberger**、Château d'Orschwihr。

48 基特雷特級園
Grand Cru Kitterlé

　　位於Guebwiller村東邊，一環狀丘陵的南端「三角窗」（園區朝東南、南、西南），園區陡峭，多處被闢為梯田。園名可能來自十九世紀初期的Kitter先生，當時的他「知其不可為而為」：欲在這極為貧脊陡峭之地釀出美酒。園區總面積25.79公頃，海拔270～

420公尺（風景壯麗值得一遊），為砂岩土壤，底下基岩為孚日山脈砂岩與石英岩塊，西邊區塊有火山岩質雜砂岩。主要品種是麗絲玲（細緻優雅，通常比Kessler瘦長一些）、格烏茲塔明那與灰皮諾。主要釀造者有**Dirler-Cadé**、**Schlumberger**、Château d'Orschwihr。

49 瑟林特級園
Grand Cru Saering

　　位於Guebwiller村東邊。此園雖與Kitterlé相連，但中有斷層，故兩者土質並不相同；總面積26.75公頃，朝東

與東南，海拔260～300公尺，部分地塊築有梯田。為泥灰岩質砂岩土壤，含有不少石灰岩。於1250年時，就有史籍紀載Saering園名，也曾在1628與1682年在瑞士的巴塞爾被選為阿爾薩斯最佳葡萄酒之一。所產白酒飽滿具熟果香（比Kitterlé與Kessler多果味），有恰到好處的溫柔酸度。主要品種是麗絲玲（84％），蜜思嘉、格烏茲塔明那與灰皮諾都僅少量種植。主要釀造者有**Dirler-Cadé**、**Schlumberger**、Eric Rominger。

翰根特級園（Grand Cru Rangen，標註51號的紅色區塊）的立體模型圖。

50 歐維勒特級園
Grand Cru Ollwiller

位於Wuenheim村南邊，以及同名城堡Château Ollwiller北邊，園區想當然耳得自城堡名。因有孚日山脈的高峰屏障擋去盛行風，整體微氣候溫暖少風且乾燥（年均雨量僅得450公釐）。為泥灰岩質砂岩土壤，有些地方積有砂岩屑堆；乾燥年份時，老藤會探根到底層的石灰岩層吸取水分與礦物質。面積35.86公頃，朝東南，海拔260～330公尺。整體酒質細膩，輕巧優雅。主要品種是麗絲玲（64％，風格細緻）、灰

皮諾（口感柔潤）、格烏茲塔明那與蜜思嘉。主要釀造者有**Wolfberger**與Cave du Vieil Armand。

51 翰根特級園
Grand Cru Rangen

　　位於Thann與Vieux-Thann兩村村界內，為阿爾薩斯最南方的特級園。園區坡度最高可達68度，耕作極為艱辛與耗費人力，手工採收與翻土時必須使用絞盤車協助，曾經一度被酒農棄耕，所幸在李奧納‧溫貝希特（Léonard Humbrecht）帶領下，此園重新為世人認可為頂尖名園（十一世紀時即已聲名遠播）。為火山岩土壤混合沉積土，園中有許多深色易碎石塊，可蓄積陽光熱能，也方便樹根底探吸收礦物質。總面積20公頃，朝正南，海拔320～465公尺（近年經過重新丈量，為阿爾薩斯海拔最高的特級園）。限制每公頃最高產量為5,000公升（比其他特級園的5,500公升要低）。主要品種是灰皮諾（57%）與麗絲玲，其次才是格烏茲塔明那與蜜思嘉（1%）。主要釀造者有**Zind-Humbrecht**、**Domaine Schoffit**、Maurice Schoech。

CH. 4

阿爾薩斯的
克羅園
Les
Clos
en Alsace

溫斯布克羅園（Clos Windsbuhl）裡的夏多內區塊。

　　布根地有不少知名「克羅園」（Clos），釀酒史悠久的阿爾薩斯也不例外。所謂克羅園是指一塊有石牆或樹籬圍界的特定葡萄園。根據法國2012年5月的法規，要在酒標上使用「Clos」字樣，除了以上所說的封閉劃界，還必須是產自該區塊的「法定產區保護」（AOP）等級葡萄酒（或AOC），且不能摻雜其他園區果實所釀成的酒款才行。阿爾薩斯的克羅園有相對較新的劃定，也有歷史上早已成名者。以下介紹六處（由北到南）自中世紀起就經史冊紀載的知名克羅園。限於篇幅無法仔細介紹，但仍值得注意者，還有Clos Häuserer、Clos Jebsal、Clos Château d'Isenbourg、Clos Zisser、Clos Saint Odile、Clos Saint Urbain、Clos Saint Imer、Clos de la Folie Marco、Clos Liebenberg、Clos Ribeaupierre以及Clos des Aubépines等。

天鵝泉克羅園（Clos Gaensbroennel）的入口處。

天鵝泉克羅園
（Clos Gaensbroennel）

此克羅園位於Kirchberg de Barr特級園東邊偏下坡處，是Barr酒村自古成名的葡萄園，面積約8公頃，因底部有座天鵝石雕像的山泉水噴泉而得名，在此擁園釀酒的酒莊有Domaine Hering（約0.4公頃）與Domaine Willm（7.6公頃，Willm已被Wolfberger收購）。朝南與東南，因黏土質石灰岩的土質較深厚，種植格烏茲塔明那，酒風飽滿成熟誘人，常帶蜜香。又因西邊受到屏障且地勢略低而有較好的濕度，得以在某些年份讓貴腐黴著生，產出難得的「天鵝泉晚摘酒」或「天鵝泉貴腐酒」。

聖韻克羅園
（Clos Sainte Hune）

以聖女韻（Hune）為名，此園位在目前Rosacker特級園的核心地帶，占地僅1.67公頃，兩百多年來一直屬於Maison Trimbach。戴高樂總統夫人曾在巴黎的弗尚高級食品百貨（Fauchon）買過此園白酒，因愛其風味，遂將之收為愛麗榭宮窖藏。此園富含石灰岩質土壤，酒質精湛，儲存潛力非比尋常，長久為阿爾薩斯名酒代表。

溫斯布克羅園
（Clos Windsbuhl）

此園最早在1324年被載入史料，1987年時由Domaine Zind-Humbrecht購入成為獨占園至今。它位於Hunawihr村的西邊山坡處，園名為「多風丘陵」之意，可俯瞰知名景點Sainte Hune防禦式教堂（即Église Saint-Jacques-le Majeur），離Rosacker特級園不遠，占地5.5公頃，為黏土質石灰岩土壤，底下有殼灰岩（貝殼石灰岩）基岩，朝東南與南，比較陡峭處的坡度可達40度，故有梯田；由於有黏土保水，乾旱年份表現尤其傑出。種植最多的是灰皮諾，其次才是格烏茲塔明那與麗絲玲，靠近森林處還種有夏多內與歐歇瓦，用以混調為日常餐酒「Zind」。貴腐黴並不那麼常見。

澤那柯克羅園
（Clos du Zahnacker）

此園於八世紀時便有史料紀載，多位騎士與神職人員都曾是擁有者，其中一位是馬丁・贊恩（Martin Zahn，身兼修士與騎士身分），園名Zahnacker經過拆解翻譯，就是「Zahn的葡萄園」之意。據文獻，太陽王路易十四路經

澤那柯克羅園（Clos du Zahnacker）與其藝術木雕。

此地時，曾以一金屬的有蓋有腳杯品飲澤那柯克羅園白酒，此酒杯也被供在Ribeauvillé村的村政廳裡。此園位於Osterberg特級園核心，占地1.24公頃，以黏土質石灰岩為主，從1965年起便屬於「La Cave de Ribeauvillé」釀酒合作社產業，所釀的白酒包含麗絲玲、灰皮諾與格烏茲塔明那三個品種在內（約各占三分之一），酒質精彩，頗富盛名。

卡布桑克羅園
（Clos des Capucins）

此園在西元890年就被提及，後在十二世紀初被贈給卡布桑修院，目前仍被當時修院所築的石牆圍繞。當時的卡布桑修士，不僅種葡萄樹釀酒，也養蝸牛（當時的珍饈）。此園占地5公頃，位於目前的Schlossberg特級園下方平緩地帶，為砂土與河泥土質，混有不少的

花崗岩石塊與礫石。因為受周遭丘陵屏障、石牆環繞以及園中石塊助益升溫，故相對於其他園區葡萄略較早熟。此園酒款帶有鮮明礦物質風味，目前屬Domaine Weinbach產業（酒莊就設在此園中）。

聖隆德朗克羅園
（Clos Saint Landelin）

此座克羅園位於Rouffach村的Vorbourg特級園裡的南端，朝正南，坡度陡峭，故以梯田形式建園，總面積12公頃，為多石的黏土質石灰岩土壤。七世紀時，此底部有石牆圍繞的美園屬於史特拉斯堡主教區財產，後於八世紀時贈予Saint Landelin修道院，1935年時慕黑家族（Muré）購入為獨占園至今。此莊依據土質與向陽之別種植葡萄樹：麗絲玲種在坡底，格烏茲塔明那與蜜思嘉在中坡，灰皮諾在西南邊，希爾瓦那在東南邊，黑皮諾則種於臺地頂端；此園葡萄較為早熟，且因葡萄園底下有條Ohmbach小河，在秋季提供足夠且適時的濕氣，使此園的中坡與低坡處常能產出高品質的晚摘與貴腐甜酒。

聖隆德朗克羅園（Clos Saint Landelin）的梯田葡萄園。

阿爾薩斯的十三
種土壤類型
Les 13 Types
de Sol en
Alsace

孚日山脈砂岩常被砌成岩磚來構築葡萄園裡的梯田石牆。

上圖：來自Schlossberg特級園的花崗岩，在較高的溫度形成，結晶多，易風化，掺有白色石英與黑雲母。

下圖：來自Lisenberg特定葡萄園（Wihr-au-Val村）的花崗岩在較低的溫度以較慢速形成，質地細，硬質，不易風化，所釀酒具有熟果香。

阿爾薩斯葡萄酒公會（CIVA）將阿爾薩斯的複雜地質分為十三種土壤類型，再依地貌結構分為三大組。第一組位在孚日山脈末緣山坡處（En bordure de montagne）：所占面積較小。第二組位於次孚日山脈的山麓（Collines Sous-Vosgiennes）：土質較複雜。第三組是平原地帶（En plaine）：地質較新近、較少演化，此地帶沒有特級園。分組介紹如下。

孚日山脈末緣山坡
花崗岩與片麻岩土壤
（Granitique & Gneissique）

兩者都屬於火成岩（片麻岩的變質程度較高），很容易風化分解成粗砂或石屑。此類土壤的石英含量相當豐富，土壤肥沃度則取決於岩石的組成。例如，內含黑雲母者有較多的鐵和鎂；內含長石者，會分解成為黏土，有助含水量。然而，花崗岩和片麻岩為主的土壤含水量通常較低，過於乾熱的年份對於葡萄生長形成較大的挑戰。所產的酒風味清新，氣韻芳美（尤以花香見長，更勝於果香），口感優雅細緻，具良好酸度，酒質年輕時即展迷人風味。適合種植晚熟的麗絲玲。代表性的特級園包括Schlossberg（花崗岩）、Sommerberg（花崗岩）、Frankstein（花崗岩）以

及Praelatenberg（花崗岩與片麻岩）等。

片岩土壤（Schisteux）

　　片岩是黏土、泥巴或玄武岩經過高溫與高壓變質而成的岩石，故屬變質岩。至於頁岩（Schiste argileux）和板岩（Ardoise）則是變質成為片岩之前的「中間產物」。片岩不似花崗岩那麼容易滲水，葡萄根也比較不容易穿透。片岩土壤是阿爾薩斯最古老的土壤型態，富含礦物質。阿爾薩斯有兩種片岩，第一種是約五億年前形成的維勒片岩土壤（Schiste de Villé，綠灰色，較厚，含有較多黏土質；有些風土偏藍色），代表園區是Schieferberg（Reichsfeld村）以及Albé村。第二種是四億三千萬年前形成的史岱奇片岩（Schiste de Steige，黑硬，鐵、鎂與鈉的含量較高），代表園區是Kastelberg特級園。麗絲玲非常適合片岩土壤，酒的架構修長，年輕時稍微封閉一些，酒質具儲存潛力。

火山岩沉積土壤
（Volcano-Sédimentaire）

　　主要指硬砂岩（Greywacke；又稱雜砂岩）。灰黑色的硬砂岩於三億年前

來自Schieferberg特定葡萄園（Reichsfeld村）的維勒片岩，約形成於五億年前。

形成，為層積而來的堅硬緊密岩石，組成包括熔岩、火山灰、石英、花崗岩與砂，富含鐵、鎂、鈣、鉀與硫。火山硬砂岩在阿爾薩斯相當少見，最著名的就是最南邊的特級園Grand Cru Rangen（另在Muenchberg與Kitterlé兩特級園也有火山岩質土壤，前者屬於火山岩沉積土壤）。硬砂岩不易風化，受陽照升

上圖：Kitterlé特級園西半部山坡葡萄園的火山岩塊。

左圖：Muenchberg特級園裡的火山岩沉積土。

右圖：冬季尚有殘雪的Rangen特級園，園內充滿火山岩（即硬砂岩），黏土相當少。

溫快且可維持一段時間的溫熱。麗絲玲與灰皮諾在此類土壤有優秀表現，酒質飽滿、果香豐富，架構扎實，也常帶一絲煙燻調性，儲存潛力優良。

砂岩土壤（Gréseux）

砂岩是堅硬的沉積岩，裡頭含有細小岩粒或礦物質（如石英或長石），藉由粉土或黏土黏合，再經由壓力聚合成砂岩，風化後成為礦物砂。砂岩土壤受陽後升溫快且可維持一段時間的溫熱，但養分不高，除非內涵黏土否則保水性差。阿爾薩斯有兩種砂岩，一種是古生代的二疊紀砂岩（Grès permien；含長石與火山岩）；另種為斑砂岩（Buntsandstein），又稱「孚日山脈砂岩」（富含氧化鐵、多孔洞、可透水）。適合種植麗絲玲及灰皮諾，通常清新爽口，果味細緻，具不錯的儲存潛力。代表性的特級園有Wiebelsberg。

次孚日山脈山麓
石灰岩土壤（Calcaire）

阿爾薩斯的石灰岩都是由古老的海底生物沉積壓實而成，主要有兩種。一種是殼灰岩（Muschelkalk，又稱貝殼石灰岩），為灰色石灰岩，且混有多層的泥灰岩。另一種是白色的道格石灰岩（Dogger），即是魚卵石石灰岩（Calcaires oolithiques，因具有魚卵大小的岩粒而得名）。石灰岩相當容易風化，釋放出鈣與鎂。風化後，會形成一薄層的黑色有機土壤，但仍帶有許多含水性差的岩塊，故而乾旱的年份較不利葡萄生長（尤其朝南的園區）。格烏茲塔明那能長得不錯，酒中常具玫瑰花香；石灰岩黑皮諾通常口感飽滿，滋味豐富。基本上，所有阿爾薩斯品種在此土壤上生長，都能得出深度、均衡感且細緻度兼具的風味，同時具有絕佳儲存潛力。代表性的特級園有Steinklotz、Furstentun、Steinert以及Rosacker（除石灰岩，還含有白雲石）。

Muenchberg特級園具火山質古生代二疊紀砂岩。

上圖：Bruderthal特級園裡的殼灰岩。
下圖：Rorschwihr村的魚卵石石灰岩。

泥灰土質石灰岩土壤

（Marno-Calcaire）

　　泥灰土（Marne）是碳酸鈣（石灰）混合黏土後的產物。泥灰土質石灰岩約形成於四萬年前，形成過程是黃白色的魚卵石石灰岩自山腳沖刷下來，又因山間溪流作用，滾成小石塊，眾多小石塊停止滾動後，由泥灰土包覆、膠結成礫石。這類土壤富含鈣與鎂，黏土還會帶來其他養分，土質較深且保水性佳，能產出強勁、架構完好的白酒，有時還帶些香料氣息。灰皮諾、白皮諾、希爾瓦那與格烏茲塔明那可有長足的發揮。泥灰土質石灰岩所形成的礫石土壤，是阿爾薩斯最常見且釀酒最佳風土之一。代表性特級園有Engelberg、Bruderthal、Kirchberg de Barr、Altenberg de Bergheim、Mandelberg、Marckrain以及Goldert等等。

泥灰土質砂岩土壤

（Marno-Gréseux）

　　泥灰土質砂岩土壤基本上近似泥灰土質石灰岩土壤，不過其礫石含有不少石英，而礫石大小從細砂到大塊礫石均有可能，上頭都被泥灰土或砂質黏土所黏附。土質較粗鬆，特性是多石英，而非石灰質。內含的腐植土並不多，不過

通常具有不錯的保水性。由於砂岩多孔洞以及多石塊的性質，故而較易風化。麗絲玲與格烏茲塔明那都能在此土壤上發展長才，風味較為複雜、酸度清亮、酒體明確，香氣多層次。代表性的特級園有Kirchberg de Ribeauvillé、Geisberg、Hengst與Steingrubler等。

泥灰土石灰岩質砂岩土壤
（Marno-Calcaro-Gréseux）

中生代時期（兩億五千一百萬至六千五百萬年前），石灰岩、砂岩與泥灰土層層交疊，形成此種混合形式的土壤，也帶來礦物質十分豐富的土質，包含鈣、鎂、鐵、錳等。得力於結構較為粗鬆的土質，葡萄樹根系可往下扎得更深。此類土壤土質較深，保水性佳。風化程度的快慢則取決於最上層的土層或岩層為何。生長自此土壤的麗絲玲與格烏茲塔明那常帶有鮮明的礦物質風味。代表性的特級園為Schoenenbourg（裡頭還含有石膏和砂質礫石）。

石灰岩質砂岩土壤
（Calcaro-Gréseux）

石灰岩質砂岩土壤在阿爾薩斯較為少見，它是由碳酸鈣或碳酸鎂將石英砂膠結而成，裡頭常可發現白色雲母碎片。這類土壤較為貧瘠，有機物質與礦物質含量皆不高，風化速度也較慢。儘管如此，仍相當適合葡萄樹的生長。土壤升溫快且可維持一段時間溫暖，不過含水量低。酒款風味發展較緩，但具有良好儲存潛力，常有雅緻花香以及一絲熱帶水果氣息。代表性的特級園有Pfersigberg、Vorbourg、Zinnkoepflé。

黏土質泥灰土
（Argilo-Marneux）

此厚重而軟質的土壤含有豐富礦物質，黏土雖是主要成分，不過也常混摻

前面這塊是粉紅色石膏，後面是藍色石膏；在Schoenenbourg特級園裡有少量石膏，Zind-Humbrecht的獨占園Clos Jebsal底層含有不少石膏，「Jebsal」即阿爾薩斯方言裡「石膏」的意思。

有少量的石灰岩、白雲石或石膏，卻也同時改善了黏土過於密實的土質。黏土質泥灰土的保水性極佳，屬性濕冷，若所在地塊向陽不佳，則反成缺點。若石膏的含量多一些，則土壤溫度可以更快地提升。風化不明顯，但由於黏土含量高，有時會造成土壤崩落。產自黏土質泥灰岩的酒架構較為宏偉，且帶礦物質氣息，隨酒齡增加，風味愈趨繁複，不過酒質的演變也較慢；即便是白酒，有時甚至帶輕微單寧感。希爾瓦那、白皮諾、灰皮諾與格烏茲塔明那在此皆有不錯的表現。代表性的特級園有Kanzlerberg（混有許多石膏）、Froehn（富含鐵質）與Sporen（園中部分區塊有鵝卵石）。

平原地帶

塌積與山腳下的土壤（Colluviaux et de Piémont）

此土壤在新生代的第四紀（約兩百五十萬年前）才形成，源自於山腳坡段崩落後堆積形成的土壤，成分包括砂、粉砂、黏土及小卵石。土壤質地通常細緻，也常含有石英質。此類低地土壤的礦物質含量差別頗大，取決於上坡處被侵蝕的土壤之性質。如果黏土含量高，會造成水分過多（葡萄藤不喜「將腳浸濕」）。適合種植的品種有麗絲玲、希爾瓦那與皮諾家族成員。此處無特級園。

沖積土（Alluviaux）

從上游被沖刷下來的土壤，顆粒愈大的愈早沉澱，愈輕的則順著水流方向被沖至下游的河流三角洲。沖積土的成分有砂、粉砂、黏土、礫石及小卵石，通常含有不少的石英質。礦物質含量則取決於水流所沖帶下來的物質種類。有機質含量高，含水量也較高，若遇乾旱則算是優點。所產酒質帶有不錯的果味，酒體輕，適合年輕即飲。用來釀造阿爾薩斯氣泡酒的白皮諾以及歐歇瓦品種常出自沖積土。此處無特級園。

黃土與壤土（Loess & Lehms）

黃土源自於上一個冰河期，因風吹移而後堆積而成，成分包含細緻、呈淡黃色的粉砂、砂及石灰岩顆粒，黏土含量極少。黃土風化時，會產生去石灰化的作用，而轉變成棕色的壤土。此類土壤粗鬆、肥沃，含水量高，適合種植農作物。所產的葡萄酒適合年輕時即開瓶享用。適合種植的品種有麗絲玲、白皮諾與灰皮諾。此處無特級園。

Sporen特級園以黏土質泥灰土為主，不過部分區塊混有不少大石塊。

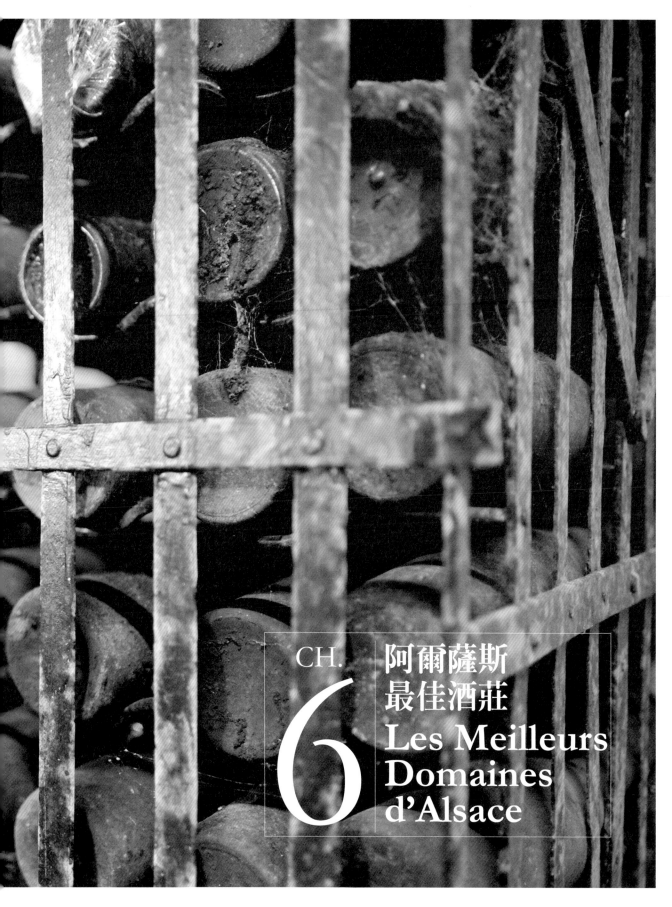

CH.

6

阿爾薩斯
最佳酒莊
**Les Meilleurs
Domaines
d'Alsace**

Domaine Albert Boxler

清透、明亮、深邃

上圖：Niedermorschwihr酒村
可愛且具田園風情的村政廳。
右圖：該莊釀酒第十一代的
尚·包斯勒也是現任莊主。

酒莊聯絡資訊

Tel：03-89-27-11-32
Add：78 rue des Trois-Épis, 68230
Niedermorschwihr

簡而言之，亞伯·包斯勒酒莊（Domaine Albert Boxler）是目前阿爾薩斯最令我激賞的幾家酒莊之一。先不論特級葡萄園釀品，光是絕大多數酒莊不甚重視的白皮諾或是阿爾薩斯氣泡酒，該莊都能釀出讓筆者不禁發出「哇嗚」的讚嘆聲。此外，產量僅約一千瓶的黑皮諾（比較像是釀給自家與親朋好友喝剩，才拿來賣）的酒質已可打趴一些布根地酒莊的特級園紅酒，光是該莊的這些「非主流」作品已足以讓我化身為忠實小粉絲。

包斯勒家族在1673年自瑞士移居至阿爾薩斯上萊茵省的尼德摩許威爾（Niedermorschwihr）酒村，隨即展開綿長釀酒史至今。1946年之前，該莊所釀的酒都買給餐廳和飯店，直到1946年亞伯·包斯勒才開始自家裝瓶、貼標賣酒。目前的酒標仍根據1946年時亞伯的表親所幫忙設計的原圖，僅在幾年前才略微修改地更有藝術感。之後由亞伯之子尚·馬可（Jean-Marc）接續釀酒，1996年開始則由亞伯之孫、釀酒第十一代的尚·包斯勒（Jean Boxler）正式接手至今；也是在後者手裡，自二十世紀初起，該莊酒質日漸精煉，成為本產區新一代釀酒典範。我常能在該莊

從Sommerberg特級園（拍攝站立處）欣賞酒鄉Niedermorschwihr景色。

酒裡品啜到珍貴的能量與光芒。

　　尚曾在法國南部的蒙沛利耶（Montpellier）念過釀酒相關文憑，詢問他為何不就近於布根地就讀，他直白表示：「因為不想週末被叫回家幫忙！」尚自小就在酒莊幫忙農務與釀務，想趁遠離家鄉就讀時掙得一段思想與精神上獨立自主的空間。他也曾在美國奧瑞岡州以及德國酒莊實習過，才回鄉掌莊。目前還有一名年輕的日本助手協助釀酒事務（日本人果真厲害，在法國三星餐廳的廚房與頂尖酒莊的酒窖裡都能看見他們「滲透學習」的認真身影）。

　　該莊自有葡萄園約14.5公頃，自2003年起採有機種植，但並未申請認證；不施肥料，但在春季時會翻土幫助葡萄根系吸收土壤營養。主要的葡萄園位在Sommerberg特級園，坡度可達45度，耕種以及採收難度都高，他在此花崗岩風土裡釀出架構堅實、風味清透飽滿，酸度與礦物味都極為鮮明的偉釀。其次的地塊位在Brand特級園（此園與一則被太陽炙傷而死的巨龍傳說有關），Brand除花崗岩外，也含一些石灰岩，平均氣溫高於Sommerberg，也因此，若年份過熱，其細緻感與緊緻的架構就不若Sommerberg。

　　全阿爾薩斯Sommerberg特級園釀得最好的當屬該莊，在尚的父親管理時期，會在Sommerberg Riesling酒標上以小字標上批號（如L31D），意指同一特級園內

●●●酒單與評分

1. 2012 Albert Boxler Crémant d'Alsace Brut: 2$, 9.6/10, Now-2024
2. 2014 Albert Boxler "B" V.V Pinot Blanc: 2$, 9.5/10, Now-2030
3. 2014 Albert Boxler Riesling: 2$, 9.6/10, 2017-2032
4. 2014 Albert Boxler GC Sommerberg JV Riesling: 2$, 9.6/10, 2017-2032
5. 2014 Albert Boxler GC Sommerberg Riesling: 2$, 9.7/10, 2017-2035
6. 2014 Albert Boxler GC Sommerberg "E" Riesling: 3$, 9.95/10, 2017-2035
7. 2014 Albert Boxler GC Sommerberg "D" Riesling: 3$, 9.9/10, 2017-2034
8. 2002 Albert Boxler GC Sommerberg L31D Riesling: 3$, 9.99/10, Now-2032
9. 2014 Albert Boxler GC Sommerberg "W" Pinot Gris: 3$, 9.95/10, Now-2036
10. 2014 Albert Boxler GC Brand Riesling: 2$, 9.7/10, 2016-2032
11. 2005 Albert Boxler GC Brand Riesling: 2$, 9.9/10, Now-2030
12. 2014 Albert Boxler GC Brand "K" V.V. Riesling: 3$, 9.9/10, 2019-2036
13. 2014 Albert Boxler GC Brand Pinot Gris: 2$, 9.85/10, 2016-2035
14. 2014 Albert Boxler GC Brand Gewürztraminer: 2$, 9.9/10, 2017-2040
15. 2012 Albert Boxler GC Brand Gewürztraminer: 2$, 9.85/10, Now-2032
16. 2011 Albert Boxler GC Sommerberg "D" VT Riesling: 3$, 9.9/10, Now-2036
17. 2008 Albert Boxler GC Sommerberg SGN Pinot Gris: 5$, 9.99/10, Now-2040
18. 2010 Albert Boxler GC Brand SGN Cuvée Achille Pinot Gris: 5$, 9.99/10, Now-2045
19. 2013 Albert Boxler "S" Pinot Noir: 2$, 9.7/10, Now-2030

該莊黑皮諾之酒質,可讓許多布根地紅酒汗顏。

不同小區塊所分別釀造與裝瓶的酒款,他父親會依客人口感偏好賣出不一樣的批次(即便酒標看起來雷同)。2004年之後,尚改採較有系統的標示方式,比如來自Sommerberg Grand Cru Eckberg地塊的酒會在背標上標示為Sommerberg Grand Cru "E"(根據法規不能在特級園裡標示更小的「特定葡萄園」〔Lieux-dits〕,故僅標示E以資替代);同樣的情形還包括Sommerberg Grand Cru D(D的地塊全名為Dudenstein,中譯為「觀察點」)、Sommerberg Grand Cru W(W的全名為Wibthal,中譯為「女人谷」)。此外,Grand Cru Brand K地塊的K全名為Kirchberg(櫻桃丘)。

手工採收後,基本上全以野生酵母發酵,但若發酵過程末段發現停滯,還是會添加一些人工選育酵母以協助發酵工序完成。除晚摘甜酒、貴腐甜酒以及格烏茲塔明那以不鏽鋼槽發酵與培養(無溫控)外,其他全以中大型的木槽釀造(同樣無溫控),主要是為了保持前三種酒款的清新口感。尚在釀酒時並未進行實驗室分析,所以其實不太知其酒是否已在天然狀況下進行過乳酸發酵。他基本上順其自然,但強調不喜歡酒中有太多乳酸氣息(有時乳酸發酵後會出現此狀況)。酒莊規模雖小,但都自行裝瓶:他認為既然花費這麼多心思在種植與釀造上,如果在最後一步功虧一簣未免不值。

Domaine Albert Mann

白酒風味熟美悠遠、黑皮諾專家

亞伯‧曼恩酒莊（Domaine Albert Mann）位於葡萄酒重鎮柯爾瑪市西南郊不遠的衛多塞酒村（Wettolsheim）。此村附近葡萄園自中世紀起即享譽盛名，據慕斯特修道院（Abbaye de Munster）史料，該院當時在衛多塞便擁有一間大型酒莊。1576年起，自此村運出、經史特拉斯堡銷售的葡萄酒數量已非常驚人；1856年，村內警局局長記錄：「載滿葡萄酒的馬車，將衛多塞村道擠得水洩不通」。亞伯‧曼恩（Albert Mann）不僅是該村最優秀的釀造者，在整個阿爾薩斯也排名前幾：《法國最佳葡萄酒指南》（*Guide de Meilleurs Vins de France*）2004年版評此莊為二星，後於2010年版列為最高等級的三星酒莊。筆者在本書也給予相同評價的「三串葡萄」。

此莊的親緣關係實涉及兩大釀酒家族：曼恩家族自十七世紀初即開始釀酒，而目前主要掌莊者的巴泰梅家族（Barthelmé）之釀酒史則可溯至1654年。亞伯‧曼恩的女兒瑪麗‧克萊兒（Marie-Claire Mann）在1984年嫁給莫里斯‧巴泰梅（Maurice Barthelmé），夫妻倆與亞伯‧曼恩一同經營酒莊三年，剛開始僅擁有5公頃葡萄園。後來莫里斯的弟弟賈基‧巴

上圖：Steingrubler特級園（園名為採石場之意），釀有具明顯荔枝香氣，又優雅宜人不過於張揚個性的格烏茲塔明那好酒。

左圖：釀酒師賈基‧巴泰梅曾說不會經營酒商事業，因為他不喜歡當「代理孕母」。

酒莊聯絡資訊

Web：http://www.albertmann.com
Tel：03-89-80-62-00
Add：13 rue du Château, 68920 Wettolsheim

泰梅（Jacky Barthelmé，比哥哥高大，生於1964年）也加入團隊。1992年，賈基娶了青梅竹馬的西班牙第二代移民瑪麗·泰瑞斯（Marie-Thérèse）。從此，合作無間的四人幫於焉形成，酒莊的名氣與高酒質也始自於此。莫里斯負責葡萄園種植與管理，太太主要掌理行政事務；賈基則是釀酒師，過去的牽手瑪麗·泰瑞斯（兩人於2012年離婚，但仍是事業上的緊密夥伴）則掌管四十餘國的出口事務。

　　1947年，亞伯·曼恩開始將所有釀產於莊內的酒款自行裝瓶，開啟酒莊的現代新頁，故也以亞伯之名替酒莊命名。後經兩次購園，目前總耕種面積為21公頃（其中13公頃自有，其餘是一簽二十五年的租地），包括五個特級園（Schlossberg、Furstentum、Steingrubler、Hengst與Pfersigberg；共7公頃）以及三塊古已成名

的特定葡萄園（包括Altenbourg、Rosenberg與Clos de la Faille；共3公頃）。1997年開始施行有機與生物動力法種植，在2000年獲有機認證，Biodyvin組織在2010年頒予生物動力法認證。不願認證成為行銷工具，此莊在法國銷售一般並不貼認證標籤，除經銷或進口商要求才會配合。因產能擴大，目前莊址只設辦公室與待客品酒室，釀酒與培養窖則遷至村郊新廠。

黑皮諾第一把交椅

　　幾百年前的阿爾薩斯紅酒其實釀得比白酒多（與現況相反），除黑皮諾外也種加美，後者因品質與歷史因素，基本上已經消失。目前黑皮諾釀得好的阿爾薩斯酒莊不在少數，但酒款數多、整體酒質優秀，且較具國際名聲者，大概就屬亞

左至右分別為「Pinot Noir Clos de la Faille」、「Pinot Noir Grand P」、「Pinot Noir Grand H」以及「Pinot Noir Les Saintes Claires」（四者中酒價最高）。

三串葡萄酒莊

伯‧曼恩。賈基指出此莊所植的黑皮諾包括無性繁殖系與瑪撒拉選種（Sélection Massale），後者最早源自布根地夜丘，以及位於玻瑪村（Pommard）的Domaine Comte Armand酒莊。

白酒酒款全以溫控不鏽鋼槽釀造。黑皮諾則以開放式不銹鋼槽釀造（野生酵母；部分以整串葡萄釀造〔比例依年份與酒款而改變，目的在於提高酒質清新感與張力〕，部分去梗且破皮；有低溫浸皮），後添入橡木桶使自然地進行乳酸發酵及後續培養；培養木桶主要購自布根地Méo-Camuzet與David Duband酒莊已經釀過一次酒的舊桶（Allier與Tronçais森林木料），新桶使用比例很低（通常不超過20%，2014年份甚至完全無新桶），十八個月培養後不做黏合濾清與過濾便裝瓶。

酒莊強調果香與品種特色的傳統系列（Tradition）酒款現均以金屬旋蓋裝瓶；雖在2009年份實驗過將黑皮諾以旋蓋封瓶，但後因還原現象嚴重（酒之氣味不開，風味不揚）而放棄，重回軟木塞老路。

賈基之子安東（Antoine）曾在羅亞爾河谷地的菁英酒莊Alphonse Mellot實習，後又赴紐西蘭南島中奧塔哥（Central Otago）產區酒莊交流，為將來接班預做準備；莫里斯的二女兒寶琳（Pauline）曾在一家葡萄酒專賣店見習，擅長商業與行銷，故而下一代掌莊雙人組已然形成。醇釀將細水長流，陶然愛酒人。

此莊黑皮諾以法國中部Allier與Tronçais森林木料桶培養，新桶比例不高。

●●●●酒單與評分

1. 2013 Albert Mann Pinot Noir Clos de la Faille: 2$, 9.3/10, 2018-2030
2. 2012 Albert Mann Pinot Noir Clos de la Faille: 2$, 9.5/10, 2018-2032
3. 2005 Albert Mann Pinot Noir Clos de la Faille: 2$, 9.6/10, Now-2026
4. 2013 Albert Mann Pinot Noir Grand H: 3$, 9.5/10, 2018-2032
5. 2013 Albert Mann Pinot Noir Grand P: 3$, 9.45/10, 2018-2032
6. 2013 Albert Mann Pinot Noir Les Saintes Claires: 3$, 9.65/10, 2017-2032
7. 2014 Albert Mann Muscat: 1$, 9/10, Now-2020
8. 2013 Albert Mann Auxerrois VV: 1$, 9.2/10, Now-2026
9. 2014 Albert Mann Riesling Cuvée Albert: 2$, 9.35/10, 2016-2030
10. 2013 Albert Mann LD Rosenberg Riesling: 2$, 9.6/10, 2016-2030
11. 2014 Albert Mann GC Schlossberg Riesling: 3$, 9.8/10, 2016-2030
12. 1996 Albert Mann GC Schlossberg Riesling: 3$, 9.6/10, Now-2026
13. 2014 Albert Mann GC Furstentum Riesling: 3$, 9.9/10, 2017-2035
14. 2013 Albert Mann Pinot Gris Cuvée Albert: 1$, 9.55/10, 2016-2028
15. 2013 Albert Mann GC Furstentum Pinot Gris: 2$, 9.8/10, 2016-2032
16. 2011 Albert Mann GC Furstentum Pinot Gris: 2$, 9.7/10, 2015-2026
17. 2013 Albert Mann GC Hengst Pinot Gris: 2$, 9.9/10, 2015-2032
18. 1995 Albert Mann GC Hengst Tokay Pinot Gris: 2$, 9.9/10, Now-2026
19. 2014 Albert Mann Gewürztraminer: 1$, 9.3/10, Now-2026
20. 2013 Albert Mann GC Furstentum Gewürztraminer VV: 2$, 9.8/10, Now-2033
21. 2012 Albert Mann GC Steingrubler Gewürztraminer: 2$, 9.6/10, Now-2027
22. 2013 Albert Mann GC Schlossberg Riesling L'Epicentre: 5$, 9.95/10, Now-2040
23. 2011 Albert Mann GC Furstentum Gewürztraminer SGN: 5$, 9.99/10, Now-2042
24. 2010 Albert Mann LD Altenbourg Pinot Gris SGN Le Tri: 5$, 9.8/10, Now-2043

Domaine Dirler-Cadé
酒風細膩明亮高雅，風土印記的詮釋者

上圖：酒莊僱用的葡萄農在
Kessler特級園前合影。
右圖：莊主尚‧迪勒不擅於言
詞，故讓所釀的美酒代言。

酒莊聯絡資訊
Web：https://dirler-cade.com/fr
Tel：03-89-76-91-00
Add：13 rue d'Issenheim, 68500
　　　Bergholtz

　　位於阿爾薩斯南部的蓋威勒鎮
（Guebwiller）旁有四大相連的特級園，在
能人手中可以釀出令人驚豔垂涎的美釀，
其中酒質排名第一的釀造者就是位於此四
大名園東北邊一點的貝果茲村（Bergholtz）
的迪勒卡岱酒莊（Domaine Dirler-Cadé）。
迪勒家族的釀酒史起自1871年，後與海
爾‧卡岱家族（Hell-Cadé）聯姻之後，
自2000年起，更名為聯名酒莊。目前由
尚‧迪勒（Jean Dirler）和妻子露笛文
（Ludivine）聯手經營，在18公頃的自有葡
萄園裡打造出難以勝數（酒款數量龐大）
的美釀，50%出口至美國、義大利、澳洲與
日本等主要市場，可惜的是，在華人圈裡
還未受到太多關注。

　　繼1997年跟隨生物動力法大師方思
瓦‧布雪（François Bouchet）學習後，
尚‧迪勒在1998年毅然決然地施行此「敬
天愛土」的農法，並且所有葡萄園自2007
年起均獲得生物動力法認證。酒莊的生
物動力法配方是向在地的「生物動力農
法之家」（Masion de l'Agriculture Bio-
Dynamique；位於柯爾瑪市）購買，因為
此農法將一間農莊（酒莊）視為一個有機
小宇宙，這些用於自體強健的配方必須盡

量使用周遭原料，才能適性地發揮最佳效果。此舉勝過越區向布根地或羅亞爾河產區的生產者購買。

除了依據生物動力法準則，使用瑪莉亞・圖恩糞肥（Compost de bouse Maria Thun）、配方500號、配方501號、蕁麻療飲、木賊煎劑等等之外，尚・迪勒也聽取侏儸產區（Jura）農友建議，以攝氏85度的水將旋果蚊子草（Reine des Prés；Filipendula ulmaria）浸泡幾小時成為用來灑在葡萄植株上的療飲，如此便可減少園中銅與硫的使用量，對環境更友善。此外，阿斯匹靈的製藥來源與命名都與旋果蚊子草有關。以有機農法而言，每年每公頃最多可以使用6公斤的銅，生物動力法則允許至多3公斤以對抗霜黴病。因旋果蚊子草的

助攻，尚・迪勒只需3公斤以下的用量。

葡萄經過整串搾汁後，使用舊的大木槽（有幾個是1850和1870年代的老槽）或不鏽鋼槽以野生酵母釀造；基本上絕大多數酒款在木槽釀造，蜜思嘉品種則在不鏽鋼槽進行，以「還原的釀造環境」保持鮮美果香。尚・迪勒讓乳酸發酵自然地進行，若是批次一直未發生，則會添加少量二氧化硫抑制乳酸發酵，以穩定酒質。裝瓶前會經過輕微過濾（過濾機的壓力設在0.6～0.8個大氣壓之間，避免較大壓力導致酒質減損）。多數的酒款在採收隔年的7月或8月裝瓶，部分酒款會再往後延幾個月。

迪勒卡岱的葡萄園約有40%位在四個特級園裡，可釀出絕佳好酒，尤以麗絲玲為最，堪稱世界級佳釀，以下依照正常年

此莊在四大名園（Kitterlé、Kessler、Saering、Spiegel）釀有各自精彩的麗絲玲美酒。

○●●酒單與評分

1. 2015 Dirler-Cadé Crémant d'Alsace Brut Nature:1$, 9.2/10, Now-2027
2. 2010 Dirler-Cadé Crémant d'Alsace Brut Nature: 1$, 9.35/10, Now-2025
3. 2016 Dirler-Cadé Crémant d'Alsace Rosé Brut Nature: 1$, 8.9/10, Now-2030
4. 2016 Dirler-Cadé Sylvaner Vieilles Vignes: 1$, 9.35/10, Now-2026
5. 2014 Dirler-Cadé Sylvaner Vieilles Vignes: 1$, 9.35/10, Now-2025
6. 2013 Dirler-Cadé Sylvaner Vieilles Vignes: 1$, 9.2/10, Now-2024
7. 2011 Dirler-Cadé LD Heisse Wanne Sylvaner: 1$, 9.3/10, Now-2022
8. 2015 Dirler-Cadé GC Saering Muscat: 2$, 9.4/10, Now-2027
9. 2012 Dirler-Cadé GC Saering Muscat: 2$, 9.5/10, Now-2024
10. 2015 Dirler-Cadé GC Saering Muscat Cuvée Mathilde: 2$, 9.6/10, 2018-2030
11. 2016 Dirler-Cadé Riesling: 1$, 9.35/10, Now-2026
12. 2011 Dirler-Cadé LD Bollenberg Riesling: 1$, 9/10, Now-2022
13. 2016 Dirler-Cadé LD Belzbrunnen Riesling: 2$, 9.5/10, 2020-2032
14. 2016 Dirler-Cadé GC Kitterlé Riesling: 2$, 9.8/10, 2020-2035
15. 2014 Dirler-Cadé GC Kitterlé Riesling: 2$, 9.8/10, 2020-2025
16. 2014 Dirler-Cadé GC Kessler Riesling: 2$, 9.85/10, 2018-2035
17. 2014 Dirler-Cadé GC Kessler Riesling Cuvée H.W.: 3$, 9.9/10, 2018-2040
18. 2014 Dirler-Cadé GC Saering Riesling: 2$, 9.7/10, 2020-2036
19. 2015 Dirler-Cadé GC Saering Riesling VT: 3$, 9.99/10, 2020-2046
20. 2015 Dirler-Cadé GC Spiegel Riesling: 2$, 9.9/10, 2020-2036
21. 1981 Dirler-Cadé GC Spiegel Riesling: 2$, 9.6/10, Now-2024
22. 2015 Dirler-Cadé GC Kessler Riesling: 2$, 9.9/10, 2020-2036
23. 2014 Dirler-Cadé GC Kessler Pinot Gris: 2$, 9.8/10, 2018-2040
24. 2016 Dirler-Cadé GC Kessler Gewürztraminer: 2$, 9.85/10, Now-2035
25. 2013 Dirler-Cadé GC Kessler Gewürztraminer: 2$, 9.6/10, Now-2033
26. 2016 Dirler-Cadé GC Saering Gewürztraminer: 2$, 9.7/10, Now-2035
27. 2011 Dirler-Cadé GC Spiegel Gewürztraminer: 2$, 9.6/10, Now-2035

尚・迪勒以攝氏85度的水將旋果蚊子草浸泡幾小時，成為用來灑在葡萄植株上的療飲，如此可減少園中銅與硫的使用量，對環境更友善。

份的麗絲玲品嘗順序列出，並簡述其特色：Kitterlé特級園（酒風細膩明亮高雅、常具礦物氣息）、Spiegel特級園（飽滿具深度，帶香料調）、Kessler特級園（口感圓潤，同時具良好酸度與礦物質風味），以及Saering特級園（圓潤渾厚帶香料調，骨幹修長）。酒莊同時在幾個特定葡萄園（例如Schimberg、Belzbrunnen、Bux與Effenberg）釀有優質美酒，其中「Riesling Lieu-dit Belzbrunnen」特別討我歡喜，其風格清透如水晶，酒質溫潤，架構修長，與普羅旺斯燉菜以及和風醬鮑魚沙拉都可形成和諧美妙的聯姻。另外，一系列的希爾瓦那與蜜思嘉白酒都推薦讀者一試。

Domaine Jean-Marc Dreyer
百分之百零添加，絕對自然

醉爺酒莊（Domaine Jean-Marc Dreyer）位於史特拉斯堡西南邊的侯塞（Rosheim，屬下萊茵省）酒村，是該村獨立裝瓶的六家酒莊之一，也是侯塞唯二兩家釀造自然派葡萄酒之一。此莊自2019年初也屬無添加葡萄酒協會（Vins Sans Aucun Intrant Ni Sulfite ajouté，Vins S.A.I.N.S）成員。該協會的規定相當嚴格，也因此目前包括三個國家在內的成員僅有十三家酒莊，整個阿爾薩斯也僅醉爺被列入。嚴格之處在於：整個釀造過程中，釀造者不得添加任何物質，包括二氧化硫在內，屬於真正的「百分之百零添加」。因為目前多數的所謂自然酒，在必要時仍會視情況微量添加二氧化硫。然而，該協會成員無論任何時刻都不能動用二氧化硫來救援。

酒莊實際上位於一個幾百年歷史的大農舍裡頭，現年四十六歲的莊主尚馬赫・醉爺（Jean-Marc Dreyer）與父母及兄弟都住在農莊大宅院裡。建莊史最早可追溯至1830年，不過以前就是務農家族，養雞、養鴨、養牛、種葡萄、種菜、種果樹，釀酒只是自給自足一環。自1985年起才專職釀酒，正式裝瓶銷售。莊內仍有雞犬相聞的農莊氣氛：他家養了兩隻愛跟去葡萄園

上圖：酒莊位於一古老大農舍裡。
下圖：尚馬赫・醉爺雖有各式釀酒與培養容器，但他最喜歡的仍是阿爾薩斯的大型舊酒槽。

酒莊聯絡資訊
Add：8 Rue de la Marne, 67560 Rosheim

左至右：多品種混釀酒「Pink Pong」、「Finisterra」與「Stratos」，喝完這三款混釀酒，那麼阿爾薩斯七個主要品種您都嘗遍了。

玩耍的英國獵犬。

尚馬赫自2003年接手此莊，同年獲得有機認證（自2000年起轉為有機種植），也在2003年開始施行生物動力法，直到2010年獲得Demeter組織的正式認證。種植面積維持長年以來的6公頃（年產量僅約四萬瓶），他的哲學很簡單：「量少質精」。酒莊規模雖小，但尚馬赫卻投資昂貴的裝瓶機，只為求裝瓶的機動性與獨立性：醉爺的許多農事也依月亮運行來執行，甚至是裝瓶，故而流程的彈性很重要。這點實在令筆者佩服（一般會請專業的裝瓶業者代勞），且因此莊酒價並不高，所以這項投資可說大膽且具前瞻性。該莊雖小，但五臟俱全，從種植到裝瓶完全不假手他人。

尚馬赫雖有各式釀酒與培養容器，但他最喜歡的仍是阿爾薩斯的大型舊酒槽。他不喜歡不鏽鋼槽或玻璃纖維槽，因為過於封閉，酒液無法與微量空氣交流，所以這類非木質的酒槽只被當作暫存容器（例如裝瓶前暫放）。

正常的事不讓搞

所有的酒一旦填入酒槽後，尚馬赫就不管了，完全任其發展，甚至不添桶（如果採收量不夠填滿酒槽，就這樣隨它去）。多數的酒，在釀造與培養將近一年後裝瓶。還沒有裝瓶的，一是槽內還有未完全發酵掉的糖分，二是喝起來還是「太傳統」（如品種特性過於鮮明），於是會再培養一陣子，看看是否發展出符合其釀造哲學的風味，再做決定。針對有關單位對於稍微高出一些的揮發酸大驚小怪的現象，他諷刺地說：「有很多酒窖裡被允許

三串葡萄酒莊

可搞的事情，其實很不正常；有很多正常的事情，有關單位卻不讓搞」。

他家的白酒除了一款釀給老婆喝的（直接榨汁，比較澄清也比較傳統的麗絲玲），其他都是浸皮的自然酒（橘酒類型）。浸皮的好處是：葡萄汁可以獲得更多養分，很少會有發酵上的困難。至於浸皮的可能壞處則是增加酒質變壞的風險。培養過程不添桶（Sans ouillage）的結果是：酒液上有一層薄薄的酵母酒花，反而可以保護葡萄酒不受過度氧化而醋化。然而尚馬赫的酒並無過度氧化的氣息，因為他使用傳統超大酒槽，因而限制了氧化風味的過度發展。或許可說是只有阿爾薩斯該酒莊限定的特殊風味。當然此莊葡萄園與酒窖裡經年累月所積存的酵母菌株也與他處不同。此即風土的展現。

釀造白酒的浸皮時間約在十至二十天不等。「Origin」是該莊單一品種浸皮白酒的經典長銷系列，我喝得不算多，較偏愛「Origin Auxerrois Macération」以及「Origin Gewürztraminer Macération」，「Origin Sylvaner Macération」有時似乎略微過度萃取。不過我更愛的其實是偶一為之的多品種混釀酒「Stratos Macération」、「Finisterra Macération」與「Pink Pong Macération」，喝完這三款混釀酒，那麼阿爾薩斯七個主要品種您也都嘗過了。筆者也推薦整串釀造、大槽培養的「Elios Pinot Noir」：鮮美多汁，可口好飲的同時，舉

重若輕地端出滋味不凡的自然派黑皮諾風味。

酒莊釀酒窖僅一半埋在地下，釀酒空間無空調，酒槽也無溫控，夏季還可能升溫到攝氏20度，不過以他所釀的微氧化風格來說，這些小幅溫差或許只是鍛鍊酒質的一環：裝瓶出廠後，更不怕外在環境的變化。其酒質個性獨具，酒款也不至於走某些橘酒的偏鋒而過度萃取，仍具張力與純淨感，已成法國最佳的自然酒代表之一。

「Origin Gewürztraminer Macération」屬於浸皮橘酒類型，透出熟透的芒果味。

◌◌●●酒單與評分

1.　2019 Jean-Marc Dreyer Pinot Noir Elios：1$，9.6/10，Now-2030
2.　2019 Jean-Marc Dreyer Origin Sylvaner Macération：1$，9.5/10，2022-2032
3.　2019 Jean Marc Dreyer Origin Auxerrois Macération：1$，9.7/10，Now-2033
4.　2018 J-M Dreyer Origin Gewürztraminer Macération：1$，9.7/10，Now-2033
5.　2019 Jean-Marc Dreyer Stratos Macération：2$，9.7/10，Now-2033
6.　2019 Jean-Marc Dreyer Finisterra Macération：2$，9.8/10，Now-2033
7.　2019 Jean-Marc Dreyer Pink Pong Macération：2$，9.9/10，Now-2033

Domaine Kirrenbourg

麗絲玲精準通透細緻如水晶，黑皮諾優雅芳口酸度美

此莊的品酒桌以舊的大酒槽拆解重建而成，質樸圓弧優美。

酒莊聯絡資訊

Web：https://www.domainekirrenbourg.fr

Tel：03-89-47-11-39

Add：15C route du vin, 68240 KIENTZHEIM

　　奇恆堡酒莊（Domaine Kirrenbourg）就位在Schlossberg特級園山腳下，安坐在其品酒室裡也能看見特級園梯田聳立的身影，該園以風化程度較高的花崗岩砂質土壤為特色，以釀出細膩晶透明亮的麗絲玲聞名。酒莊正式創立不過六年，卻讓筆者大大驚豔，品酒後的口齒留香之餘，我毫不遲疑地給出本書列級最高評價：「三串葡萄」。

話說從頭

　　馬克・林納第（Marc Rinaldi）現年八十歲，出生於阿爾薩斯葡萄酒之都柯爾瑪市，他在鋁業及汽車業致富，於退休後開始投資酒莊。2012年先是在Schlossberg特級園種下首批葡萄樹，2014年買下Martin Schaetzel酒商品牌（該酒商以買來的葡萄釀酒）以加速建立客戶名單，2015年正式成立酒莊Martin Schaetzel by Kirrenbourg，之後又買下另家酒莊Armand Hurst以併入更多葡萄園，再加上另購的園區，讓自有葡萄園終達10公頃的小莊規模。2018年獲得生物動力農法認證，2019年再將莊名由Martin Schaetzel by Kirrenbourg改為Domaine

Kirrenbourg。至此，除了酒莊形象更為清晰，酒質更是突飛猛進，成為阿爾薩斯的菁英釀造者之一。

此次接待我的是酒莊的種植與釀造總管梅西歐（Ludovic Merieau，三十九歲），他曾在阿爾薩斯名莊Albert Mann與Domaine Muré實習過，還在瑞士菁英酒莊Marie Thérèze Chappaz工作過一年。他解釋奇恆堡10公頃園區基本上都位於特級園裡：主要是約7公頃的Grand Cru Schlossberg以及約3公頃的Grand Cru Brand（其實約有2%不位於特級園內）。平均年產量為四萬五千瓶，40%用於出口。種植最多的兩個品種是麗絲玲（51%）與黑皮諾（24%），酒莊酒質最負盛名的也是這兩種酒。儘管奇恆堡的名氣還有待開發，但不少阿爾薩斯與巴黎的星級餐廳已採用該莊美酒。

由於Schlossberg與Brand兩特級園都屬花崗岩土壤，因此此莊的麗絲玲風格清晰明透，具有滿滿的活力與張力，不過一般而言，出自Brand的麗絲玲之濃郁飽滿度要高於Schlossberg，除了一款之外：「Grand Cru Schlossberg K Riesling」，以50%的特定葡萄園Kirrenbourg（位於Schlossberg之內，莊名也源自於此）的麗絲玲釀成，由於Kirrenbourg葡萄園的底層含有部分黏土質石灰岩土壤，也讓此酒款顯得異常飽滿（以Schlossberg Riesling而言）。

奇恆堡酒莊在Schlossberg特級園的種植密度相當高：約每公頃八千三百株。每公

頃也僅僅釀產約2,700公升。為了降低此含水量不高的花崗岩土壤上樹藤的旱季缺水壓力，特別採取「短剪枝」策略。

此莊白酒的秀美除了葡萄品質優良之外，緩速榨汁（九至十小時）也是重點之一。另外，由於酒窖尚新（建於2015

上圖：種植與釀造總管梅西歐喜愛以寬體大杯品嘗該莊白酒，的確效果也不錯。他解釋雖然葡萄園是近幾年才買入，樹齡卻都已達四十至五十歲。
下圖：「Grand Cru Schlossberg K Riesling」（左一）釀自特級園內的Kirrenbourg區塊；「Pinot Noir Terroir B」（左二）其實釀自Brand特級園；「Grand Cru Brand Rieslng」（左三）；「Grand Cru Brand Pinot Gris」（右一）。

酒莊部分的黑皮諾在磁甕裡培養。磁甕上所標示的「O+」記號表示該磁甕透氣度相當於已釀過兩次酒的橡木桶（但無桶味）。磁甕可培養出純淨細緻的果香，同時適度地帶進微氧化作用以軟化單寧。

◐●●酒單與評分

1. 2019 Kirrenbourg Pinot Noir Cuvée Mathieu：2$, 9.6/10, 2022-2035
2. 2018 Kirrenbourg Pinot Noir Cuvée Mathieu：2$, 9.7/10, 2021-2036
3. 2019 Kirrenbourg Pinot Noir Terroir B：3$, 9.75/10, 2023-2037
4. 2019 Kirrenbourg Pinot Noir Le Jardin des Oiseaux：4$, 9.8/10, 2022-2036
5. 2019 Kirrenbourg Pinot Gris Roche Granitique：2$, 9.7/10, 2021-2032
6. 2019 Kirrenbourg Riesling Roche Granitique：2$, 9.8/10, 2021-2032
7. 2019 Kirrenbourg Riesling Terroir S：2$, 9.9/10, 2022-2033
8. 2017 Kirrenbourg Riesling Terroir S：2$, 9.8/10, Now-2030
9. 2019 Kirrenbourg GC Schlossberg Riesling：3$, 9.95/10, 2022-2035
10. 2019 Kirrenbourg GC Brand Riesling：3$, 9.95/10, 2022-2036
11. 2019 Kirrenbourg GC Schlossberg K Riesling：3$, 9.99/10, 2022-2038
12. 2019 Kirrenbourg Muscat Les Origines Macération：2$, 9.5/10, 2022-2036
13. 2020 Kirrenbourg GC Schlossberg Riesling Essencia：5$, 9.99/10, 2022-2045

年），窖中飄浮於空氣中的乳酸菌數量還不多，致使酒中的「乳酸轉換」（即所謂的乳酸發酵）常常只進行了一部分，在此情形下，梅西歐會拉長培養期，讓酒質自然趨近穩定（但隨著窖齡增長，基本上乳酸轉換會更容易且完全）。酒莊所有白酒都含有特級園葡萄：除了初階款「Riesling Roche Granitique」有微小部分非特級園（約1.5%），其他麗絲玲其實都百分之百出自特級園（雖然不都標為特級園）。由於僅在裝瓶前微量添加二氧化硫，所以酒質在年輕時就已經非常生動誘人。

此莊的黑皮諾深受侍酒師們歡迎，賣得極好。黑皮諾的釀造方面：所有酒款都進行部分（通常50%）整串發酵，且採取發酵前低溫浸皮（攝氏10度）約三週以萃取黑皮諾的芳美果香。發酵期間，會採取淋汁萃取，但避去較激烈的踩皮，不施行過濾，亦無黏合濾清，培養期至少十六個月（培養器皿是布根地舊桶＋愈見流行且不帶桶味的磁甕）。中階款黑皮諾「Cuvée Mathieu」其實以三個特級園（Schlossberg、Brand與Hengst）內的黑皮諾混調而成，非常物超所值；頂尖款「Le Jardin des Oiseaux」（眾鳥花園，園區位於Furstentum以及Mambourg兩個特級園之間）每年僅釀600公升，酒質高超！

Domaine Loew
少干預、酒風柔和細膩,結構纖長

1998年左右,我還不是葡萄酒專業,但在旅居的史特拉斯堡友人家中,每日午餐與晚餐都有他提供的紅白葡萄酒佐餐,當時筆者只是入境隨俗的喝酒者,那時便和友人拜訪此前不久才成立的樂酒莊(Domaine Loew)。當時只覺好喝,沒多大感想,一方面是我當時專業度還不夠,系統性品飲經驗還不足;另方面,二十多年過去,莊主艾田‧樂(Etienne Loew)在釀法與農法上做了不少修正與進步,讓我睽違多年後的正式回訪充滿驚豔:酒價佛心,酒質服心。

此莊位在史特拉斯堡西邊25公里處的衛斯托芬(Westhoffen)酒村,在二十世紀初的根瘤芽蟲病之前,該村有葡萄園400公頃,目前僅剩一半的耕作面積。雖目前村內有七十位葡萄農,但絕大多數都將所產的葡萄賣給當地釀酒合作社或大酒商,真正自己釀酒裝瓶貼標自售者,僅有包括此莊在內的寥寥三家。這三家擁有約40公頃葡萄園,此酒莊則有12公頃,屬中小型釀造者。

樂家族最早於十八世紀自瑞士來到衛斯托芬生根落戶,一直都是葡萄農戶,即便有釀酒,也僅止於自用。1996年的第一

上圖:酒莊大多數酒款以不鏽鋼槽釀造,圖中即莊主艾田‧樂。
下圖:「Riesling Bruderbach Clos des Frères」、「Riesling Muschelkalck」、「Riesling Grand Cru Altenberg de Bergbieten」見證了阿爾薩斯北方優秀麗絲玲的能耐。

酒莊聯絡資訊
Web:http://domaineloew.fr
Tel:03-88-50-59-19
Add:28 rue Birris, 67310 Westhoffen

代創莊者就是當年還相當年輕的艾田。創莊前，他已在里昂取得國家釀酒師文憑，後來還去西班牙、義大利與美國遊歷酒鄉，也曾在布根地的Jean-Marc Boillot酒莊實習釀酒過。在經過生物動力法V.S.有機農法的灰皮諾釀造實驗後，他確認出自前者的酒質勝過後者，便在2009年全面施行生物動力法，並在2012年獲得認證。由於在葡萄園施灑後的生物動力法配方常常仍有剩餘，所以艾田就將剩下的配方用在自家果菜園，因此他家的自耕蔬果可算是生物動力法蔬果，這就比生物動力法葡萄酒更為難尋了。

他家的黑皮諾與蜜思嘉都選擇在「果日」採收，以強調花果香。釀造時，選擇較溫和也較長的榨汁時間（蜜思嘉可達十二至十四小時）。大多數酒款以不鏽鋼槽釀造，只有特級園灰皮諾以228公升小型橡木桶釀製（因產量太小），其他若有用桶（主要也是灰皮諾），都是600公升的中型桶。當天先品嘗的是紅酒「Westhoffen Pinot Noir」，屬於無添加二氧化硫的自然酒，95％整串未去梗釀造，果味甘美，飽滿扎實。另一款屬於自然酒類型的白酒「Pinot Nature」以白皮諾、灰皮諾與歐歇瓦釀成，略帶二氧化碳，飽滿流暢多汁，極為可口。

多數酒莊忽視的希爾瓦那白酒，在艾田手中也顯得圓潤又具張力，他甚至釀有少見的紅希爾瓦那（Sylvaner rouge）：小紅漿果風味帶鮮明香料調，可搭配日常多樣料理。此莊也是釀製蜜思嘉的高手，「Muscat Les Marnes Vertes」（葡萄米自綠色泥灰岩土壤，以三分之二歐投奈爾蜜思嘉＋三分之一小粒種蜜思嘉釀成），圓潤可人，清鮮優雅，干性易搭餐。一系列麗絲玲酒款「Riesling Muschelkalck」（釀自殼灰岩土壤）、「Riesling Bruderbach Clos des Frères」、「Riesling Grand Cru Altenberg de Bergbieten」見證了阿爾薩斯北方優秀麗絲玲的能耐：不必華麗熟美，也能以溫柔堅毅直抵人心。至於灰皮諾與格烏茲塔明那，都甘美繁複不流俗，出落優雅，絕對是此兩品種的雅緻版經典。總結：此莊美釀氣韻溫柔生動，餘韻悠揚美長。

●●●酒單與評分

1. 2018 Loew Pinot Noir Westhoffen: 1$, 9.4/10, 2020-2035
2. 2018 Loew Sylvaner Vérité: 1$, 9.5/10, 2020-2030
3. 2017 Loew Sylvaner Vérité: 1$, 9.4/10, 2020-2027
4. 2017 Loew Muscat Les Marnes Vertes: 1$, 9.6/10, 2020-2027
5. 2018 Loew Riesling Muschelkalck: 1$, 9.6/10, 2020-2030
6. 2017 Loew Bruderbach Clos des Frères Riesling : 1$, 9.7/10, 2020-2032
7. 2017 Loew GC Altenberg de Bergbieten Riesling: 2$, 9.8/10, 2020-2036
8. 2018 Loew GC Engelberg Pinot Gris: 2$, 9.7/10, 2020-2034
9. 2016 Loew Bruderbach Le Menhir Pinot Gris: 1$, 9.8/10, 2020-2036
10. 2017 Loew Cormier Pinot Gris: 1$, 9.7/10, 2020-2036
11. 2017 Loew Gewürztraminer Westhoffen: 1$, 9.7/10, 2020-2032
12. 2016 Loew Ostenberg Gewürztraminer: 2$, 9.8/10, 2020-2043
13. 2017 Loew GC Altenberg de Bergbieten Gewürztraminer: 2$, 9.9/10, 2020-2037
14. 2017 Loew Auxerrois Botrytis : 2$, 9.7/10, 2019-2035
15. 2015 Loew GC Altenberg de Bergbieten Riesling VT: 2$, 9.8/10, 2019-2035
16. 2015 Loew GC Altenberg de Bergbieten Riesling SGN: 3$, 9.9/10, 2020-2040
17. 2015 Loew Pinots Nature: 1$, 9.6/10, 2020-2027

Domaine Marcel Deiss
豐潤飽滿、強調風土與混種

1744年的戴斯（Deiss）家族，在柯爾瑪市北邊不遠的貝格翰（Bergheim）酒村裡開啟葡萄農世家的傳承。二十世紀初，阿爾薩斯葡萄園受到根瘤芽蟲侵襲，當時統治該地的德國人「除惡務盡」，下令全面剷除病樹，一夕之間，阿爾薩斯的葡萄樹幾乎完全匿蹤。產區在重整消毒土地、改種、等待葡萄樹茁壯之餘，戴斯家族也暫時離棄了葡萄農務。

一次大戰之際，十八歲的馬歇爾・戴斯（Marcel Deiss）在德國政權下被迫從軍，直到二戰結束才卸甲歸田，重新整建農地與房舍，與其子安德列（André）建立了馬歇爾・戴斯酒莊（Domaine Marcel Deiss）。他們當時只釀一紅一白，紅酒是由來自Burlenberg特定葡萄園的黑皮諾釀成，白酒的原料則來自Engelgarten特定葡萄園，所產的酒主要提供馬歇爾的妻子經營餐廳使用。

1970年代初，第二代莊主安德列突然病逝，全莊的營運大任便落到當時二十出頭歲的第三代尚米歇爾（Jean-Michel）身上。或因父親驟逝，少了父執輩的耳提面命與外界對兩代之間互相比較的壓力，擁有完全的自由。尚米歇爾依據命定以及親

上圖：Altenberg de Bergheim特級園的混合種植；左邊為黑皮諾，右邊為麗絲玲，均同時採收，同時發酵釀酒。
下圖：被視為怪才的莊主尚米歇爾・戴斯。

酒莊聯絡資訊
Web：http://www.marceldeiss.com/fr
Tel：03-89-73-63-37
Add：15 Route du Vin, 68750 Bergheim

在少莊主馬修手上，此莊紅酒有長足進步。

酒。另外，常施化肥的葡萄樹因營養與水分取得容易，便不再致力往下扎根汲取養分，卻橫向長出表面葡萄根，如此難以釀出風土特色。即使尚米歇爾拿起十字鎬斬斷表面根系，但葡萄樹致力於蔓延生長的屬性使得「斷根」成為一件不可能的任務。他的解決方式是提高每公頃種植密度，讓樹株彼此競爭養分，迫使根系向下生長。該莊葡萄園的平均種植密度為每公頃一萬到一萬兩千株，在阿爾薩斯相當罕見。

身體驗，逐步形塑出此莊今日獨特的面貌與地位。

敏感體質造就的佳釀

　　尚米歇爾年輕時曾受過正統釀酒學訓練，也曾在另一家阿爾薩斯名莊Famille Hugel實習。上世紀70年代，他已釀出人人稱羨的酒質，獲致巴黎《世界報》記者為文讚賞，並鼓勵他再接再厲如法炮製。但這些以氮肥、鉀肥、氨肥補強的土地所釀出來的酒，卻讓體質極端敏感的尚米歇爾飲得胃腸極不舒服，尤其胰臟更不堪負荷，他這才驚覺先前的釀酒學訓練其實問題重重。若將釀酒學校的制式訓練比喻為一座象牙塔，尚米歇爾便開始解構這座學問象牙塔，使之成為一塊塊散落的石磚，之後再重新審視、重組，轉換成理想的模型。

　　於是乎他捨棄化肥：認為化肥增壯的葡萄樹雖葉綠而茂盛，卻釀不出終極好

　　繼之覺醒的作法還有：不添加人工選育酵母、不加糖、不添酸或去酸、不控制發酵溫度以及發酵時間、盡量不干預酒的熟成演化，幾乎不過濾與澄清等等。這樣反現代釀酒學的「逆向作法」難道不會有風險？尚米歇爾說：「無風險，奢談自由；無自由，何言創造！」其所謂的創造，即是踏出一條標準化釀酒學以外的道路，且須奠基在生物動力法上頭。他還補充：「是我生病的胰臟導引我走向生物動力法之路。」其實，尚米歇爾每日實作親為，以切身體察為前提，早在1980年代初便摸索出一套近似生物動力法的耕植方式，可說實踐先於理論。

「高貴的混合」

　　曾有購酒客人向尚米歇爾抱怨他的「Burg Riesling」品質絕佳，但嘗來一點

三串葡萄酒莊

不像麗絲玲，控訴他是騙子。這當然是莫大冤枉，但他也自此發現以生物動力法耕作的葡萄園，若果實達到最佳的生理成熟度，則其風土的滋味會決定性地壓過品種表現。故而自1993年起，他不再於酒標標明品種名稱（初階酒款與甜酒除外），不為怕被客人抱怨，而是尊重風土的展現（如同布根地並不標明品種，僅標示園區地塊名稱）。他也開始在其他特定葡萄園，尤其是特級園實行混合種植多種阿爾薩斯品種，且同時採收、同時發酵與培養。此種「混釀酒」與目前波爾多分別釀製單一品種，再人工混調的「互補」哲學不同，尚米歇爾希望以風土為本，增加風味光譜之多彩。

以上作法與阿爾薩斯一般以單一品種釀造，並標明葡萄品種的作法背道而馳，尚米歇爾因而在當時被視為異端，但他表示此種作法其實僅是向十九世紀與之前的傳統致敬罷了。雖然，目前還有其他酒莊少量釀製傳統的艾德茲威可（Edelzwicker）或尚緹（Gentil）這兩種「高貴的混合」，然而約從1950年代起，阿爾薩斯強調單一品種酒款之故，許多酒農悄悄將四種高貴品種抽離「高貴的混合」，以釀造單一品種酒款（更多資訊，請參見第一章第24頁〈Edelzwicker與Gentil之別〉），再加上農藥化肥使用盛行，此傳統早已蒙塵，絕大多數「高貴的混合」不再高貴，只是清淡易飲的日常飲料。要

見證昔日「高貴的混合」之真貌與多元，此莊乃最佳典範，尤其不要錯過三款特級園的「高貴的混合」。

對尚米歇爾而言，只要種植功夫下得深，風土便會主宰一切，品種退位成為配角，年份也僅是點綴，因風土年年會將其特色反映在酒裡。若非如此，則顯示釀酒人的瀆職與怠惰。

光明未來

自2008年起，尚米歇爾之子馬修（Mathieu）開始接手釀酒，但做父親的還是會從旁指導；直到2013年份起，尚米歇爾不再踏進釀酒窖（但仍舊每日進園農耕），將釀酒重任全權交給兒子處理。令

酒莊特級園左至右：Mambourg、Altenberg de Bergheim、Schoenenbourg，都以多種阿爾薩斯品種混釀而成，為該莊經典三劍客。

●●●酒單與評分

1. 2004 Marcel Deiss Pinot Blanc Bergheim: 1$, 8.6/10, 2007-2013
2. 2016 Marcel Deiss Berckem : 2$, 9.1/10, Now-2024
3. 2017 Marcel Deiss Rouge de Saint-Hippolyte : 2$, 9.2/10, 2019-2030
4. 2016 Marcel Deiss Burlenberg : 3$, 9.35/10, 2020-2034
5. 2002 Marcel Deiss Burlenberg : 2$, 8.5/10, 2008-2015
6. 2014 Marcel Deiss Rotenberg: 3$, 9.5/10, 2018-2033
7. 2004 Marcel Deiss Rotenberg: 2$, 9.2/10, 2008-2022
8. 2004 Marcel Deiss Schoffweg: 2$, 9.3/10, 2011-2025
9. 2002 Marcel Deiss Gruenspiel: 2$, 9.2/10, 2010-2016
10. 2015 Marcel Deiss Engelgarten: 2$, 9.4/10, 2019-2032
11. 2005 Marcel Deiss Engelgarten: 2$, 8.9/10, 2010-2024
12. 2004 Marcel Deiss Engelgarten: 2$, 9.45/10, 2009-2026
13. 2013 Marcel Deiss Grasberg: 3$, 9.4/10, 2019-2030
14. 2004 Marcel Deiss Grasberg: 2$, 9.45/10, 2016-2022
15. 2003 Marcel Deiss Grasberg: 2$, 9.6/10, 2009-2027
16. 2012 Marcel Deiss Burg: 3$, 9.6/10, 2018-2033
17. 2004 Marcel Deiss Burg : 2$, 9.5/10, 2010-2027
18. 2011 Marcel Deiss Huebuhl : 3$, 9.8/10, 2018-2036
19. 2002 Marcel Deiss Huebuhl: 2$, 9.3/10, 2009-2024
20. 2012 Marcel Deiss GC Altenberg de Bergheim : 5$, 9.8/10, 2018-2038
21. 2008 Marcel Deiss GC Altenberg de Bergheim : 5$, 9.75/10, Now-2030
22. 2007 Marcel Deiss GC Altenberg de Bergheim :4$, 9.5/10, 2013-2030
23. 2005 Marcel Deiss GC Altenberg de Bergheim : 4$, 9.75/10, 2011-2028
24. 2004 Marcel Deiss GC Altenberg de Bergheim : 4$, 9.75/10, 2012-2030
25. 2013 Marcel Deiss GC Schoenenbourg : 5$, 9.8/10, 2018-2038
26. 2008 Marcel Deiss GC Schoenenbourg: 4$, 9.5/10, 2015-2033
27. 2004 Marcel Deiss GC Schoenenbourg : 4$, 9.85/10, 2012-2030
28. 2014 Marcel Deiss GC Mambourg : 5$, 9.7/10, 2018-2036
29. 2009 Marcel Deiss GC Mambourg : 4$, 9.4/10, 2016-2032
30. 2008 Marcel Deiss GC Mambourg: 4$, 9.7/10, 2017-2028
31. 2004 Marcel Deiss GC Mambourg : 4$, 9.75/10, 2010-2030

酒莊這幾年也開始實驗浸皮以及陶甕釀造。

人欣喜的是馬修將「Burlenburg」紅酒釀得比以往更為細緻且具深度（尚米歇爾時代的版本萃取過度，欠缺優雅）。這幾年，此莊的葡萄園面積也從27公頃擴至34公頃：主要增加的園區介於貝格翰與里伯維雷（Ribeauvillé）兩村之間的坡地園區，這些地塊有可能在將來與此莊的幾塊特定葡萄園（如Grasberg、Engelgarten、Rotenberg、Schoffweg與Burg等）一同被列為一級園。最新消息是2018年酒莊買進了將近1公頃的Schlossberg特級園，筆者已經迫不及待要嘗嘗此莊對此特級園的詮釋。

馬修在幾年前接下外祖父所留下的葡萄田（位於Bennwihr村），創立夢想家葡萄園酒莊（Vignoble du Rêveur），釀酒風清新精準細緻，值得一嘗。他同時把在「夢想家」所進行的實驗，依狀況套用到馬歇爾·戴斯酒莊：例如，自2018年起，「Gruenspiel」酒款（釀酒品種包括麗絲玲、黑皮諾與格烏茲塔明那）加入5%陶甕浸皮酒，更添飽滿滋味與儲存潛力。

Domaine Marc Tempé
小橡木桶酒質培養大師，紅白酒都堪比布根地頂尖酒莊

　　東裴酒莊（Domaine Marc Tempé）位於澤倫伯格酒村（Zellenberg；有「隱士山」之意）的Froehn特級園上方（東裴酒莊並未在此園擁地），法國媒體對其報導不算多，該莊於是在此植滿葡萄樹的美麗山頭上帶有一些遺世獨立之感，其實東裴酒莊在日本可是大大有名：酒莊50％的產量出口至東方日升之國。不可否認日本人的葡萄酒市場成熟，且新知接受速度快，只要酒好，在日本都能找到市場。筆者在品嘗了十多款東裴的酒後，也認為此莊酒質超凡，風格獨特，酒價與布根地相較之下，顯得非常佛心。事實上，中國大陸廣州市的Domaine de la Romanée-Conti代理商也是此莊酒款的忠實支持者與代理者。

上圖：莊主馬克‧東裴施行生物動力法，只在「果日」裝瓶。
左圖：貴腐甜酒「2000 Mon Précieux Gewürztraminer」在新桶中總共培養十九年之久，品嘗後，令筆者覺得沒白來世上一遭。

築夢踏實

　　酒莊創立者莊主馬克‧東裴（Marc Tempé）現年六十五歲，年輕時先是在大廠釀過六年的酒，之後轉任法國法定產區管理局（INAO）的葡萄酒技術專員長達十一年，之後才與曾是酒商的妻子安瑪麗（Anne-Marie）於1993年以繼承自父母的8.5公頃園區共同圓夢：成立自有酒莊釀

酒莊聯絡資訊
Web：https://www.marctempe.fr/fr/accueil
Tel：03-89-47-85-22
Add：16 Rue du Schlossberg 68340 ZELLENBERG

此莊許多紅白酒都以舊的布根地小型橡木桶培養。

酒。他們在1993年即轉為有機種植（1993與1994年份的葡萄都外賣），1995年正式成立同名酒莊釀出首年份，1996年施行生物動力法，1997年開始商業銷售。目前此莊已成為資深愛酒人推崇的頂尖阿爾薩斯釀造者。

　　因前幾代血緣的關係，馬克帶有一些希臘血統，膚色偏深，外型也不似一般阿爾薩斯人高大修長，不過他的的確確是出生於隔壁酒村的阿爾薩斯人（出生於Mambourg特級園下方的小木屋）。此莊酒質精湛，當然必須歸功於生物動力法（詳見附錄一）之助。不過他認為生物動力法

應因地制宜，也不建議使用太多堆肥：他認為葡萄樹根應努力深入土壤以吸取屬於風土的養分，而不是吃人為的「堆肥大餐」。除冬季剪枝外，他並不修剪葡萄枝，還指出夏季的樹冠修剪反而會讓葡萄顆粒增大而稀釋了果實風味。

小桶培養的王者

　　此莊酒格外特出也與其培養方式有關：除阿爾薩斯的傳統大木槽之外，他也運用或新或舊的布根地小型橡木桶進行培養。舊的小桶除向布根地知名酒莊（如Domaine Leflaive）購買外，也向Chassin Père et fils桶廠購買處理過的舊桶。他自1998年起開始為期至少兩年的培養方式（以全酒渣培養，且沒有換桶澄清），有些酒款的培養期還拉長為三至四年，甚至有兩款長達十九年。酒質精湛精銳，馬克可說是阿爾薩斯的葡萄酒培養大師。相對於同期的André Ostertag只以小桶培養灰皮諾與麗絲玲（Ostertag後來放棄以小桶培養麗絲玲），馬克幾乎全部的酒都以小桶培養，甚至連貴腐甜酒也是。

　　至於使用布根地小桶的原因：首先是因為葡萄園面積雖只有8.5公頃，但卻分成五十多個小塊（包括四個特級園），加上品種多樣，酒款眾多，使用大酒槽在實際操作上有其困難。第二是因當他擔任法定產區管理局技術專員期間，常常輔導布

根地小酒農解決釀造上的困難，所以對於布根地式的小桶培養有相當的熟悉感與心得。

　　酒莊園區幾乎全屬於黏土質石灰岩（與布根地雷同），也以釀造高品質黑皮諾聞名，且產量相當低：每公頃3,000～3,500公升。酒莊黑皮諾釀造特色：葡萄以15公斤裝小籃採收，百分之百全手工去梗，但無踩皮萃取（一般布根地酒莊作法）、五至六星期的發酵浸皮萃取（一般布根地的時程較短）。之後的榨汁會百分之百加回自流汁裡。隨後於舊的小桶或大槽與全酒渣一同培養至少兩年。酒莊黑皮諾酒質特色：酒體飽滿多料，總伴隨優雅酸度與頗為鮮明的礦物質風味，架構強，單寧多但細緻（需要五、六年時間轉為絲滑）。即使酒齡年輕，卻能飲出驚人酒質。

　　此莊一系列白酒也同樣令人驚豔，

初階「AmZelle」系列（「AmZelle」是阿爾薩斯方言的烏鶇鳥變形寫法，此系列使用部分小桶）的白皮諾與麗絲玲都讓人常常想念地流出口水：絲滑飽滿深沉，寬廣豐潤，兼有非常好的酸度與礦物質風味。有讓人誤以為正在品啖布根地高級白酒的錯覺，重點是，桶味控制得宜，在增加白酒的飽滿口感與複雜風味的同時，一點不搶味，仍舊能嘗出品種與風土特色。澤倫伯格村的Grafenreben特定葡萄園的麗絲玲酒質絕佳，以金黃酒色與蜜香誘惑人心，錯過可惜。必嘗的白酒還包括「2018 Grand Cru Mambourg Gewürztraminer」、「2015 La Demoiselle Pinot Gris Selection de Grands Nobles」（在橡木桶中培養四年的氧化風格貴腐酒）等等。至於特殊場合才端出的絕世美釀：「2000 Mon Précieux Gewürztraminer SGN」（在新桶培養十九年的貴腐甜酒）則是讓人品後覺得沒白來世

酒莊初階系列「AmZelle」款款優秀：左至右為「Pinot Noir」、「Riesling」與「Pinot Blanc」。

烤得剛剛好的肉餡酥餅（tourte）與此莊酒質飽滿的麗絲玲與黑皮諾都搭配得很契合。

◐●●酒單與評分

1. 2018 Marc Tempé Alliance : 1$, 9.6/10, 2021-2030
2. 2018 Marc Tempé Pinot Noir AmZelle: 2$, 9.75/10, 2022-2040
3. 2018 Marc Tempé Altenbourg Pinot Noir : 2$, 9.85/10, 2023-2043
4. 2018 Marc Tempé M Pinot Noir : 3$, 9.9/10, 2023-2045
5. 2018 Marc Tempé Pinot Blanc AmZelle : 1$, 9.7/10, 2021-2030
6. 2018 Marc Tempé Riesling AmZelle : 2$, 9.8/10, 2022-2035
7. 2017 Marc Tempé Saint-Hippolyte Riesling : 2$, 9.8/10, 2021-2036
8. 2018 Marc Tempé Grafenreben Riesling: 2$, 9.9/10, 2021-2036
9. 2018 Marc Tempé GC Mambourg Riesling: 3$, 9.99/10, 2022-2038
10. 2018 Marc Tempé Pinot Gris AmZelle: 2$, 9.85/10, 2021-2035
11. 2018 Marc Tempé Rimelsberg Pinot Gris: 2$, 9.9/10, 2021-2038
12. 2018 Marc Tempé GC Furstenrum Pinot Gris: 2$, 9.8/10, 2022-2035
13. 2018 Marc Tempé GC Schoenenbourg Pinot Gris: 2$, 9.95/10, 2022-2038
14. 2017 Marc Tempé GC Schoenenbourg Pinot Gris VT: 3$, 9.95/10, 2021-2040
15. 2017 Marc Tempé Rimelsberg Gewürztraminer VT :3$, 9.9/10, 2021-2040
16. 2018 Marc Tempé GC Mambourg Gewürztraminer :3$, 9.95/10, 2021-2038
17. 2000 Marc Tempé GC Mambourg Gewürztraminer : 3$, 9.9/10, Now-2030
18. 2017 Marc Tempé Rimelsberg Gewürztraminer VT :3$, 9.9/10, Now-2040
19. 2015 Marc Tempé La Demoiselle Pinot Gris SGN : 3$, 9.95/10, Now-2040
20. 2000 Marc Tempé Mon Précieux Riesling SGN : 5$, 9.9/10, Now-2035
21. 2000 Marc Tempé Mon Précieux Gewürztraminer SGN: 5$, 9,99/10, Now-2038

上一遭。又，此莊白酒的釀造手法雖近似布根地，但並不攪桶。

由於馬克曾在法定產區管理局工作過，所以我跟他確認過一項傳聞：當時在管理局掌權者多數是布根地人，因而當初在規劃阿爾薩斯特級園時，這些布根地人強烈反對阿爾薩斯特級園內可以生產以 Grand Cru 為名的黑皮諾紅酒，致使當時有不少種植在特級園裡的黑皮諾被酒農拔除，開始改種麗絲玲與格烏茲塔明那。關於此事，馬克點頭確認我轉述另位知名釀造者的說法。

所幸，阿爾薩斯黑皮諾的歹運正在好轉當中。

馬克喜愛以奧地利手工吹製的「Marc Thomas」廠牌名杯品嘗他家的美釀。

Domaine Muller-Koeberlé

黑皮諾自然酒令人驚豔，浸皮白酒有料有深度

此圖攝於Langenberg（即山楂樹克羅園）上坡，前景是聖希波里特（Saint Hippolyte）酒村，後方右邊是另一知名紅酒釀造村莊Roderne。

Ottrott、Saint Léonard、Boersch、Rodern、Marlenheim與聖希波里特（Saint Hippolyte）是阿爾薩斯以釀造紅酒知名的歷史酒村；傳統一度佚失，如今酒農逐漸回防恢復昔日榮光，其中聖希波里特村的釀酒聖手，出現在穆勒柯伯勒酒莊（Domaine Muller-Koeberlé），各種自然酒都釀得極好，且仍能自酒中尋得品種與風土的印記，極為難得（市面上許多自然酒萃取過多，酒精味過重，看似自然，其實百家一味）。

酒莊聯絡資訊

Web：https://www.muller-koeberle.fr
Tel：03-89-73-00-37
Add：22 Route du Vin, 68590 ST-HIPPOLYTE

上圖：莊主太太Marianne（右）與酒莊員工Jacques（左）一同攀上麥稈堆上拍照。於葡萄園鋪上麥稈除可當作肥料，也可避免夏季過度曝曬，致使土壤水分過度蒸發。

右圖：莊主大衛正開瓶自然氣泡酒「Pet'Nat」讓筆者享用。

低調華麗地變身

聖希波里特村位於上萊茵省北邊，有不少獨立酒莊，但專營賣葡萄給大酒商的葡萄農也不少（本身不釀酒）。曾是該村大地主的穆勒柯伯勒酒莊在歷經三代後，由現年三十三歲的大衛・柯伯勒（David

Koeberlé）於2014年正式接手，他緊接著將酒莊的經營方向進行三百六十度全然翻轉，由主要賣大桶酒給酒商的葡萄農轉為自種自釀自行裝瓶的精英酒莊，且朝有機與生物動力農法邁進（27公頃葡萄園於2021年同時獲得此兩種認證），甚至挑戰全系列自然酒釀造（不添加二氧化硫、不過濾、無黏合濾清等等），目前已有數款酒獲得「自然法葡萄酒」（Vin Méthode Nature）標章（更多相關詳細資訊，請見附錄一的〈有機、生物動力與自然法葡萄酒〉）。由於行事低調，媒體對此莊著墨甚少。我在採訪與品嘗後，心裡興奮喃喃：「又發現阿爾薩斯美酒的珍寶」。

大衛的祖父（Muller家族）與祖母（Koeberlé家族）在1961年共結連理，以雙方繼承的葡萄園為基礎成立此莊，同年種下尋自布根地的各種黑皮諾植株（現已是六十年老藤），之後也僅進行瑪撒拉選種，不買無性繁殖系，以保植株多樣性。酒莊所釀黑皮諾品質超絕，即便是初階款都很讓人驚豔，更讓人心花怒放的是：原來高品質的黑皮諾可以用小老百姓都能負擔的價格供應。花大錢買布根地名莊釀品，其實大可不必。

秘訣：手工採收＋整串浸皮

當被問到釀造優質自然酒的秘訣，大衛回答：「手工採收，整串浸皮，並盡量

拉長培養期」。實際操作上，將以手工採收的生物動力法葡萄整串放入封閉的不鏽鋼槽浸皮（浸皮時間約四至五天，可說是天然發生的二氧化碳浸泡法），當底層果汁（已輕微發酵）嘗來出現輕微單寧感，就將酒移入發酵槽進行正式酒精發酵（不管紅白酒，乳酸轉換也會在此時自然同步發生），這時正處冬季，不必再多加干涉，就讓果汁自行以果皮上的原生酵母順暢地完成發酵釀造程序即可，之後的培養期也會比一般阿爾薩斯酒莊更長一些。

酒莊目前主要使用不鏽鋼槽釀造，部分酒款以小桶培養，也正尋求買入舊的大型酒槽之機緣（先前祖父留下的數個大木槽因叔叔時期照顧不當而乾裂，所以被移除）。大衛的釀酒原則是以不鏽鋼槽釀造，之後繼續在同樣的不鏽鋼槽或移入舊木桶或舊木槽繼續培養。在此莊酒窖環境下，乳酸轉換（即乳酸發酵）會與酒精發酵一同發生：似乎越以自然的方式釀酒，酒精發酵與乳酸轉換同步發生機率越高，好處是白酒不會有過多的乳脂（或優格）氣味。

據大衛說法，酒莊擁有一整塊原本被稱為Geissberg（山羊坡）的10公頃特定葡萄園，後來因為Ribeauvillé村的Geisberg園被升格為特級園，所以酒標上無法再使用Geissberg（有兩個s的拼法）一名，之後此南向特定葡萄園也被改名為Langenberg（「長坡」之意）。因該園四面有矮牆或

「Grand Cru Gloeckelberg Gewürztraminer Vin Orange」為罕見的特級園橘酒。建議試飲溫度：攝氏8度。不須醒酒，即開即飲即可。

樹林圍繞，經申請後，酒莊將此園稱為山楂樹克羅園（Clos des Aubépines，之前有許多野生山楂樹生長於此），此處也是該莊除Gloeckelberg特級園外的最佳園區：以梯田式種植於斜坡上，為風化程度較高的花崗岩土壤，貧瘠排水佳，除適合山楂樹生長，更有易於釀出飽滿、清新，充滿礦物質風味的紅白酒。

此莊初階麗絲玲白酒飽滿有力，質地滑潤，帶一絲經典汽油味，實為日常搭餐絕佳夥伴。一系列釀自Langenberg（即山楂樹克羅園）的麗絲玲、格烏茲塔明那、灰皮諾或多品種混釀酒都極為優秀。最新奇的是釀自Gloeckelberg特級園的格烏茲塔明那橘酒，酒色就似火紅帶橘的狐貍毛皮，

中階款「Rouge de Saint-Hippolyte Vieilles Vignes」風華絕代，極為迷人。

◐●●酒單與評分

1. 2019 Muller-Koeberlé Pinot Noir: 1$, 9.6/10, 2022-2030
2. 2012 Muller-Koeberlé Pinot Noir: 1$, 9.6/10, Now-2030
3. 2019 Muller-Koeberlé Rouge de Saint-Hippolyte V.V.: 2$, 9.8/10, 2022-2032
4. 2018 Muller-Koeberlé Pinot Noir Juliette au Naturel : 4$, 9.99/10, Now-2040
5. 2019 Muller-Koeberlé Riesling: 1$, 9.6/10, 2021-2030
6. 2019 Muller-Koeberlé Muscat: 1$, 9.4/10, 2021-2025
7. 2019 Muller-Koeberlé Pet'Nat: 1$, 9.6/10, Now-2024
8. NV M-Koeberlé Crémant Brut B. de Blancs : 1$, 9.35/10, Now-5 yrs afetr release
9. 2015 M-K Langenberg Clos des Aubépines Riesling : 2$, 9.85/10, Now-2032
10. 2017 M-K Langenberg Clos des Aubépines Riesling : 2$, 9.85/10, Now-2034
11. 2019 M-K Langenberg Clos des Aubépines Riesling : 2$, 9.85/10, Now-2035
12. 2015 M-K Langenberg Clos des Aubépines Pinot Gris : 2$, 9.8/10, Now-2032
13. 2015 M-K Langenberg Clos des Aubépines Assemblage : 2$, 9.75/10, Now-2032
14. 2017 M-K Langenberg Clos des Aubépines Assemblage : 2$, 9.85/10, Now-2034
15. 2015 M-K Langenberg C. des Aubépines Gewürztraminer : 2$, 9.85/10, Now-2032
16. 2019 M-K GC Gloeckelberg Gewürztraminer Vin Orange: 2$, 9.85/10, Now-2030
17. 2015 Muller-Koeberlé OVNI (Chardonnay): 1$, 9.7/10, Now-2030

嘗來果味狂野飽滿料多，恰似極為美味的綜合果汁（蘋果＋鳳梨＋金桔等等），釀酒大膽，酒質出色。另，未經澄清、過濾與除渣，直接以100%麗絲玲果汁發酵的絕對自然氣泡酒「Pet'Nat」是款讓人喝來很開心、覺得世界美得冒泡的「泡泡果汁」！

除美味白酒，此莊的強項其實在黑皮諾。他家的黑皮諾常有明顯礦物鹽滋味：或許因來自風化程度較高的花崗岩土壤，礦物質吸收更為容易，風土印記也因而留存酒中。此莊的黑皮諾自然酒款款美味，即便是初階款「Pinot Noir」都讓人無法釋杯，雙人一邊吃喝一邊聊天，很快一瓶就見底。中階的「Rouge de Saint-Hippolyte Vieilles Vignes」以種植於1961年的山楂樹克羅園老藤釀造，100%帶梗發酵，風雅複雜，一喝愛上，無可自拔。年產僅六百瓶的旗艦「Juliette au Naturel」將六十年樹齡的去梗老藤黑皮諾果粒塞入陶甕中浸皮十二個月釀造而成，極致濃郁複雜，且潛力超強（開瓶兩星期後依舊美味），堪稱黑皮諾神釀！

Domaine Ostertag

純然清透，酒中曖曖內含光

奧斯特塔克酒莊（Domaine Ostertag）一直是《法國最佳葡萄酒指南》裡的模範生，且在幾年前被自二星評級拔擢到三星，成績斐然。奧斯特塔克位於下萊茵省的埃普菲克村（Epfig）西郊，首府史特拉斯堡就在該村東北40公里處。

極為受人敬重的老莊主安德烈·奧斯特塔克（André Ostertag）長年為帕金森氏症所苦，在2018年正式將酒莊營運交棒給兒子雅圖（Arthur Ostertag）。雅圖也在近年推出新酒款，尤以每款酒只釀一個年份的「L'Exutoire」（解脫系列）最為有趣，以「L'Exutoire SVV3」為例：此希爾瓦那老藤（V.V.）出自第3號酒槽，很奇特地發酵了十八個月之久，除了飽滿扎實，還嘗得令人精神為之一振的張力，由於揮發酸略高一些（但是掌握良好，未過度），帶些「自然派」的風格，酒質令人激賞，僅釀兩千瓶。

上圖：此莊自1997年開始施行生物動力法耕作，並在2011年獲得Demeter機構正式認證。圖為含有火山岩沉積土的Muenchberg特級園。

下圖：已退休的老莊主安德烈·奧斯特塔克站在秋末的Muenchberg特級園裡，此園17公頃，酒莊擁園2公頃。「Muenchberg」直譯意為修士山，因自十二世紀起熙篤教派修士便在此地種植葡萄釀酒。

酒莊三分之一的產量提供給法國高級餐廳與葡萄酒專賣店，另三分之二出口各國，美國為最大市場，加拿大緊追其後。雖然善釀名聲在外，酒質無庸置疑，但在亞洲市場的推廣不甚順遂：以韓國而言，近年來已換過三、四個代理商，銷售成

酒莊聯絡資訊

Web：https://domaine-ostertag.fr
Tel：03-88-85-51-34
Add：87 rue Finkwiller, 67680 Epfig

2019年份起，此莊知名的「Sylvaner Vieilles Vignes」酒款換新標。

績也始終不見太大起色。然而此莊對台灣的銷售狀況確實感到驚豔：台灣的代理商與其合作的前兩年，短短時間內已數次下單，足見本地市場對該莊酒款接受度相當高，況且以阿爾薩斯而言，此莊酒價屬於高端區塊。

復活之日

　　奧斯特塔克家族在萊茵河附近落戶已有長遠歷史，德文「Ostertag」有「復活節當日」之意，也因此其家徽以綿羊為標誌。但復活節與綿羊有何關係？筆者考究了一下，推斷原因應是：根據舊約聖經，上帝為考驗亞伯拉罕的忠心，命其殺獨子以薩當作祭品，亞伯拉罕雖感痛苦萬分，仍依願照上帝旨意殺子做獻禮，在其落刀之際，上帝派遣天使擋下，亞伯拉罕為謝上帝，便擊殺一隻羊角卡在樹幹動彈不得的公羊獻祭，於是用羊牲祭祀上帝就成為習俗。

　　此莊由安德烈的父親創於1966年，為釀酒第一代，初始只買了約3公頃的葡萄園。安德烈耳濡目染下，從小以釀酒為職志，在念完布根地伯恩市的葡萄種植與釀酒學校後回家接手酒莊，當年他只有二十歲；其父（當年四十七歲）在確認兒子決心後，給了安德烈釀酒窖的鑰匙，從此不再踏入酒窖一步，釀酒大責全權交給兒子，自己只負責葡萄園的管理與種植。目前擁園15公頃，分為八十小塊，散布在五個村莊，最主要的園區位於埃普菲克（最重要的特定葡萄園是含有許多石英砂的Fronholz）與Nothalten村，其他則零星分散在Itterswiller、Ribeauvillé與海拔高度500公尺的Albé（僅種植一小塊灰皮諾，用來混調「Pinot Gris Les Jardins」酒款，以增加酒的清鮮感）。

　　由於沒有悠遠的家族釀酒史，多年前首訪時安德烈說：「因此我沒有傳統包袱，歷史就由我來寫起」（Pas de tradition à porter, plustôt une histoire à ècrire）。一般的阿爾薩斯酒莊（其他產區也差不多）在世代傳承下，新一代接棒時都已四五十歲，既步入中年，守成為上，不敢實驗、無膽冒險，避免犯錯。安德烈接手釀酒時，以初生之犢不畏虎之姿，將在布根地學來的技術套用實驗，有錯則改，去蕪存菁，才有今日的釀酒大師美名。

揮別過去

安德烈父親經營時代所培養的老客戶自然支持原有釀酒風格，若一夕巨變幡然改動酒名與酒風，不但會招致抗議，還可能失去售酒收入。所以安德烈接手初期，採取新舊雙軌制：照賣父親舊有酒款同時，積極開拓新風格酒款的客源，同時將重心慢慢轉移至後者。當然，現在的系列酒款皆是多年轉型後，道道地地的「安德烈簽名作品」，酒風獨樹一格。

長江後浪推前浪，子輩更勝父輩，實屬正常。安德烈憶起剛接手的首年，父親會叮囑他：「當外頭下雨時，就進到酒窖工作」，安德烈會反駁父親：「不，該進酒窖工作時，就必定要待在酒窖幹活，不管外頭大晴天、颳大風或落大雨」。正是這些先進觀念與工作細節的執著，區分了「釀酒者」與「偉大釀酒師」。

左至右：「L'Exutoire SVV3」、「Grand Cru Muenchberg Riesling」、「Riesling Le Berceau」與「Fronholz Pinot Gris」。

圖為2012年份的「Fronholz Gewürztraminer」，其實是款晚摘甜酒，但因法規在2012年將晚摘甜酒應有的潛在酒精濃度提升為16%，而此酒剛好只達15.9%，故失去標上Vendanges Tardives的資格，但酒質絕對精彩。

安德烈在布根地學到兩樣東西：首先，老一代的阿爾薩斯釀酒人將酒的均衡建立在酸味與甜味之間，而他在布根地學到的觀念是當地人在脂潤感與礦物味之間求取均衡。第二，皮諾家族品種裡的白皮諾與灰皮諾不屬芳香品種，源自葡萄本身的香氣特色並不明顯，因此需要藉由在小橡木桶裡發酵與後續培養來達成香氣上的層次（傳統上，阿爾薩斯並不用小型橡木桶進行發酵與培養）。

以灰皮諾而言，奧斯特塔克採收時間也提早，以避免過熟與貴腐黴的影響；雖然許多阿爾薩斯頂尖灰皮諾白酒也都依賴以上兩點來釀成略有甜味、滋味複雜的灰皮諾，但這並非安德烈所追求的均衡模式。筆者首次品嘗到此莊的「Zellberg Pinot Gris」時，也對其特殊風格印象深刻：不以熟美酒香與滑潤酒體引人，該莊版本芬芳精巧，架構修長，相當與眾不同，也不像許多阿爾薩斯灰皮諾，一飲即可猜出品種。安德烈的詮釋更耐品啜也更耐人尋味。

酒莊灰皮諾與人不同，主要以源自布根地的釀技達成（在228公升小型橡木桶發酵與培養，1996年以前也進行攪桶手續）；其實所有皮諾家族品種都源自布根地，仿效其釀法也不算太奇怪。安德烈還指出，Joseph Drouhin酒莊早期的「Clos des Mouches」白酒，也混釀有少量的灰皮諾（在布根地被稱為Pinot Beurot）。依據現行法規，已經不能於布根地葡萄園裡再種植任何的灰皮諾。再往回溯，更早的布根地白酒裡，常將混種於園裡的夏多內、灰皮諾與阿里哥蝶（Aligoté）一起採收，共同混釀。

除了白皮諾與灰皮諾，安德烈也曾以小橡木桶釀造與培養麗絲玲，如1988～2002年份的「Heissenberg Riesling」便如此釀造。後來因樹藤漸老、氣候暖化等因素，他不再認為小橡木桶有益於麗絲玲的

三串葡萄酒莊

培養，故自2003年份起又改回產區主流的以不鏽鋼槽釀造。

不夠典型

也因有別阿爾薩斯傳統釀法，致使風味迥異，被批評為「不夠典型」，使安德烈早期遇到不少麻煩：法定產區管理局根據以上因素，判定「1998 Zellberg Pinot Gris」不能在酒標上標出品種名；情急之下，他戲謔地命名此酒為「1998 Zellberg What's in a Bird」！另一次，他的「Muenchberg Grand Cru Pinot Gris」被剝奪特級園標示權，所以他只好以地籍編號，命此酒為「A360P Pinot Gris」。不過，如今的品鑑委員多是「鑑多試廣」、觀念開放的新世代，以上困擾已成過去式。然而，為紀念此自由釀酒的權力與抗爭，「A360P」字樣被保留：目前正式酒名為「Muenchberg Grand Cru A360P Pinot Gris」。

此莊葡萄均以手工採收、野生酵母發酵，在用氣墊式榨汁機壓榨時，將壓榨時程設為八至十二小時（一般商業大廠榨汁約二至三小時），借以較緩慢地壓榨提升果汁風味細膩度。安德烈希望釀出純淨與清透，要讓飲酒人喝出「透亮感」，自1997年便開始實施的生物動力法當然也有助攻。相信讀者可自此莊酒釀中嘗出純透真滋味。

酒莊目前由二十九歲的雅圖·奧斯特塔克掌管。

●○●●酒單與評分

1. 2018 Ostertag Pinot Blanc Les Jardins : 2$, 9.4/10, 2020-2030
2. 2019 Ostertag Fronholz Pinot Noir: 2$, 9.5/10, 2021-2035
3. 2012 Ostertag Fronholz Pinot Noir: 2$, 9/10, Now-2018
4. 2019 Ostertag Sylvaner Vieilles Vignes: 2$, 9.4/10, 2021-2030
5. 2013 Ostertag Sylvaner Vieilles Vignes: 1$, 9.1/10, Now-2021
6. 2013 Ostertag Fronholz Muscat: 2$, 9.6/10, Now-2024
7. 2012 Ostertag Fronholz Muscat: 2$, 9.4/10, Now-2023
8. 2019 Ostertag Fronholz Riesling: 3$, 9.65/10, 2020-2032
9. 2013 Ostertag Fronholz Riesling: 2$, 9.5/10, Now-2026
10. 2013 Ostertag Clos Mathis Riesling: 2$, 9.4/10, 2017-2028
11. 2012 Ostertag Heissenberg Riesling: 2$, 9.6/10, Now-2028
12. 2018 Ostertag GC Muenchberg Riesling: 4$, 9.85/10, 2020-2035
13. 2013 Ostertag GC Muenchberg Riesling: 4$, 9.8/10, Now-2030
14. 2012 Ostertag GC Muenchberg Riesling: 4$, 9.65/10, Now-2028
15. 2011 Ostertag GC Muenchberg Riesling V.T.: 4$, 9.65/10, Now-2028
16. 2012 Ostertag Zellberg Pinot Gris: 2$, 9.5/10, Now-2023
17. 2018 Ostertag Fronholz Pinot Gris: 3$, 9.7/10, Now-2032
18. 2012 Ostertag Fronholz Gewürztraminer: 3$, 9.5/10, Now-2030
19. 2017 Ostertag Fronholz Gewürztraminer V.T.: 4$, 9.8/10, Now-2040
20. 2011 Ostertag Fronholz Gewürztraminer V.T.: 3$, 9.55/10, Now-2030
21. 2018 Ostertag L'Exutoire SVV3: 2$, 9.7/10, Now-2030
22. 2018 Ostertag LD Pflanzer Riesling Le Berceau: 2$, 9.7/10, Now-2032

Domaine Rieffel

風味純淨細膩的自然派，尤其擅長氣泡酒與黑皮諾

上圖：這塊小「十字架」
（Kreuzel）葡萄園其實位
在特級園Zotzenberg裡頭，
能釀出細緻且具深度的黑皮
諾。

右圖：莊主盧卡斯·希費外
表粗獷，卻釀出非常細膩的
酒質。

酒莊聯絡資訊

Tel：03-88-08-95-48
Add：11 rue Principale, 67140
　　　Mittelbergheim

　　自然酒在近年蔚為風潮，但多數釀
得不甚好，甚至有缺失（比如揮發酸過
高），有些的確釀得能讓我看得上眼，但
尚不至於「擄獲本人芳心」。因為有些自
然酒萃取過度、過於粗獷，談不上細緻，
更談不上能自酒中傳達出風土的滋味。不
過至少自十六世紀起就在米特貝格翰酒村
（Mittelbergheim，下萊茵省）釀酒的希費
（Rieffel）家族是個例外，其版本的自然酒
通透天然，細緻脫俗也不過於粗獷，堪稱
自然酒裡的高雅者。為保有自然酒的清新
鮮美，此莊除氣泡酒外，都以旋蓋封瓶。

老窖裡蘊發的美味

　　米特貝格翰曾被選為法國「最美麗的酒村」，希費酒莊（Domaine André et Lucas Rieffel）就位於該村主要道路旁的古厝裡（屋宇與釀酒窖建於1581年），現任的莊主盧卡斯（Lucas，四十七歲）自1996年接手後，酒質逐年變得更加精準、更具深度，且自2002年開始實驗釀造自然酒，甚至帶起該村的自然酒釀造風潮，逐漸形成米特貝格翰村的自然酒四人幫（其他三位是Jean-Pierre Rietsch、Catherine Riss與André Kleinknecht）。

　　此莊的干白酒釀得極好，但最知名且最受歡迎的其實是氣泡酒與黑皮諾。在嘗過2017與2018年份的「Crémant Extra Brut」之後，不得不心悅誠服：酒質與價格會讓香檳區不少大廠或小莊感到汗顏，至於目前只釀大瓶裝的旗艦「2017 Crémant L'Emprise」，嘗後有如懶身在白雲躺椅上，美味到令人身心舒暢呀。喔，今年首次現身的粉紅氣泡酒「Mister Pink Crémant Rosé」，我倒是有幸嘗到一杯，心裡的OS：「怎麼那麼溫柔優雅又令人醉心呀，何時可再來一杯呢！」

　　自然派白酒不難找著，但是黑皮諾自然酒就不是那麼常見了（布根地更是罕見），此莊的「Pinot Noir Nature」（部分五十歲老藤）無添加二氧化硫、無過濾，風味淨顏，具有絕佳酸度與張力，不僅可

上圖：圖中的兩款酒「Kreuzel Pinot Noir」（前）與「Pinot Noir Nature」（後），都屬微量添加或完全沒添加二氧化硫的「自然派」葡萄酒。

下圖：這款「2018 Lâcher Prise」釀法很特殊：先將麗絲玲榨汁後，再將格烏茲塔明那葡萄整串下去泡皮十三天，屬於較為節制的「橘酒類型」，酒質有個性也不欠細膩。

口還具不錯的深度，最重要的是價格可親，小資族們也可以常常一親芳澤。品質再上一級的「Runz Pinot Noir」的葡萄園位於Zotzenberg特級園下方（部分五十歲老藤），酒的架構更穩健，還帶一絲白胡椒氣息。最頂尖的「Kreuzel Pinot Noir」釀自「小十字架」（Kreuzel）葡萄園，該園其實位於Zotzenberg特級園裡東邊坡段較陡峭處，且採取較高的種植密度（每公頃七千株）以提升葡萄品質，其酒質在渾圓之餘，還具清新芳雅的氣質，質地絲滑，在絕佳深度裡釋放出一絲野性與香料氣息，可說是自然派黑皮諾的上乘之作！

阿爾薩斯紅酒的逆襲

其實在三十年戰爭（1618～1648年）之前，阿爾薩斯主要釀的是紅酒，釀酒品種不只有黑皮諾，還包括聖羅宏（Saint Laurent）等紅酒品種（中世紀時期，地球溫度曾經一度相當溫暖）；戰後，路易十四為替戰死眾多人口的阿爾薩斯引入居民開墾，開放特優條件讓其他地方人士來此定居，其中多數來自瑞士與奧地利，而他們在原家鄉擅釀的是白酒，故而這也成為了後來阿爾薩斯葡萄酒「漂白」的幾個原因之一。之後在十九世紀末，德國自法國手中奪據了阿爾薩斯，德國人急需氣候較好的阿爾薩斯白酒用以混調德國白酒，也更進一步促進阿爾薩斯暫時離棄紅酒。

至於為何近年阿爾薩斯黑皮諾釀得愈來愈好，簡而言之，原因有四：一是氣候暖化；二是新一代酒農開始在最佳地塊或特級園裡種植黑皮諾（例如此莊在2005年於Kreuzel園區種植黑皮諾）；三是採用低產的無性繁殖系（Clone）或是在自家老園裡施行瑪撒拉選種；四是阿爾薩斯是全法國最廣泛施行有機農法與生物動力法的產區，土質好，果實自然就好，最終酒質自然不差。

要釀造合於邏輯與優質的自然酒，施行有機農法不可或缺（此莊於2012年獲得有機認證），甚至是生物動力法更佳（此莊正朝生物動力法邁進）。希費共有10公頃葡萄園，其中三分之一的產量是氣泡酒（平均年產量一萬五千至兩萬瓶），三分之一的園區種植黑皮諾。由四人經營的該莊，其中兩名全職人員僅負責葡萄園，眾家都朗朗上口的「葡萄酒的品質源自於葡萄園中」在此顯露無遺。此外，手工採收時以30公斤小籃盛裝以保持果粒完整性。

酒莊的黑皮諾以全梗釀造以增加更多的複雜度（這或許也是應付氣候暖化的較佳釀法）。至於酒質培養容器：皮諾家族品種（包括白皮諾與灰皮諾）都在舊的小橡木桶培養；阿爾薩斯氣泡酒的基酒不是在大木槽（槽齡五十至八十年），就是在舊的小橡木桶培養；麗絲玲則部分在不鏽鋼槽、部分於橡木槽，甚至是舊的小橡木桶陳釀；可說新舊兼容，端看品種與地塊

而定。

師承奧斯特塔克

　　盧卡斯雖去上過「釀酒與種植高級技師」（BTS）文憑課程，但只上了一年就覺得太靜態、太無聊而休學。他認為以種植與釀酒而言，經驗才是最好的老師：他十六歲起就在奧斯特塔克酒莊（Domaine Ostertag）實習，跟該莊莊主安德烈・奧斯特塔克學到最多的是跳脫傳統的藝術酒標，以及以布根地手法培養的皮諾家族品種紅白酒。以「非自然派」或說「較為典型」類別的酒莊而言，盧卡斯最欣賞的就是奧斯特塔克的酒釀。對我而言，即便釀酒哲學稍有差異，然而在終極酒質上，兩莊其實共處於阿爾薩斯的最高水平！

該莊的釀酒窖建於1581年，此為酒窖入口處一角。

酒單與評分

1. 2019 Rieffel Pinot Noir Nature: 1$, 9.5/10, 2021-2030
2. 2019 Rieffel Runz Pinot Noir: 2$, 9.6/10, 2021-2032
3. 2019 Rieffel Kreuzel Pinot Noir: 2$, 9.7/10, 2021-2032
4. 2018 Rieffel Crémant d'Alsace Extra Brut: 1$, 9.6/10, Now-6 yrs after release
5. 2017 Rieffel Crémant d'Alsace Extra Brut: 1$, 9.5/10, Now-6 yrs after release
6. 2018 Rieffel Mister Pink Crémant Rosé Brut: 2$, 9.65/10, Now-8 yrs after release
7. 2018 Rieffel Numero 6 : 1$, 9.4/10, 2020-2030
8. 2018 Rieffel Pinot Blanc Granite : 1$, 9.6/10, 2020-2030
9. 2018 Rieffel Riesling Vieilles Vignes: 1$, 9.6/10, 2020-2030
10. 2019 Rieffel Rock Riesling: 2$, 9.7/10, 2021-2031
11. 2017 Rieffel Brandluft Riesling : 1$, 9.6/10, 2020-2030
12. 2018 Rieffel Pinot Gris La Petite Coline : 1$, 9.7/10, 2020-2030
13. 2018 Rieffel Lâcher Prise : 2$, 9.8/10, 2021-2032
14. 2019 Rieffel Grand Cru Zotzenberg Sylvaner: 2$, 9.9/10, 2021-2030
15. 2017 Rieffel Grand Cru Zotzenberg Riesling: 2$, 9.7/10, 2020-2030
16. 2017 Rieffel Grand Cru Wiebelsberg Riesling: 2$, 9.8/10, 2020-2030
17. 2017 Rieffel Gesetz Gewürztraminer: 1$, 9.7/10, 2020-2030
18. 2017 Rieffel Grand Cru Zotzenberg Gewürztraminer: 2$, 9.9/10, 2020-2030

優質氣泡酒是該酒莊拿手好戲，極為暢銷。

Domaine Rolly Gassmann

華麗繁複，如可飲的暖陽，貴腐譜成的動人詩歌

此莊新設的大落地窗環景品酒室，裡頭展示了該村的各種地質岩塊，還包括酒石酸片，這裡也可以買到不少老年份酒款。該莊美酒也是英國伊莉莎白女王的最愛之一。

酒莊聯絡資訊

Tel：03-89-73-63-28
Add：15 Grand Rue, 68590
　　　Rorschwihr

　　除非是阿爾薩斯葡萄酒資深愛好者，甚少人聽過霍許維爾（Rorschwihr）酒村，然而這裡卻藏有阿爾薩斯美酒的珍寶——何利嘉斯曼酒莊（Domaine Rolly Gassmann）。此莊由何利（Rolly）與嘉斯曼（Gassmann）兩家族在1967年聯姻後成立，但彼此都是代代相傳的傳統務實酒農世家，嘉斯曼的釀酒史起自1611年的霍許維爾，何利則源於1676年的鄰村侯德（Rodern）。何利嘉斯曼目前的莊主是四十七歲的皮耶·嘉斯曼（Pierre Gassmann），近年媒體對他有諸多報導，

但採訪主題主要環繞在他極具野心的酒莊新基地建設工程。

葡萄園裡的大教堂

此莊目前擁有55公頃葡萄園，為霍許維爾的大地主之一，世代父子傳承下來的釀酒哲學是：到了適飲階段才釋出葡萄酒。由於該莊葡萄酒多少含有貴腐葡萄，酒質成熟演化較慢，之前許多藏酒都儲在村裡的七處酒窖裡沉睡。2019年末，建於村莊上坡處的新酒莊終告完工，皮耶於是可將超過一百萬瓶的窖藏集中於一處繼續瓶中培養。之後經他品嘗，覺得「熟夠了」，才放上酒單（上市順序並不依照年份先後，而依酒質發展而定，採訪當時，部分1990年份甚至還未上市）。

新酒莊本體碩大，從遠處即可望見，因而被部分酒友暱稱為「葡萄園中的大教堂」（以對比史特拉斯堡大教堂），因順著山坡弧度而建，不至於影響景觀。當初的建地深28公尺（仍可見到葡萄樹的探根）、長125公尺、寬40公尺，共有六層（地下四層＋地上兩層）。莊內也設置有最新科技，讓釀酒事業能與環境為善、永續經營：回收葡萄酒發酵時產生的熱能，將其儲存於地下的三十幾個熱能儲存孔槽裡，以備運用（如用以驅動冬天的暖氣或夏天的冷氣）、大面積的銅質屋頂也利於回收雨水備用（但皮耶強調：與銅接觸的

皮耶‧嘉斯曼在幾百年的大酒槽前解釋，古時的教皇或領主會對酒農抽稅，經過專人品嘗後選定一槽或多槽成為抽稅標的，為避免轉運時被調包換成次級酒，會在木槽前的木窗裡放置裝瓶好的樣品酒後上鎖，酒槽送達目的地後，對方可以品嘗並對比窗內樣品與槽內的酒是否相同；若有作假，酒農的耕地會被沒收。

雨水不適合生物動力法配方500或501號使用，他建議使用花崗岩質水或雨水，也認為石灰岩質水同樣不適合）。

地上一層是筆者見過阿爾薩斯（甚至世界上）最美的品酒室：不像一些商業大廠或釀酒合作社，通常會在品酒空間堆滿酒瓶，甚至是當地美食特產，該莊的超大落地窗環景品酒室，由巨大木樑撐出寬闊怡人的品酒空間，以及霍許維爾村的二十一種土壤類型岩塊展示區；由於從第一紀到第四紀的地質都可在這裡找著，此

村可謂是全世界地質最複雜的酒村。其實偌大的所謂品酒室，根本就是活脫脫的「阿爾薩斯地質博物館」：館內可看到葡萄葉化石（源自上一個冰河期，即二十萬到八萬年前）。皮耶補充說當地可以找到史前時代的陶器裡存有葡萄遺跡，因此可以推斷在羅馬人來此之前，葡萄酒文化即已存在（法國其他地區的葡萄酒文化與葡萄樹則由羅馬人引進，並可在各區找到羅馬人釀酒的陶甕）。總之，對於獨立酒莊來說，這樣的巨大投資（約等於此莊十年的總銷售額）實在令人難以想像，因而部分媒體文章的標題就寫著：「嘉斯曼瘋了！」（La Folie Gassmann!）。

超越特級園的酒質

此莊擁有二十二名員工，葡萄園

飲上一口「Silberberg de Rorschwihr Riesling SGN」貴腐甜酒，就能讓凡身置身天堂境界。

分布在三個村莊（霍許維爾、侯德與Bergheim），光是在霍許維爾就有十二個特定葡萄園，且自四世紀起就享有名氣（其實目前阿爾薩斯的知名特級園都是在十世紀開始才有紀錄），且都分開釀造。雖然酒莊在2011年買了Altenberg de Bergheim特級園裡一塊0.35公頃的葡萄園，但此莊長久以來的高酒質乃建基於十二塊特定葡萄園。其實，在特級園首次於1975年開放申請時，該村酒農就一次幫這些特定葡萄園申請了十二個特級園資格，然而「法定產區管理局」覺得這樣的申請數量太誇張、太複雜，故想將十二個特定葡萄園統整成較大塊的兩個特級園，但該村酒農不同意如此含混亂來，所以寧可放棄申請資格，以致於此村目前尚無特級園。但在這些外界尚不熟悉的特定葡萄園裡確實能產出特級園水平的酒質（甚至超越許多酒莊的特級園酒款）。皮耶解釋：「其他酒村常常自失立場，接受風土與名稱的簡化，好成立化繁為簡、面積較大的特級園」。

此莊基本上實行有機與部分生物動力法（1997年起），也依循月亮節律進行農事，但並未尋求認證。其實皮耶僅添加少量二氧化硫（總二氧化硫含量：白酒 70～110毫克；紅酒40～80毫克，都低於有機酒的規定，尤其是白酒多數都帶不少殘糖，這樣的添加量其實不多），並無其他添加物，要將此莊視為「自然派葡萄酒」似乎也無不可（雖然他家的酒內嘗不到所謂的

「自然味」──常指過度氧化或蘋果酒的氣息）。此外，皮耶強調：「酒中風味的複雜度與完整度來自礦物質含量，不是酸度或甜度」。當然，優質的農法也有助於土壤「抓住」礦物質，也能讓酒中的礦物（鹽）味得以發揮。

葉子變黃才採收

此莊開採期較晚（通常別家酒莊要採釀成晚摘酒的葡萄時，該莊才開始一般酒款的採收），簡單地說：就像中世紀修士的作法一般，葡萄葉還綠時不採收，一直等到葉子轉黃才採收。然而，如果葡萄園裡被施予太多的化學肥料，未採收之前，葡萄葉會一直維持綠色。此莊的總採收天數約十四天，之後的搾汁時間也偏長：在八至十二小時之間。

該莊歷史悠久，除大木槽（圓槽年齡：三百至三百五十歲；橢圓槽齡：一百多歲）之外，也有不少不鏽鋼槽，何種酒在何種槽釀造與培養呢？皮耶解釋：「土壤升溫快的葡萄園（花崗岩、砂岩）在不鏽鋼槽，升溫慢的（偏寒的泥灰岩、黏土）則在大木槽內進行」。發酵時只用野生酵母，發酵時間很長（至少三個月：如發酵進程較快的Silberberg de Rorschwihr特定葡萄園，但其他地塊有時可長達八個月），槽中培養至少十一個月。

品嘗五十六款紅、白酒後，我發現他

皮耶‧嘉斯曼所收藏的1834年份阿爾薩斯白酒。

家的白酒有時會帶一絲單寧感，皮耶笑笑地招來：「因為我仍運用古老技巧：將剛採的葡萄放入採收籃鋪上一層，接著以木槌輕輕敲實，再鋪上一層剛採葡萄，再以木槌輕輕敲實，如此重複幾次直到填滿採收籃，接著在當晚一起搾汁」。以木槌敲實，可以讓微氧化資訊傳布到其他葡萄（含有部分貴腐葡萄），反而可遏止之後過度氧化，因此其酒款即使在幾十年後，依舊酒色金黃，美味不衰。他道：「這是十三世紀就流傳下來的技巧，既然好用，當然遵循，不過這技巧只適用於石灰岩土壤的葡萄」。

此莊酒款從初階到高階，款款優秀到超凡入聖，酒風華麗繁複，如可飲的暖陽，多少含有殘糖，但均衡感絕佳。這滋味主要來自貴腐葡萄加持，所有白酒都有

酒莊初階的歐歇瓦白酒裡便含有貴腐葡萄，酒價可親，酒質驚人。

貴腐葡萄摻入，甚至連最初階的「Sylvaner Réserve Millésime」都有20%的貴腐：好似貴腐葡萄不用錢似的，想加就加？其實該村的風土非常適合天然貴腐黴的生成：主要是泥灰岩質石灰岩與黏土質石灰岩土的霍許維爾土質較濕潤（石灰質土壤有助貴腐生成），再加上該村地理位置向平原開放，有風吹拂，且周遭有山屏障過多雲雨，又有充足陽光之故。此外，秋季早晨的霧氣雖有助貴腐生成，卻不一定是必要條件：花崗岩土壤＋早晨的霧氣＝少貴腐生成。

　　該莊所有酒款，本人一致推薦，尤其不要錯失來自幾個特定葡萄園的好酒，這裡簡單提及其中幾個園區的土質特性：Weingarten de Rorschwihr（葡萄酒花園）為崩積的魚卵石石灰岩與黏土質高的泥灰岩；Rotleibel de Rorschwihr（紅土）為棕色黏土質泥灰岩土壤與河泥；Moenchreben de Rorschwihr（修士的葡萄藤）為黏土質泥灰岩土壤與河泥，也摻有砂岩和石灰岩；Pflaenzerreben de Rorschwihr（葡萄株）為河泥與黏土質貝殼石灰岩土壤；Silberberg de Rorschwihr（銀山）則是矽石化的貝殼石灰岩土壤。以上幾園都有可能在將來成為一級園。

　　皮耶也是葡萄酒收藏家，私人收藏中最老的酒是1834年份的阿爾薩斯白酒（來自Geubwiller村的Schimberg特定葡萄園），他指出此乃阿爾薩斯偉大年份，然而此酒標的印刷品質與紙質於當時並不存在，即表示這酒曾在橡木槽中培養長達十五至二十五年之久後才裝瓶（長時間槽中培養在當時是常態）。他接著在酒窖中翻出一瓶1.5公升裝的「1982 Henri Jayer Cros Parantoux」，還說他小時就在Jayer的酒窖桶邊試飲，而後者則極愛阿爾薩斯的老年份麗絲玲與蜜思嘉。其實直到1989年，該莊都收購Jayer家的舊桶（如釀過Richebourg的桶）來培養自家的黑皮諾。此莊每年釀有四十款紅、白酒，其中黑皮諾占總產量10%（泡皮時間相當長：2003年甚至達五十四天，一般至少一個月），且整體酒質令人驚豔，愛酒人必嘗。

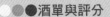●●●酒單與評分

1. 2017 Rolly Gassmann Sylvaner Réserve Millésime: 1$, 9.4/10, 2020-2032
2. 2011 Rolly Gassmann Weingarten de Rorschwihr Sylvaner: 2$, 9.6/10, Now-2030
3. 2007 Rolly Gassmann Weingarten de Rorschwihr Sylvaner: 2$, 9.6/10, Now-2030
4. 2018 Rolly Gassmann Terroirs des Châteaux Forts : 2$, 9.5/10, 2020-2033
5. 2015 Rolly Gassmann Terroirs des Châteaux Forts : 2$, 9.6/10, 2020-2032
6. 2003 Rolly Gassmann Pinot Blanc : 2$, 9.7/10, Now-2030
7. 2017 Rolly Gassmann Auxerrois: 1$, 9.6/10, 2020-2032
8. 2017 Rolly Gassmann Rotleibel de Rorschwihr Auxerrois: 1$, 9.7/10, 2020-2033
9. 2016 R. Gassmann Moenchreben de Rorschwihr Auxerrois: 1$, 9.5/10, 2019-2030
10. 2003 Rolly Gassmann Auxerrois de Rorschwihr : 2$, 9.7/10, Now-2030
11. 2016 Rolly Gassmann Riesling: 1$, 9.65/10, Now-2033
12. 2014 Rolly Gassmann Riesling Réserve Millésime: 2$, 9.7/10, Now-2032
13. 2011 Rolly Gassmann Riesling de Rorschwihr Cuvée Yves: 2$, 9.8/10, Now-2034
14. 2016 Rolly Gassmann Silberberg de Rorschwihr Riesling: 2$, 9.7/10, Now-2036
15. 2014 Rolly Gassmann Kappelweg de Rorschwihr Riesling: 2$, 9.8/10, Now-2035
16. 2011 R. Gassmann Pflaenzerreben de Rorschwihr Riesling: 3$, 9.9/10, 2020-2036
17. 2012 R. Gassmann Pflaenzerreben de Rorschwihr Riesling: 3$, 9.9/10, 2020-203
18. 2011 Rolly Gassmann Riesling VT: 3$, 9.9/10, Now-2040
19. 2010 R. Gassmann Riesling de Rorschwihr Cuvée Yves VT: 3$, 9.9/10, Now-2045
20. 2009 R. Gassmann Silberberg de Rorschwihr Riesling SGN: 3$, 9.95/10, Now-2055
21. 2010 Rolly Gassmann Riesling de Rorschwihr SGN: 5$, 9.99/10, Now-2060
22. 2015 R. Gassmann Silberberg de Rorschwihr Riesling SGN: 5$, 9.99/10, Now-2065
23. 2016 Rolly Gassmann Pinot Noir: 1$, 9.6/10, 2020-2030
24. 2016 Rolly Gassmann Pinot Noir de Rorschwihr: 2$, 9.65/10, 2020-2035
25. 2013 Rolly Gassmann Pinot Noir de Rodern: 2$, 9.7/10, 2021-2036
26. 2003 Rolly Gassmann Pinot Noir de Rorschwihr: 4$, 9.6/10, 2019-2030
27. 2009 Rolly Gassmann Pinot Noir Réserve Rolly Gassmann: 5$, 9.7/10, 2019-2035
28. 2012 R. G. PN de Rorschwihr Réserve R. Gassmann: 5$, 9.85/10, 2021-2037
29. 2014 Rolly Gassmann Muscat : 2$, 9.5/10, 2019-2030
30. 2017 R. Gassmann Moenchreben de Rorschwihr Muscat: 2$, 9.8/10, 2019-2033
31. 2015 Rolly Gassmann Muscat VT: 3$ 9.9/10, 2019-2035
32. 2003 R. G. Moenchreben de Rorschwihr Muscat VT: 5$, 9.9/10, 2019-2035
33. 2003 R. G. Moenchreben de Rorschwihr Muscat SGN: 5$, 9.9/10, 2019-2040
34. 2012 Rolly Gassmann Pinot Gris: 2$, 9.6/10, 2019-2032
35. 2011 R. Gassmann Rotleibel de Rorschwihr Pinot Gris: 2$, 9.6/10, 2019-2035
36. 2013 R. Gassmann Brandhurst de Bergheim Pinot Gris: 2$, 9.8/10, 2019-2036
37. 2013 R. Gassmann Pinot Gris Réserve Rolly Gassmann: 3$, 9.8/10, 2019-2038
38. 2007 R. Gassmann Pinot Gris Réserve Rolly Gassmann: 3$, 9.9/10, 2019-2038
39. 2011 R. Gassmann Pinot Gris VT: 3$, 9.9/10, 2019-2040
40. 2009 R. Gassmann Rotleibel de Rorschwihr Pinot Gris VT: 3$, 9.9/10, 2019-2040
41. 2000 R. Gassmann Pinot Gris de Rorschwihr VT: 3$, 9.9/10, 2019-2035
42. 1996 R. Gassmann Rotleibel de Rorschwihr Pinot Gris VT: 3$, 9.9/10, 2019-2036
43. 2003 Rolly Gassmann Pinot Gris SGN: 4$, 9.95/10, 2019-2040
44. 2003 Rolly Gassmann Pinot Gris de Rorschwihr SGN: 5$, 9.95/10, 2019-2043
45. 2015 R.G. Steinkesselreben de Rorschwihr Pinot Gris SGN: 5$, 9.99/10, 2020-2075
46. 2005 Rolly Gassmann Pinot Gris de Rorschwihr SGN: 5$, 9.9/10, 2019-2045
47. 2016 Rolly Gassmann Gewürztraminer: 2$, 9.8/10, 2020-2036
48. 2016 R. G. Oberer Weingarten de Rorschwihr Gewürz: 2$, 9.9/10, 2020-2040
49. 2015 R. G. Stegreben de Rorschwihr Gewurztraminer: 3$, 9.9/10, 2020-2040
50. 2012 R.G. GC Altenberg de Bergheim Gewürztraminer : 5$, 9.9/10, 2020-2042
51. 2015 R. Gassmann Gewürztraminer de Rorschwihr VT : 3$, 9.9/10, 2020-2042
52. 2008 R.G. Oberer Weingarten de Rorschwihr Gewürz VT: 4$, 9.9/10, 2019-2038
53. 2017 Rolly Gassmann Gewürztraminer SGN : 4$, 9.99/10, 2020-2057
54. 2007 R. Gassmann Haguenau de Bergheim Gewürz SGN : 4$, 9.9/10, Now-2047
55. 2011 R.G. Stegreben de Rorschwihr Cuvée Anne Marie Gewürz SGN : 5$, 9.99/10, Now-2070
56. 1994 R.G. Oberer Weingarten de Rorschwihr Gewürz SGN: 5$, 9.9/10, Now-2050

Domaine Schoenheitz

來自山區陡峭花崗岩的純淨風味，黑皮諾必嘗

上圖：此莊的特定葡萄園Herrenreben（貴族園之意）海拔相當高，介於500～550公尺，能釀出具有垂直身形的優良紅白酒。

下圖：此莊的少莊主阿迪安，軒海茲熱愛黑皮諾同時也能釀出絕佳黑皮諾。

酒莊聯絡資訊

Web：http://www.vins-schoenheitz.fr

Tel：03-89-71-03-96

Add：1 rue de Walbach, 68230 Wihr-au-Val

維歐瓦（Wihr-au-Val）酒村位在柯爾瑪市西南邊14公里處的芒斯特谷地裡，離經典的「葡萄酒之路」路線甚遠，且深入谷地山區，許多阿爾薩斯人甚至不知這裡尚存葡萄園，僅在前往芒斯特鎮觀光、購買同名起司時會驅車經過。維歐瓦的特定葡萄園Herrenreben（意為貴族園）為阿爾薩斯兩處海拔最高的葡萄園之一（高度500～550公尺；另一處是下萊茵省的Albé村的葡萄園），釀有仍舊不太為國際愛酒人士熟知的精彩黑皮諾；事實上，貴族園自中世紀起就以釀造黑皮諾聞名。

軒海茲酒莊（Domaine Schoenheitz）的同名家族是維歐瓦最老的釀酒世家，在法國大革命後的1812年自奧地利移民至此村，並開始釀酒。此村在二十世紀初有120公頃葡萄園，二戰時葡萄園被嚴重摧毀（離戰線僅有幾公里），戰時整村幾乎完全被炸毀，葡萄園只剩30公頃；戰後的年輕人多跑到工廠謀生，多數葡萄園被荒廢；到了1970年代全村僅剩寥寥可數的15公頃園區。此時的老亨利（Henri Schoenheitz）開始重新開墾葡萄園，後在1980年代傳給同名的兒子小亨利與妻子多明妮克（Dominique，夫妻倆是在布根地攻

讀釀酒時認識，他們也是阿爾薩斯酒農前往布根地進修的第一代），酒莊也在此時期正式裝瓶對外銷售，幾年前傳給兒子阿迪安（Adrien Schoenheitz）掌理。

阿迪安年紀輕輕，約三十歲，但對於葡萄酒的認識相當深入，他原來念的是歷史，後來轉攻釀酒與葡萄樹種植，也曾在教皇新堡、布根地、澳洲（Torbreck酒莊）與紐西蘭實習釀酒過。他表示酒莊目前擁有17公頃葡萄園（整體均為花崗岩土質，其中14公頃位於陡坡上，最陡處可達60度），基本上採有機農法（2013年起停用除草劑，且在葡萄園裡每隔一行便種植綠肥，除改善土質也防坡地土質流失），但尚未申請認證。目前酒莊擁有「環境高價值標章」（Haute Valeur Environnementale，HVE）第三級（最高級），下一步便是邁向有機認證。

此莊只以手工採收（可在初期就降低二氧化硫用量），且因釀酒廠房位在山坡處，所以榨汁以及隨後的釀造手續都採重力傳送，不以幫浦抽送。除非情況不允許，通常僅以野生酵母發酵。白酒絕大部分以不鏽鋼槽釀造（不鏽鋼槽可以保留花崗岩地塊給予的純淨直爽風味），黑皮諾則同布根地以小橡木桶培養（新桶比例很低），木桶來自布根地兩家桶廠。

以阿爾薩斯而言，此莊釀有高比例的黑皮諾（種植面積占18%），僅排在麗絲玲之後，且釀得極好：其黑皮諾就似礦物

左至右：「2014 Tokade」白酒（灰皮諾，小桶培養，僅釀兩桶）、「2016 Audace」白酒（麗絲玲，小桶培養，僅釀兩桶）、「2017 Herrenreben Pinot Noir」。

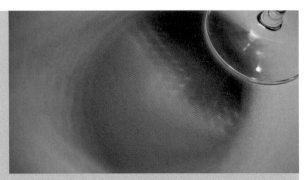

此莊高階黑皮諾可以與布根地最佳紅酒相抗衡。

●●●酒單與評分

1. 2019 Schoenheitz Pinot Noir: 1$, 9.45/10, 2022-2032
2. 2018 Schoenheitz Pinot Noir: 1$, 9.45/10, 2021-2030
3. 2018 Schoenheitz Saint Grégoire Pinot Noir: 2$, 9.6/10, 2020-2036
4. 2017 Schoenheitz Saint Grégoire Pinot Noir: 2$, 9.5/10, 2020-2035
5. 2017 Schoenheitz Herrenreben Pinot Noir: 2$, 9.7/10, 2021-2036
6. 2018 Schoenheitz Herrenreben Pinot Noir: 2$, 9.7/10, 2022-2038
7. 2017 Schoenheitz Linsenberg Pinot Noir: 2$, 9.9/10, 2021-2038
8. NV Schoenheitz Crémant Brut: 1$, 9/10, 5 Yrs after release
9. NV Schoenheitz Crémant Mémoire de Granit : 1$, 9.3/10, 10 Yrs after release
10. 2016 Schoenheitz Muscat: 1$, 9.3/10, 2019-2028
11. 2018 Schoenheitz Alasce Sec: 1$, 9.4/10, Now-2028
12. 2018 Schoenheitz Val Saint Grégoire Pinot Blanc: 1$, 9.5/10, Now-2028
13. 2016 Schoenheitz Linsenberg Riesling : 2$, 9.65/10, Now-2030
14. 2016 Schoenheitz Herrenreben Riesling : 2$, 9.7/10, Now-2032
15. 2016 Schoenheitz Audace: 2$, 9.7/10, Now-2034
16. 2017 Schoenheitz Audace: 2$, 9.8/10, Now-2035
17. 2014 Schoenheitz Tokade: 2$, 9.7/10, Now-2030
18. 2016 Schoenheitz Val Saint Grégoire Pinot Gris: 2$, 9.6/10, 2032
19. 2016 Schoenheitz Holder Pinot Gris: 2$, 9.7/10, 2019-2032
20. 2015 Schoenheitz Linsenberg Gewürztraminer: 2$, 9.6/10, 2019-2035
21. 2016 Schoenheitz Holder Gewürztraminer : 2$, 9.8/10, 2020-2036
22. 2015 Schoenheitz Holder Gewürztraminer : 2$, 9.8/10, 2019-2035
23. 2015 Schoenheitz Herrenreben Riesling VT : 2$, 9.8/10, 2019-2040
24. 2013 Schoenheitz Herrenreben Riesling SGN : 3$, 9.95/10, 2019-2045

質風味十足、具垂直感且背景帶些白胡椒氣息的濃郁版香波—蜜思妮，又或是風味較輕一些的北隆河希哈（指其高階黑皮諾）。阿迪安補充：釀自花崗岩或火山岩的黑皮諾，常帶一絲白胡椒氣息。另，其黑皮諾的二氧化硫含量都相當低，接近自然酒範疇。

該村並無特級園，但有三塊優秀的特定葡萄園（將來有機會成為一級園），除Herrenreben外，另兩塊是Linsenberg（意指綠扁豆山，將來可能被升級為一級園）與Holder（意指接骨木）；其中Linsenberg的花崗岩為該村特有：由於形成溫度較低（比Herrenreben與Schlossberg特級園低），故質地細而堅硬，不易風化，所釀的酒常具有迷人熟果香、質地飽滿細膩。

限於篇幅，無法每款酒詳細介紹，但筆者還是要提一下小批次的特殊酒款——「Audace」（勇氣）：阿迪安選擇當年份酒質較強勁的麗絲玲後（來自Linsenberg或Herrenreben），將其放入洋槐與橡樹材質的木桶釀造與培養，此因兩樹種所釋放的單寧極少，比橡木更適合培養麗絲，酒質也可資証明（口感圓潤精緻＋鮮明礦物鹽風味）。橡樹桶顏色偏深，可讓酒質變得更圓潤，阿迪安的木桶來自德國（德國人仍舊喜歡在橡樹桶裡培養生命之水）。其實橡樹桶曾是（二十世紀之前）隆河的釀造傳統，但現已式微棄用。

Domaine Sylvie Spielmann

白酒細膩婉約中帶有可以咀嚼的柔勁，近年橘酒也釀得相當好

城牆圍繞的貝格翰酒村（Bergheim）位於距離柯爾瑪市北方二十分鐘車程，小村內的古式阿爾薩斯房舍建築樣貌維持良好，漫步其中，仍能感受到中世紀的氛圍（尤其是旅遊淡季）；村內的侍酒師小酒館（Wistub du Sommelier）酒單豐富，食物美味，建議讀者一訪。該村村界內有兩家菁英酒莊（都在城牆之外）：一家是具有國際高知名度的Domaine Marcel Deiss，另一家則是多數酒友尚不熟悉的希樂薇·史皮爾曼酒莊（Domaine Sylvie Spielmann），兩莊酒釀的風格不同，但皆屬阿爾薩斯最佳釀酒典範。兩者差別在於希樂薇·史皮爾曼規模小很多，葡萄酒也極少出口，屬於懂行的資深酒友口耳相傳的好貨。不過，巴黎的優秀酒專與餐廳倒是常將此莊美酒列於酒單之上。

上圖：此莊的石膏土質之中常常雜有美麗的紫色螢石（圖中的紫色立方體結晶）。

左圖：筆者採訪之際，因法國封城導致中午無法在外用餐，女莊主希樂薇幫我準備「1987 Grand Cru Kantzlerberg Riesling」當作我自帶三明治的飲料！

獨特的石膏風土

莊主是希樂薇（Sylvie，五十五歲），其先祖在十八世紀時以挖掘石膏原礦並加工製成石膏板為業，葡萄酒僅少量釀來自用。她一邊解釋酒莊歷史，一邊展示一張攝於1969年的地下礦坑黑白照（照片上被

酒莊聯絡資訊

Web：https://sylviespielmann.com

Tel：03-89-73-35-95

Add：2, route de Thannenkirch, 68750 BERGHEIM

揣在懷裡的女嬰就是希樂薇）。自1969年起，挖礦製膏難以維生，所以轉型成石膏買賣業，直到後來完全停止（目前仍有幾位家族親戚從事石膏買賣）。

希樂薇的祖父一直都有些葡萄園，早期釀酒自飲，但自1958年起祖父便開始裝瓶銷售。由於多數的阿爾薩斯小農都自1970年代起才開始裝瓶，所以此莊算是開創小莊自行裝瓶的先行者之一。因而有幾年時間，葡萄酒釀造與石膏業並存了一段期間。之後，希樂薇的母親正式接下酒莊的種植釀造與營運（她父親當時主要忙於小型酒商事業），後在1988年由希樂薇接手，她算是正式建莊的第三代。該莊的9公頃葡萄園之中的7公頃都環繞在酒廠周圍，有些就直接種植在石膏地下礦場之上，因此酒莊的多數葡萄園土壤都含石膏質。

希樂薇年輕時曾在香檳區就讀「種植與釀造高級技師文憑」（BTS Viti-Oeno），隨後去了加州與澳洲採收與實習釀酒，她的海外學習心得是：千萬不要像他們一樣，釀酒時加東添西，完全技師本位。酒莊在1999年起施行有機與生物動力法（部分是受到第一批在布根地施行生物動力法的酒農丈夫尚克勞德‧哈托（Jean-Claude Rateau）的影響；哈托的酒非常物超所值），後來因為她覺得行政手續太繁雜，直到前幾年才正式申請認證（2020年是正式獲得認證的首年份）。

自石膏中生出的優雅

此莊絕大多數葡萄園都位於石膏質泥灰岩土壤之上（包括特級園Kanzlerberg：

該酒莊酒款眾多，希樂薇很大方，開起酒來毫不手軟。

「GypsE Terroir Unique」以混種在石膏礦坑上方的四種皮諾混釀而成，風格獨特，飽滿具香料調。

阿爾薩斯面積最小的特級園），其特性是葡萄成熟較緩，酒質儲存潛力極佳（小缺點是酒質在年輕時顯得封閉），品酒人可在舌上與頰間感受到優雅細美的酸度，且帶有鮮明礦物質風味。此外，石膏的主要成分是硫酸鈣，也因此這裡的土質含鈣量高，整體屬於較厚重的鹼性土壤（鹼性土質有助葡萄保有更好的酸度，尤其我們正處世界暖化威脅之際）。

該莊的石膏土質之中常常雜有美麗的紫色螢石（fluorine）與白色重晶石（barytine）結晶，它們都屬於半寶石。希樂薇認為這些礦物替葡萄園帶來特殊能量。除了此地（貝格翰村西邊），阿爾薩斯甚少有葡萄園裡含有石膏質（少數例外是Schoenenbourg特級園東端一小部分區塊，以及位於Turckheim村1.3公頃的Clos

Jebsal也含有一些）。

此莊釀酒多樣化，包括紅酒、白酒、橘酒與氣泡酒，且各範疇都有優秀表現，然而最精彩的仍在經典的白酒。希樂薇的白酒有時會有很輕微但具架構建設性的微微單寧感，這與培養容器無關，而與她所使用的舊式水平柵欄式榨汁機（Pressvaslin）有關：榨汁時不像氣墊式壓榨機那般輕柔，且壓榨時間較長一些，因此有時會賦予一絲若有似無的單寧感。因而該莊白酒在細膩溫柔的同時，也常在尾段具有幾可咀嚼的質地與內涵（與長期酒渣培養也有關）。

初階的「Sylvaner」與「Pinot Blanc Réserve」已具有令人刮目相看的表現：深度與架構皆佳（與一般商業酒廠釀成的清淡中性風味不同）。來自兩個特定

葡萄園的麗絲玲各有千秋：「Engelgarten Riesling」酒質較早熟，酒風較輕盈優雅，滋味主要發生在入口的前、中段；「Grasberg Riesling」園區就在Altenberg de Bergheim特級園之上，海拔330公尺，常以優美酸度而建構出修長架構，陳放幾年後，以白柚滋味誘人。特級園「Kanzlerberg Riesling」口感精緻柔美，稠滑脂潤（乾性），極為誘人。來自Kanzlerberg與Altenberg de Bergheim兩特級園的格烏茲塔明那白酒在瓶陳十年後的滋味，凡人無法擋！

此莊有款酒就叫「GypsE Terroir Unique」，意為「石膏：獨特風土」：以種在石膏礦坑上的四種皮諾（黑皮諾、灰皮諾、白皮諾、歐歇瓦）混種混釀而成，常因黑皮諾與灰皮諾而讓酒色呈現或深或淺的美麗橘紅色，均衡飽滿，很適合搭配香料較重的料理，風格獨特，建議必嘗！希樂薇的紅酒也釀得不錯，在較熱的年份會推出以縮乾黑皮諾（有時混有部分貴腐葡萄）釀成的甜味白酒（其實酒色偏橘紅）「L'Or Rouge」（紅金），酒中散發的草莓果醬、甘草與蕈菇氣息，煞是誘人！

Altenberg de Bergheim特級園位於中世紀村落貝格翰的北邊，園中生出許多生機盎然的圓齒野芝麻（*Lamium purpureum*）。

●●●酒單與評分

1. 2014 S. Spielmann Crémant d'Alsace Brut Nature: 2$, 9.75/10, Now-2030
2. 2018 S. Spielmann Pinot Noir Les Vendanges de l'Amour: 2$, 9.5/10, 2023-2035
3. 2019 S. Spielmann Sylvaner: 1$, 9.6/10, 2021-2032
4. 2018 S. Spielmann Riesling Réserve V.V.: 2$, 9.7/10, 2021-2032
5. 2018 S. Spielmann Engelgarten Riesling: 2$, 9.7/10, 2021-2035
6. 2014 S. Spielmann Grasberg Riesling: 2$, 9.7/10, 2021-2035
7. 2016 S. Spielmann GC Kanzlerberg Riesling: 2$, 9.85/10, 2021-2038
8. 2015 S. Spielmann GC Kanzlerberg Riesling: 2$, 9.9/10, 2021-2038
9. 2013 S. Spielmann GC Kanzlerberg Riesling: 2$, 9.5/10, 2020-2035
10. 1987 S. Spielmann GC Kanzlerberg Riesling: 2$, 9.6/10, Now-2025
11. 2018 S. Spielmann Pinot Blanc Réserve: 1$, 9.65/10, 2021-2032
12. 2017 S. Spielmann Pinot Gris Réserve V.V.: 2$, 9.7/10, 2021-2037
13. 2011 S. Spielmann Blosenberg Pinot Gris: 2$, 9.85/10, Now-2032
14. 2018 S. Spielmann Blosenberg Pinot Gris: 2$, 9.95/10, Now-2032
15. 2018 S. Spielmann GypsE Terroir Unique: 2$, 9.65/10, 2022-2036
16. 2014 S. Spielmann Blosenberg Gewürztraminer: 2$, 9.65/10, Now-2030
17. 2019 S. Spielmann Muscat La Ménade Orange: 2$, 9.5/10, 2022-2030
18. 2018 S. Spielmann E'Pices & Love (Vin orange): 2$, 9.7/10, 2021-2035
19. 2012 S. Spielmann GC Kanzlerberg Gewürztraminer: 2$, 9.95/10, Now-2040
20. 1996 S. Spielmann GC Kanzlerberg Gewürztraminer: 2$, 9.8/10, Now-2030
21. 2010 S. S. GC Altenberg de Bergheim Gewürztraminer: 2$, 9.95/10, Now-2040
22. 2018 S. Spielmann L'Or Rouge: 3$, 9.65/10, 2022-2040

Domaine Valentin Zusslin

熟美細緻、均衡通透、極具深度

位於柯爾瑪市西南邊半小時車程的歐許威爾酒村（Orschwihr）近年來誕生了一顆閃耀新星——瓦倫坦宙斯朗酒莊（Domaine Valentin Zusslin），在園裡以生物動力法照護，酒窖裡以一絲不苟的態度釀酒培酒，展現貼近風土的絕妙酒質，足和幾家成名已久的前輩酒莊相提並論，並駕齊驅。根源自瑞士宙斯朗（Zusslin）家族的釀酒史其實可遠溯至1691年，目前由傳至第十三代的姐弟檔共同經營，他們是姊姊瑪麗（Marie，四十二歲，負責銷售）與弟弟尚保羅（Jean-Paul，三十九歲，負責園區管理與釀酒），兩人自2008年正式掌莊後，酒質愈發精深美味，令人一試愛上。

此莊在1997年便以生物動力法耕作，目前擁園16公頃，年均產量約九萬瓶。酒莊有十位工作人員，相對於所耕種的面積，比多數酒莊用上更多人力，釀酒成本也隨之上升，此因該莊幾乎所有農事都以手工完成，也以馬匹協助翻土。以生物動力法所使用的配方與堆肥而言，規模較大的酒莊會直接向布根地或柯爾瑪的生產者購買，但尚保羅則是聯合附近志同道合的酒農與農場共同製作，如此更能將此農法的宇宙哲學觀及效用發揮至最大，當然這

上圖：壁畫描繪酒莊四代傳承的釀酒人，最左邊是目前的莊主尚保羅·宙斯朗（Jean-Paul Zusslin）。
下圖：莊主在Bollenberg葡萄園裡，旁邊種植的是格烏茲塔明那。

酒莊聯絡資訊
Web：https://www.zusslin.com
Tel：03-89-76-82-84
Add：57 Grande Rue, 68500 Orschwihr

需要他付出額外的時間與勞力。

莊內有個銅質蒸餾器，除用來蒸餾水果白蘭地，也以之浸泡生物動力法的植物療飲（Tisane）或用來煮治煎劑（Décoction）。各種植物療飲的浸泡（一如泡茶）溫度都不一樣：蕁麻療飲是攝氏100度的沸水，西洋菁草、洋甘菊與浦公英為80度，但柳枝療飲只用攝氏70度的溫熱水，這是因為其中的有效成分「水楊酸」會因過熱而喪失。煎劑的部分，尚保羅使用了生物動力法未討論到的瀉鼠李（Frangula alnus），以它富含單寧的樹皮進行四十分鐘的煎煮，之後可將之灑在葡萄樹上，可增強葉子的表皮層結構，使之不易受到霜黴病侵擾。瀉鼠李也是蜜源植物，根據《品蜜》一書的品蜜筆記：其蜜味帶紅茶與肉桂氣韻。

每年六月底，葡萄樹藤開始往上抽長，如果不整理，則園區的行列將被茂密的枝葉填滿，一般慣行作法就是用機器將

該莊獨占園酒款「Clos Liebenberg Riesling」，酒質精彩，物超所值。

頂枝和頂芽修短，但一如其他頂尖酒莊（通常是生物動力法信徒），尚保羅並不修短頂芽，而是以手工將其捲縛在整枝的鐵線上：因為愈剪長愈快（就似愛修腿毛女孩的困境？）反而讓其自然長到一定程度，便會自然停止抽芽與生長，此時樹株會開始集中精力使果串成熟。這樣的樹冠管理方式所產出的酒，不僅成熟度佳（同一時期的果實多酚成熟度會比慣行農法好），酒中的酒石酸含量也較高，會形成更好的平衡感。尚保羅也覺得不應過分剪除葡萄葉，因為受陽光直射的葡萄串，其內含酸度會快速降低。

2014年，鈴木氏果蠅（Drosophila suzukii）大舉入侵阿爾薩斯，對正處成熟階段的葡萄鑽洞產卵，造成葡萄氧化與酸化，以至於發黴。此莊目前以研磨至極細的干貝殼粉，灑在果串與葡萄葉上，造成果蠅不適而離開以保護收成。此種果蠅偏愛顏色較深的品種，如格烏茲塔明那、灰皮諾與黑皮諾。這種環保的防治手段與觀念還延伸至更多的作法：尚保羅在多個葡萄園裡繫上一百五十個陶製鳥巢，除保育當地鳥類，也藉之達到生物防治效果。其養蜂友人甚至在Clos Liebenberg園裡放置約三十個蜂箱，以收取一旁森林裡的蜜源植物蜂蜜（栗樹為主）。不過，釀酒葡萄本身只有微量花粉可供蜜蜂採集，並無花蜜可採（歐洲釀酒葡萄所開的花為「風媒花」，不是「蟲媒花」）。

三串葡萄酒莊

酒莊的各品種、各類型（干、甜、氣泡酒）都釀得非常好，甚至極好。整體可辨的風格是熟美（但酒精度不特高）、質地細緻、均衡通透、極具深度，且品種特色不是一聞一試即中，以反應風土特色見長。以品種來論，表現最優異的還是麗絲玲，頂尖的特級園Pfingstberg Riesling當然必嘗，而該莊獨占園Clos Liebenberg Riesling（Liebenberg意為「愛之丘」，將來可望列為一級園）更是物超所值，錯過可惜。不能不提曾被法國葡萄酒雜誌選為法國最佳氣泡酒的「Crémant Terroir Clos Liebenberg」，除酒質可勝過多數香檳，不額外添加二氧化硫的「自然氣泡酒」仍屬罕見（特別是高酒質的表現）。

該莊也是釀造黑皮諾的能手，其實筆者首識該莊酒款就是黑皮諾。他家的黑皮諾早期引進的是源自布根地的Pommard「Clos des Epenots」的瑪撒拉選種，之後自家再於其中精選出果粒更小的植株，而成為後來的種植主力。此莊幾款黑皮諾都釀自特定葡萄園Bollenberg，此園位於Rouffach村西南邊，狀似一獨立的島丘，氣候乾熱近似地中海氣候，上頭有不少罕見或是當地種的生物，如黃巫鳥、當地野種蘭花（Ophrys）和當地種石竹，為黏土質石灰岩土壤，偏紅含有鐵質，正適合黑皮諾的釀造。筆者非常喜愛優雅芳馥的「Pinot Noir Ophrys」，而最頂尖的旗艦款則是濃縮、架構扎實的「Pinot Noir Harmonie」。

經由養蜂友人之助，此莊在Clos Liebenberg園裡放置約三十個蜂箱，以收取一旁森林裡的蜜源植物蜂蜜。對面遠處山坡是Zinnkoepflé特級園。

●●●酒單與評分

1. 2012 Valentin Zusslin Crémant Terroir Clos Liebenberg: 3$, 9.6/10, 2018-2025
2. 2014 Valentin Zusslin Bollenberg Sylvaner: 2$, 9.5/10, 2018-2030
3. 2016 Valentin Zusslin Orshwihr Riesling: 2$, 9.45/10, 2018-2030
4. 2014 Valentin Zusslin Neuberg Riesling: 2$, 9.6/10, 2018-2030
5. 2014 Valentin Zusslin Clos Liebenberg Riesling: 3$, 9.6/10, 2018-2030
6. 2013 Valentin Zusslin Clos Liebenberg Riesling: 3$, 9.65/10, 2019-2030
7. 2015 Valentin Zusslin GC Pfingstberg Riesling: 3$, 9.9/10, 2018-2035
8. 2014 Valentin Zusslin GC Pfingstberg Riesling: 3$, 9.8/10, 2018-2032
9. 2012 Valentin Zusslin GC Pfingstberg Riesling: 3$, 9.7/10, 2019-2032
10. 2015 Valentin Zusslin Bollenberg Pinot Gris: 2$, 9.6/10, 2018-2035
11. 2016 Valentin Zusslin Bollenberg Gewürztraminer: 2$, 9.5/10, 2018-2030
12. 2013 V. Zusslin Bollenberg La Chapelle Gewürztraminer: 2$, 9.6/10, 2018-2032
13. 2014 Valentin Zusslin Bollenberg Gewürztraminer VT: 3$, 9.8/10, 2018-2036
14. 2014 Valentin Zusslin Bollenberg Pinot Noir: 2$, 9.3/10, 2018-2028
15. 2016 Valentin Zusslin Pinot Noir Ophrys: 2$, 9.5/10, 2019-2030
16. 2011 Valentin Zusslin Bollenberg Harmonie Pinot Noir: 3$, 9.6/10, 2019-2030

Domaine Weinbach

圓潤婉約，精緻之大成

上圖：Schlossberg特級園以風化的花崗岩土壤為主，此為西半段，左邊是Château de Kayserberg城堡。

下圖：右邊是現任女莊主卡特琳‧法勒（Catherine Faller），左邊是她的大兒子Eddy Leiber-Faller。

酒莊聯絡資訊

Web：http://www.domaineweinbach.com

Tel：03-89-47-13-21

Add：25 Route du Vin, 68240 Kientzheim

溫巴赫酒莊（Domaine Weinbach）的酒質大約是阿爾薩斯酒莊最為細膩柔情者，此莊在1612年即由卡布桑修道院（Couvent des Capucins）的修士建立，酒莊建物本身即為舊時修院，因莊前有條秀美小溪潺潺流過，故命莊名為「Weinbach」（阿爾薩斯方言裡的「葡萄酒溪」之意）。1898年，法勒兩兄弟購下酒莊，後傳予姪子提歐‧法勒（Théo Faller），及至1979年提歐‧法勒逝世，莊務便留給其未亡人——珂列特（Colette Faller）以及兩個女兒卡特琳（Catherine）與羅紅絲（Laurence）接手。

然而，當年「三女當家」的美談，已因珂列特與羅紅絲分別在2015與2014年相繼去世而落幕。自2016年起，該莊由大女兒卡特琳接手，她的兩個兒子也投入經營團隊：原從事銀行業的大兒子艾迪（Eddy）接手銷售與行銷，小兒子提歐（Théo，與祖父同名）則負責管理葡萄園，實際釀務由曾經在羅紅絲麾下工作長達十年之久的酒窖總管貝提歐（Ghislain Berthiot）接續主導，不過其實法勒全家也都參與其中。

由於此莊酒質的顯著提升是在羅紅絲

手中發生與奠定，故雖伊人已遠，在此還是必須記述其生平與釀酒哲學。金髮的羅紅絲曾在法國南部大城土魯斯研讀化學工程，之後再進修釀酒學，她雖然身形高大，話語卻溫柔語調極緩，聽其言，一如悠坐葡萄酒溪旁半晌，以水激耳而神清氣爽。她毅然在1998年實驗生物動力法，並在2005年全面付諸施行，將酒質提升至更高層次。

羅紅絲當年受訪時表示生物動力法依曆法而行，其實也不過是祖宗八代前的古老智慧，老奶奶園圃種菜也是依循這一套順天應時的規則。例如，她會在5月至7月間，泡製植物療飲（Tisane）澆灑在葡萄園：比如「蕁麻植物飲」可抗粉孢菌，「木賊植物飲」可擋霜黴病，如此便不須噴灑化學藥劑以抗病黴蟲害。也不使用除草劑，以機械或人工翻土；無化肥，只用動植物的混合天然肥料。

冬季時，她會以牛糞和牛角製作「配方500號」，以增進土壤中動植物生態系之和諧發展，進而幫助葡萄根易於深紮入土，以增進葡萄樹體質，進而將風土轉譯至酒中。生物動力法真可大幅提高酒質？羅紅絲表示，目前雖缺乏科學上千錘百鍊的實驗統計證據，然而成功個例一多，其冥冥中的功效已足以說服她。

以熱斃法國千人之譜的2003年份來說，這五十年僅見的熱浪大旱使得葡萄過熟，許多酒莊的酒欠缺酸度與骨幹，致使口感軟疲。羅紅絲致力於生物動力法之故，葡萄紮根深，可自行吸取地下之稀有水分，較為耐旱，以其果實釀製的葡萄酒也似有自主的生命，會自然找到應有的均衡感。酒質均衡了，其細節自然顯現。

名園卡布桑

此莊位於凱塞斯堡（Kayserberg）與基安寨（Kientzheim）兩個酒村中間，在行政劃分上屬於後者。圍繞酒莊四周，有石牆圍繞的便是5公頃大的名園卡布桑克羅園（Clos des Capucins）：此園因位處山腳平地，故當時未被列入特級園，不過該園受到周遭山脈屏障，加上砂質河泥土壤下有許多礫石與花崗岩石塊，故而排水不差，土壤升溫也快，葡萄因此能獲得良好成熟度，酒質也足證當初修士選址正確。自卡

釀自Schlossberg特級園三傑，左至右：「Schlossberg Riesling」、「Schlossberg Riesling Cuvée Ste Catherine」與「Schlossberg Riesling l'Inedit」。

該莊的釀酒窖，最老的木造酒槽年齡超過一百歲。

布桑克羅園北望，可遠眺位於山坡頂端與半山腰上，該莊最出色的幾個特級園，包括以出產具優雅花香的麗絲玲而聞名的城堡山特級園（Grand Cru Schlossberg），以及適合種植格烏茲塔明那的富斯東頓特級園（Grand Cru Furstentum）。

酒莊在富斯東頓特級園右邊不遠的曼堡特級園（Grand Cru Mambourg）裡，雖同樣種有格烏茲塔明那，但通常釀成晚摘帶甜版本。在曼堡特級園接鄰的東邊和北邊的是馬康特級園（Grand Cru Marckrain），十幾年前，此莊在馬康買下一塊已種有格烏茲塔明那的地，並在2005年推出此園第一款格烏茲塔明那白酒，其口感輕柔優雅，具明顯香料風味，令人喜愛。不過2008年底，酒莊將格烏茲塔明那全數拔除，改植灰皮諾，希望替產品線多增一款特級園灰皮諾，希望在幾年後推出偉大細膩的干性灰皮諾。

幾點改變

此次筆者睽違十年後的第三訪，發現酒款名稱有些改變。接待我品酒的是艾迪，他首先指出直到2016年份，所有酒款瓶頸的小標除繪有「修士採收圖像」，也都標示「Clos des Capucins」，但這並不意味該酒款來自卡布桑克羅園，當時僅是具有歷史意義的商業標示；但自2017年份起，若標有「Clos des Capucins」，即表示此酒出自該園。此外，以前除產自特級園的「Grand Cru Schlossberg Riesling Cuvée Ste Catherine」之外，還有另一款產自特級園山腳下的非特級園「Riesling Cuvée Ste Catherine」，由於常常造成混淆，故自2014年份起，「Riesling Cuvée Ste Catherine」更名為「Riesling Cuvée Colette」（也有順帶紀念去世未久的女老莊主之意）。不過，最令筆者欣喜的是自2016年份起，該莊抽離了種在城堡山特級園中的黑皮諾老藤，單獨裝瓶為「S Pinot Noir」，除精緻優雅明析的風味，由花崗岩土壤帶來的礦物質風味也明示了風土的存在（但無法掛特級園分級上市）。

目前產自城堡山特級園的麗絲玲有三款，分別是「Schlossberg Riesling」、「Schlossberg Riesling Cuvée Ste Catherine」與「Schlossberg Riesling l'Inedit」。第一款釀自特級園上坡處，第二款的「Ste Catherine」釀自中坡，通常果香較熟美一

三串葡萄酒莊

些、酒體略豐潤一點，第三款的「Inedit」只在佳年推出，雖也釀自中坡，但採收時間較「Ste Catherine」晚幾天，酒中殘糖約20公克（可搭醬汁魚鮮，但不適合搭甜點）。

　　釀造時，較初階的白皮諾、蜜思嘉在不鏽鋼槽釀造與培養，其他白酒皆在舊的大木槽（最老的桶齡超過百歲）進行釀造和後續培養。黑皮諾都在不鏽鋼槽釀造，「Clos des Capucins Pinot Noir」在舊的大木槽培養，頂尖的「Pinot Noir S」則在小型橡木桶培養（少部分新桶）。

高壓存香

　　此莊的裝瓶也擇日應時，羅紅絲當年表示：「裝瓶最好選擇高氣壓的時機，如此酒的芬馥會因外在氣壓高強而利於將香氣的原始樣貌壓存於瓶中。然而，若酒的體質在此時不均衡，抑或香氣滯塞，此時裝瓶也會將香氣不暢，酒質失衡的缺點一併封存。」

　　筆者還記得國父紀念館附近的飲茶名店「相思李舍」的李老闆，有天在泡咖啡時，看到窗外「雲腳長了毛」，正是颱風前夕的低氣壓即將壓境之際，他說：「你來得正好，今天外頭氣壓低，香氣易於逸散，咖啡肯定飄香！」也即是，颱風作亂天，休假之好日，品酒之吉時！

●●●酒單與評分

1. 2007 Weinbach GC Schlossberg Riesling: 3$, 9/10, 2009-2024
2. 2007 Weinbach GC Schlossberg Riesling Cuvée Sainte Catherine: 3$, 9.1/10, 2009-2025
3. 2006 Weinbach GC Schlossberg Riesling Cuvée Sainte Catherine L'inédit: 3$, 9.25/10, 2010-2026
4. 2005 Weinbach GC Schlossberg Riesling Cuvée Sainte Catherine L'inédit: 3$, 9.5/10, 2009-2027
5. 2004 Weinbach GC Schlossberg Riesling Cuvée Sainte Catherine L'inédit: 3$, 9.5/10, 2008-2025
6. 2007 Weinbach Pinot Gris Cuvée Sainte Catherine: 2$, 9/10, 2008-2020
7. 2007 Weinbach Altenbourg Pinot Gris: 3$, 9.3/10, 2009-2022
8. 2004 Weinbach Altenbourg Pinot Gris Cuvée Laurence: 3$, 9.65/10, 2008-2025
9. 2006 Weinbach Altenbourg Gewürztraminer Cuvée Laurence: 2$, 9.1/10, 2009-2020
10. 2005 Weinbach GC Marckrain Gewürztraminer: 4$, 9.35/10, 2010-2026
11. 2004 Weinbach GC Schlossberg Riesling SGN: 5$, 9.75/10, 2009-2034
12. 2005 Weinbach GC Furstentum Gewürztraminer VT: 5$, 9.75/10, 2009-2027
13. 2006 Weinbach GC Furstentum Gewürztraminer SGN: 5$, 9.85/10, 2009-2032
14. 2005 Weinbach GC Mambourg Gewürztraminer Quintessences de Grains Nobles Cuvée d'Or : 5$, 9.9/10, 2009-2035
15. 2002 Weinbach GC Furstentum Gewürztraminer Quintessences de Grains Nobles, Cuvée d'Or: 5$, 9.65/10, 2012-2040
16. 2017 Weinbach Sylvaner: 1$, 9.2/10, 2018-2026
17. 2017 Weinbach Riesling Cuvée Colette: 3$, 9.5/10, 2019-2032
18. 2017 Weinbach Pinot Blanc: 1$, 9.3/10, 2018-2030
19. 2015 Weinbach Riesling Cuvée Théo: 2$, 9.35/10, 2018-2032
20. 2017 Weinbach Riesling Cuvée Théo: 2$, 9.5/10, 2018-2035
21. 2017 Weinbach GC Schlossberg Riesling: 3$, 9.7/10, 2019-2035
22. 2017 Weinbach GC Schlossberg Riesling Cuvée Ste Catherine: 3$, 9.7/10, 2019-2035
23. 2016 Weinbch Pinot Noir S: 3$, 9.5/10, 2020-2035
24. 2017 Weinbach GC Schlossberg Riesling L'inédit: 3$, 9.7/10, 2020-2040
25. 2017 Weinbach Pinot Gris Cuvée Ste Catherine: 2$, 9.4/10, 2019-2032
26. 2017 Weinbach Altenbourg Pinot Gris: 3$, 9.5/10, 2020-2035
27. 2017 Weinbach Gewüztraminer Cuvée Théo: 2$, 9.4/10, 2019-2032
28. 2017 Weinbach GC Furstentum Gewürztraminer: 3$, 9.8/10, 2020-2038
29. 2017 Weinbach GC Schlossberg Riesling SGN: 5$, 9.85/10, 2020-2047
30. 2017 Weinbach Altenbourg Pinot Gris Quintessences de Grains Nobles: 5$, 9.9/10, 2020-2050

Domaine Zind-Humbrecht

少硫，純淨，特級園麗絲玲絕美

上圖：此莊基本上所有白酒都在舊的大木槽內發酵與培養，圖中提桶工作的是第十三代的皮耶艾彌爾·溫貝希特。

右圖：歐立維·溫貝希特對於自家2019年份的麗絲玲表現非常滿意，筆者嘗過，也認證。

酒莊聯絡資訊

Web：http://www.zindhumbrecht.fr
Tel：03-89-27-02-05
Add：4 route de Colmar, 68230 Truckheim

辛頓貝希特酒莊（Domaine Zind-Humbrecht）位於柯爾瑪市西邊不遠的圖克翰（Turckheim）酒村，為全阿爾薩斯最具代表性的菁英釀酒者之一；該村也是法國知名鑄鐵鍋品牌史托伯（Staub）的原廠所在地。此酒莊目前擁有40公頃葡萄園，除在四個特級園（Rangen、Goldert、Hengst與Brand）有地之外，還握有三個知名且獨占的克羅園：Clos Häuserer、Clos Jebsal與Clos Windsbuhl。酒莊總部暨釀酒窖就位於特定葡萄園Herrenweg（11.5公頃）裡，每年所釀酒款可高達三十款以上。

自1620年起，溫貝希特（Humbrecht）家族便是父子一脈相傳的葡萄農世家，直到1959年，李奧納·溫貝希特（Léonard Humbrecht）將鄰村同屬葡萄農家族的珍娜薇耶·辛德（Geneviève Zind）迎娶入門，並合併兩家葡萄園之後，夫妻聯名才建立了如今聲名享譽國際的辛頓貝希特酒莊。老莊主李奧納退居幕多年，當年的少莊主歐立維（Olivier Humbrecht）掌莊多年後，目前已將葡萄園管理與酒窖釀酒工作交給第十三代的兒子皮耶艾彌爾（Pierre-Emile Humbrecht）負責，自己則花費較多時間在旅行主持品酒會、推動阿爾薩斯一級園分

三串葡萄酒莊

級與生物動力法協會Biodyvin組織的運作。

　　李奧納年輕時曾在布根地學習釀酒，因而喚起他阿爾薩斯也曾「師法自然」的釀酒精神；一度迷失的阿爾薩斯正邁回正道，甚至成為目前全世界「最生物動力法的產區」。李奧納誓言以「風土為姓，品種為名」的精神釀酒——指品種即便有萬般風情，也不應脫離風土的印記，若違背風土，則所釀酒品僅是好飲的技術性飲品，或可爭取品味全球化之下的口感最大公約數，大暢其貨，卻少了風格獨具，這就如同未註明風土出處的抄襲者，形同「拷貝貼上」的廉價複製品。

　　莊主歐立維本身是農業科學家，現代釀酒學知識再熟稔不過，自1997年起卻「自廢武功」，實驗性地在部分葡萄園裡以生物動力法耕作，並觀察到此農法效果宏大不同凡響，便在隔年實行百分百的生物動力農法（於2002年獲得認證）。此後，對於宇宙生物的運行法則與相互影響，歐立維便有一套與實證科學迥異的看法，甚而超越不少科學家眼界：他認為防治葡萄園蟲害的顧問們只知其然，不知所以然，只知下藥除症一時，卻污染一世。

　　他進一步解釋，葡萄藤蔓植物性屬「水星」，藤蔓牽連甚廣且低爬親水，具枝葉叢發特性，若未予剪枝限制，葡萄樹只生枝葉不結果。反之如櫻桃樹，其宿命即是開花結果，春分時刻櫻桃樹冒出綠芽之前，便已櫻花滿樹。至於為何葡萄樹會

此莊自養自訓馬匹以利翻土等農事。

遭霜黴病侵襲？這實因葡萄樹雖為水星屬性，但若種在水分過多的陰濕之地，或是風雨不調致使降雨過多，則物極必反——葡萄藤自覺體內水分鬱積過多，無處排消，便會釋放訊息給霜黴病菌：「瞧我多麼豐盈多汁，來吸吮吧！」，此時菌叢上身，葡萄果葉如中蠱，果實黑癟如咖啡豆，似被焰火焙烤，此乃葡萄樹以水火相剋為藥方，以旺火除濕自救。以上乃生物動力法詮釋霜黴病侵襲之緣由，科學家可能一笑置之。

　　對抗霜黴病，一定得噴藥？非也，生物動力法提供了無污染藥方：取葉片有鋸齒狀或莖帶刺或性躁易乾裂的「火性植物」，如蕁麻、木賊等，將其泡成植物飲，投治予葡萄樹，給予火旺熱性以消濕疾。聽畢，我心想果粒紅豔，外殼粗糙帶顆粒的荔枝難怪被歸為「上火」果品，體質寒虛多食，虛火過剩少食（荔枝果肉會上火，但荔殼性寒）。

　　歐立維也替生物動力法的效果提出說明：「即使無法提出科學之因果關係，但

在實行此法後，葡萄樹明顯根扎更深，土壤中有機物質也的確倍數增加，與之前僅實行有機農法狀況相比，這些可被檢測的數據明顯躍增。我親眼所見，無可欺瞞！」他還補充：「我是科學專業出身，不是傻蛋一個！」

軟木塞的堅決擁護者

聊及以金屬旋蓋替代軟木塞封瓶的看法，歐立維堅決反對使用旋蓋，他曾向金屬旋蓋供應商挑戰道：「若在三十年之後，有客戶飲用本莊以金屬旋蓋封瓶的葡萄酒而致癌，您保證負起全部賠償責任，我便簽約使用旋蓋」，供應商自然不敢允諾。他繼續剖析：「以前說以矽膠填乳絕無安全疑慮，現卻說會致癌，這兩者道理相通：我們尚無法確認葡萄酒中的酸度和糖分與金屬旋蓋接觸三十年後，酒中會產生何種化學變化。況且軟木塞令人詬病的三氯苯甲醚（TCA）感染，形成軟木塞異味而感染葡萄酒的問題，現已有新技術可以解決」。

其實軟木塞製造商Amorim的新技術ROSA（Rate of Optimal Steam Application），可使用高壓蒸氣方式除去軟木塞的TCA感染。人類對於TCA的感知門檻始於每公升4毫克，該公司宣稱經過ROSA系統處理後，人類感官已無法查覺。事實上，許多知名大廠都已研發類似技術，然而問題還存在依舊使用舊標準的軟木塞小廠。

「金屬旋蓋其實相當脆弱，一不小心撞到，便會出現細小凹處，雖肉眼無法察覺，但其實已不完全密閉，經過十年後，酒的液面恐要大大降低，酒質氧化不可避免」。當然，這是以具長期儲存潛力的酒款來論，一般旋蓋酒款若是七、八年內飲畢，或許便少了這些致癌、材質脆弱的疑慮。至於玻璃塞蓋也被他認為過於脆弱，並不理想。

慢速榨汁、重力流動

此莊都以手工採收，除提高採收品質也避免器械壓實土壤。整串慢速榨汁（初階酒六至八小時，高階酒款常常須時十至十六小時）。酒汁藉由重力流動。歐立維指出麗絲玲酸度較高，發酵進程較慢；相對地，格烏茲塔明那酸度較低，發酵較快。此莊不進行黏合濾清，所以以甜酒而言，會避免與粗大酒渣一同培養過久，以避免酒質過濁與不穩定，因此會在採收隔

該莊各品種都釀得非常精彩，但我個人偏愛的還是他家的干性麗絲玲。

三串葡萄酒莊

年春天除去粗大酒渣，只留細緻酒渣繼續培養。若是干性白酒，則無此問題。所有的酒都在舊的大木槽裡釀造，部分初階款會在不鏽鋼槽經過短期培養與混調後裝瓶，其他酒款則繼續於大木槽裡培養。格烏茲塔明那會在一年後裝瓶以保清新感，其他品種約在一年半到兩年培養後裝瓶。少量釀造的黑皮諾（僅出口至少數國家，如日本），釀法一如布根地。

歐立維是首位取得英國葡萄酒大師（Master of Wine，MW）資格的法國人，多年後，目前約有二十幾位法國籍葡萄酒大師（法國的葡萄酒大師人數占全球第四位）。這文憑資格極難取得，全球的葡萄酒大師僅有三百九十位。年輕時的歐立維曾在倫敦服替代役，以農業專長服務於倫敦的法國食品協會（SOPEXA）。後來因緣際會，與其友好並擁有葡萄酒大師資格的英國人立姿・貝瑞（Liz Berry）夫婦便建議他參加葡萄酒大師首次開放外國人甄試的機會：通過初考，再經過三年苦心準備、論文寫作後，歐立維除是明星酒莊繼承人，也是葡萄酒大師尊榮資格擁有者。

訪談時，面對身高195公分的歐立維（他兒子應有200公分！）筆者無法站得過近，否則幾小時訪問下來，頸脖定要痠疼無法消受；他可說是酒壇裡最「鶴立雞群」的奇葩，讓人望之彌高的不僅是其身長，其釀酒哲學與技巧、博學多聞卻又可親的風範著實令人折服。

○○●●酒單與評分

1. 2018 Zind-Humbrecht Zind: 2$, 9.45/10, Now-2030
2. 2007 Zind-Humbrecht Zind: 2$, 9.4/10, Now-2025
3. 2019 Zind-Humbrecht Riesling Roche Calcaire: 2$, 9.5/10, 2021-2035
4. 2017 Zind-Humbrecht Riesing Roche Calcaire: 2$ 9.6/10, 2020-2034
5. 2019 Zind-Humbrecht Clos Häuserer Riesling: 4$, 9.8/10, 2021-2042
6. 2018 Zind-Humbrecht Clos Häuserer Riesling: 4$, 9.8/10, 2021-2040
7. 2019 Z-Humbrecht Heimbourg Riesling: 4$, 9.8/10, 2022-2040
8. 2018 Zind-Humbrecht Gewürztraminer Roche Roulée : 2$, 9.5/10, 2021-2033
9. 2007 Zind-Humbrecht GC Goldert Gewürztraminer: 5$, 9.5/10, 2013-2035
10. 2005 Zind-Humbrecht GC Goldert Muscat: 3$, 9.6/10, Now-2026
11. 2019 Z-Humbrecht GC Rangen Clos Saint Urbain Pinot Gris: 5$, 9.8/10, 2022-2042
12. 2017 Z-Humbrecht GC Rangen Clos Saint Urbain Pinot Gris: 5$, 9.7/10, 2021-2040
13. 2007 Z-Humbrecht GC Rangen Clos Saint Urbain Pinot Gris: 5$, 9.5/10, 2010-2030
14. 2007 Zind-Humbrecht GC Goldert Gewürztraminer SGN: 5$, 9.9/10, 2012-2040
15. 2017 Zind-Humbrecht GC Hengst Gewürztraminer: 5$, 9.8/10, 2019-2036
16. 2015 Zind-Humbrecht GC Hengst Gewürztraminer: 5$, 9.8/10, Now-2035
17. 2019 Zind-Humbrecht GC Brand Riesling: 5$, 9.9/10, 2021-2036
18. 2004 Zind-Humbrecht GC Brand Riesling VT: 4$, 9.75/10, 2008-2035
19. 2019 Zind-Humbrecht Clos Windsbuhl Riesling: 5$, 9.9/10, 2022-2042
20. 2005 Zind-Humbrecht Clos Windsbuhl Riesling: 4$, 9.5/10, Now-2025
21. 2015 Zind-Humbrecht Clos Windsbuhl Pinot Gris: 5$, 9.7/10, Now-2035
22. 1999 Zind-Humbrecht Clos Windsbuhl Pinot Gris: 4$, 9.5/10, Now-2024
23. 2019 Zind-Humbrecht GC Rangen Clos Saint Urbain Riesling: 5$, 9.95/10, 2022-2045
24. 2001 Zind-Humbrecht GC Rangen Clos Saint Urbain Riesling: 5$, 9.6/10, Now-2024
25. 2019 Zind-Humbrecht LD Rotenberg Pinot Gris: 4$, 9.5/10, 2021-2032
26. 1998 Zind-Humbrecht LD Rotenberg Pinot Gris VT: 5$, 9.6/10, Now-2030
27. 2012 Zind-Humbrecht Clos Jebsal Pinot Gris VT: 5$, 9.8/10, Now-2040
28. 1999 Zind-Humbrecht Clos Jebsal Pinot Gris SGN: 5$, 9.8/10, 2004-2036
29. 1996 Zind-Humbrecht Clos Jebsal Pinot Gris SGN: 5$, 9.8/10, Now-2030
30. 2008 Z-H Herrenweg de Turckheim Gewürztraminer SGN: 5$, 9.75/10, Now-2026

Domaine André Kientzler
純淨直爽、精準與干性

上圖：釀酒師田瑞・肯茲勒（Thierry Kientzler）。背後木槽上的神秘記號其實是：品種＋地塊＋某品牌不鏽鋼槽＋容量的組合縮寫。

下圖：此莊特級園麗絲玲三劍客，左至右：「Kirchberg」、「Geisberg」、「Osterberg」。

酒莊聯絡資訊

Web：http://www.vinskientzler.com
Tel：03-89-73-67-10
Add：50 route de Bergheim, 68150
　　　Ribeauvillé

　　上萊茵省中世紀酒村里伯維雷（Ribeauvillé）村界裡除了聲名享譽國際的廷巴赫酒莊（Maison Trimbach）之外，位於其北邊不遠的肯茲勒酒莊（Domaine André Kientzler）無論在種植、釀造、酒風與酒質都與廷巴赫近似，唯規模小了許多，只以自家葡萄釀酒，不過酒價也同時親民不少。

　　莊名是以第五代的安德烈（André）命名，他曾獲《高米優葡萄酒評鑑》（Guide des Vins Gault & Millau）雜誌選為「1992年度最佳酒農」殊榮，他在2009年時將酒莊交給兩個兒子經營，大兒子田瑞（Thierry）葡萄園與釀酒一手包辦，弟弟艾瑞克（Eric）負責行政與銷售。目前擁有13.8公頃葡萄園，其中4.4公頃為特級園，八成的葡萄園都位在里伯維雷村界內。早年酒莊位於里伯維雷老村內，1973年時安德烈將酒莊遷到村北不遠處，以獲得更大且便利的釀酒空間。

　　與廷巴赫一樣，此酒莊強調精準釀酒與純淨優雅的酒質，目前的農法屬於「理性用藥」的範疇，由於此範疇並無正式法規規範，每家作法都不盡相同，以他家而言：多數地塊每隔一行就種植綠肥、機械翻土、必要時才使用化學農藥（開花期後不使用，如使用也僅用有機農法也允許的波爾多液）。肯茲勒強調老藤與手工採收健康的葡

萄。採收時，果皮較薄、比較脆弱的品種（如灰皮諾）僅盛裝到採收籃的一半或三分之二，以避免壓損。一邊採收一邊挑選葡萄，氣溫過熱時，只在早晨施行採收。

榨汁時，採取溫柔慢速的壓榨法（每批榨汁時間約七小時），以重力導流葡萄汁至發酵槽（不鏽鋼槽為主，部分也使用舊的大型木槽），絕大多數時間會採用人工選育酵母（一如廷巴赫），以避免發酵過度延遲或糖分發酵不完全（他家除甜酒外，都釀成干性）。發酵後，酒液會與死酵母細渣培養至隔年春天，接著開始進入裝瓶，在隔年採收季開始之前會全數裝瓶完畢（以目前的小莊規模與人手而言，田瑞無法拉長培養時間）。不過，老前輩酒莊廷巴赫也同樣採取較早裝瓶、讓酒質培養於酒瓶中發生的策略。

此莊的灰皮諾與格烏茲塔明那具有良好酸度，干性明亮且雅緻。不過，最能表現該莊才能的還是來自里伯維雷村內三個特級園的三款麗絲玲，三者酒質皆優，土壤近似（主要成分都是殼灰岩），卻因向陽與地理位置而讓毗鄰的這三園產生酒格上的細微差異：「Grand Cru Osterberg Riesling」有較為明顯的酸度、「Grand Cru Kirchberg Riesling」陰性細緻精巧、「Grand Cru Geisberg Riesling」不僅風味優雅繁複，儲存潛力最強，也是三者中個性最突出者（可惜此特級園為三者最小，釀造裝瓶者也少）。

來自Geisberg特級園裡的殼灰岩。

●●●●酒單與評分

1. 2017 André Kientzler Edelzwicker: 1$, 9/10, 2019-2025
2. 2017 André Kientzler Chasselas: 1$, 8.9/10, 2019-2023
3. 2017 André Kientzler Auxerrois K : 2$, 9.3/10, 2019-2028
4. 2016 André Kientzler GC Kirchberg de Ribeauvillé Muscat : 2$, 9.5/10, 2020-2035
5. 2017 André Kientzler GC Osterberg Riesling: 2$, 9.7/10, 2020-2036
6. 2017 A. Kientzler GC Kirchberg de Ribeauvillé Riesling : 2$, 9.75/10, 2020-2038
7. 2016 André Kientzler GC Geisberg Riesling : 3$, 9.85/10, 2020-2040
8. 2016 André Kientzler GC Osterberg Pinot Gris: 2$, 9.5/10, 2020-2035
9. 2016 A. Kientzler GC Kirchberg de Ribeauvillé Pinot Gris : 2$, 9.7/10, 2019-2036
10. 2017 André Kientzler LD Haguenau Gewürztraminer: 2$, 9.45/10, 2019-2032
11. 2016 André Kientzler GC Osterberg Gewürztraminer : 2$, 9.6/10, 2020-2033
12. 2016 André Kientzler Gewürztraminer VT: 3$, 9.75/10, 2020-2045
13. 2001 André Kientzler Gewürztraminer SGN : 3$, 9.9/10, 2020-2045

Domaine Barmès-Buecher

少干預、有個性、近年酒風愈趨細膩

巴麥斯—布雪酒莊（Domaine Barmès-Buecher）位於阿爾薩斯葡萄酒重鎮柯爾瑪市（Colmar）西南邊不遠處的衛托塞酒村（Wettolsheim）裡，現任莊主馬辛·巴麥斯（Maxime Barmès）於幾年的潛心釀酒後，不僅已成為此產區新一代傑出釀酒人，也讓該莊成為阿爾薩斯不可忽視的菁英酒莊。所產酒質溫潤敦厚，柔美優雅，細嘗之餘，亦饒富令人回味再三的興味。

此莊最早是由馬辛的父母——方斯瓦·巴麥斯（François Barmès）和珍妮維芙（Geneviève）創於1985年，2001年他們讓15公頃的良園獲得生物動力法認證，目前則微幅擴大至17公頃。在七塊風土上（其中三塊位於特級園）種植八個品種，除靜態紅、白酒，也以釀造優質的阿爾薩斯氣泡酒聞名。以巴麥斯和布雪兩家族姓氏為名的此莊看似成立時間不久，實情是兩家的釀酒史皆可上溯至十七世紀。

更干更準確

其實方斯瓦原本不想承接父親的葡萄園，還跑去從事鋼鐵鑄造業，但後來父親朱勒（Jules）心肌梗塞後行動不便，他為協助老父經營酒莊便回鄉研讀釀酒與葡萄樹種植課程，之後即與父親聯手經營。天有不測風雲，方斯瓦在2011年因騎腳踏車外出遇上車禍不幸去世，而朱勒則仍老當益壯親自剪枝，直至2014年老衰回歸天國。馬辛於是在2012年掌莊，與姊姊索菲（Sophie）和母親繼續美酒的傳承。

馬辛以農耙翻動晾於閣樓的碾碎柳枝以加速乾燥，之後將它泡成「柳枝植物飲」，並混合銅與硫，用於夏季時對抗霜黴病或粉孢菌。

酒莊聯絡資訊
Web：https://www.barmes-buecher.com
Tel：03-89-80-62-92
Add：30 rue Sainte Gertrude, 68920 Wettolsheim

馬辛先是在阿爾薩斯念過相關課程，後又到布根地伯恩進修獲取「葡萄種植與釀造高等技師文憑」（BTS Viti-Oeno），所釀的第一個年份是2011，真正完全獨自釀成的作品始自2012年份：較之父祖輩時期的釀品，酒莊目前整體酒質更干（不帶甜味；當然指甜酒以外），風味也更加精準剔透，更純然原真地反應風土滋味。

由於採取生物動力種植法、釀法也盡量師法自然，他不採用商業人工選育酵母，所以在酒精發酵後，乳酸發酵通常也會順利地自然發生，不僅穩定酒質，更添風味層次。依循生物動力法原則，他選擇在降月階段（Lune descendante）裝瓶以保存酒香，順此邏輯，若在釀酒階段有需要添加少量二氧化硫，他也擇時於降月階段進行，以更少的添加量達到更佳成效（降月時，酒中酵母的運作能量較低）。

一邊接受採訪時，馬辛一邊以農耙翻動晾於閣樓的碾碎柳枝以加速其乾燥程度，之後他會將它泡成「柳枝植物飲」，並混合銅與硫，可用於夏季時對抗霜黴病或粉孢菌。這不屬於生物動力法所規範的農法施作，他只是笑笑說：「我搞的事情可多了，不只是生物動力法……」。

酒精發酵後所沉澱的首批死酵母渣，馬辛並不特意去除，而是讓它與酒液同處一槽（桶），繼續培養至裝瓶前，此為「全酒渣培養」（Élevege avec lies totales），可讓酒的風味更加複雜飽滿。

然而，這須使用非常健康的葡萄原料才可能達成（否則可能釀壞）。至於一般酒莊所說且較常運用的是「細酒渣培養」（Élevage avec lies fines）：指除掉酒精發酵後所沉澱的首批死酵母渣，之後才與較細致的酒渣一起培養。

此酒莊在Hengst、Steingrubler和Pfersigberg三個特級園所釀的白酒自是酒質秀異，但在三塊特定葡萄園的作品也相當精彩，物超所值切勿錯過：這三塊園區分別是Leimental（意為「黏土谷地」）、Rosenberg（意為「玫瑰山丘」）與Clos Sand（意為「砂園」）。

●●●●酒單與評分

1. 2016 Barmès-Buecher Crémant d'Alsace Brut: 2$, 9.3/10, Now-2026
2. 2015 Barmès-Buecher Muscat Ottonel: 2$, 9.35/10, 2017-2026
3. 2014 Barmès-Buecher Leimental Riesling : 2$, 9.6/10, 2018-2026
4. 2012 Barmès-Buecher Leimental Riesling: 2$, 9.4/10, Now-2028
5. 2015 Barmès-Buecher Clos Sand Riesling: 2$, 9.35/10, Now-2025
6. 2015 Barmès-Buecher Rosenberg Riesling: 2$, 9.45/10, Now-2026
7. 2015 Barmès-Buecher Rosenberg Pinot Gris: 2$, 9.6/10, 2018-2036
8. 2014 Barmès-Buecher Rosengerg Pinot Gris: 2$, 9.6/10, Now-2030
9. 2013 Barmès-Buecher Rosenberg Gewürztraminer: 2$, 9.45/10, Now-2027
10. 2013 Barmès-Buecher GC Steingrubler Riesling: 2$, 9.7/10, 2018-2030
11. 2011 Barmès-Buecher GC Hengst Riesling: 2$, 9.5/10, Now-2032
12. 2014 Barmès-Buecher GC Hengst Gewürztraminer: 2$, 9.75/10, 2018-2032
13. 2011 Barmès-Buecher GC Steingrubler Gewürztraminer: 2$, 9.7/10, Now-2030
14. 2009 Barmès-Buecher Gewürztraminer D'Rab vom Jules: 2$, 9.7/10, Now-2035
15. 2007 Barmès-Buecher Leimental Riesling Cuvée Sophie VT: 2$, 9.8/10, Now-2030
16. 2016 Barmès-Buecher Pinot Noir Réserve: 2$, 9.45/10, 2019-2030
17. 2015 Barmès-Buecher Pinot Noir Réserve: 2$, 9.25/10, 2019-2030

Domaine Beck-Hartweg

少干預、自然派、有個性

下萊茵省（Bas-Rhin）的唐巴赫拉維爾（Dambach-la-Ville）村裡有幾十家酒莊，一般而言水準不錯，不過酒質最有個性且貼近風土者，就屬位於窄巷內的貝克阿特維格酒莊（Domaine Beck-Hartweg）。此莊的釀酒史可追溯至1524年，已傳至第十七代的弗洛雄·阿特維格（Florian Hartweg）手上。

2008年，酒莊改為有機種植，不過其

此莊第十七代莊主弗洛雄·阿特維格，站在用以釀造 Frankstein特級園灰皮諾的大槽旁。

酒莊聯絡資訊

Web：https://beckhartweg.fr
Tel：03-88-92-40-20
Add：5 rue Clémenceau, 67650
　　　Dambach-la-Ville

實比有機更進一步，許多有機耕作容許的添加物，弗洛雄不是不加，就是大為減量；許多作法都接近生物動力法，也使用500、501配方以及多樣植物療飲，但由於不依月亮行農事或釀酒，所以不算真正生物動力法的信徒。

這並無損酒質，因為老生常談的「酒質源自於葡萄園裡」的說法，他執行地極為徹底，並有些相當先進的做法與觀察，以落實詮釋唐巴赫拉維爾村周遭的花崗岩風土。他在葡萄園行列中種下多樣的綠肥及植物植被，這包括酸模與野生胡蘿蔔（後者大概是隨風飄來生根此地）。等至八月這些植物開花完畢，他也不翻土，就以小型農耕摩托車直接將些「雜草」壓倒伏地，年復一年地保護土壤濕度（尤其在2018年秋季的乾熱氣候下，這招明顯有效），並且增加土壤的礦物質與腐植質，避去任何化肥施用的需要。

為觀察土壤的活性，他還發明了「棉質內褲探測法」：將棉質內褲埋在自家與他人的幾處葡萄園中，可發現施用許多化肥的土壤，在分解內褲的速度上，比有機耕作且有機質豐富的土壤還要慢上許多。藉此觀察，他可以「因材施教」，將土

壞活力導回正軌，也難怪他可以精準地表現酒中風土。此外，一方面因花崗岩風土之故，再方面不施化肥，且夏季時不剪去葡萄樹的頂端枝葉，讓其酒款可以用較低的酒精度達到果實的真正成熟（多酚成熟）。

　　此莊在唐巴赫拉維爾村周遭擁有7.5公頃葡萄園，包括將近2公頃的Frankstein特級園，弗洛雄以有機耕作與「自然派」作法（大部分的不甜酒款都不經過濾，不添加二氧化硫），在1784年建成的酒窖裡以野生酵母釀出酸香、質地緊緻、架構修長精準的美釀；還在略濁的酒色裡呈現屬於風土的深度，超越品種表象，直入滋味的核心。除Frankstein園的三款品種酒外，此莊近年還推出此特級園的多品種混釀酒款「Cuvéc Lily」（以女兒的名字命名），以甘美和深度攫取人心（品嘗該莊特級園酒款時，若酒齡尚輕，請入醒酒器，置入冰箱醒個兩小時後再飲）。筆者還推薦「Granit」（花崗岩之意）以及特定葡萄園「Bungertal」這兩款多品種混釀酒，以體會阿爾薩斯幾百年前悠久的混種混釀傳統（即便當時所種品種與今已大不相同）。另，不可錯過的是以種在Frankstein特級園裡的黑皮諾所釀的「Pinot Noir "F"」，當你以為此品種只能在石灰岩上展現長才時，此酒證明了花崗岩黑皮諾的能耐與面向：熟美之餘，同時具有絕佳張力與礦物質風味，還帶此土質常攜來的白胡椒氣韻。

左至右：「Grand Cru Frankstein Riesling」、「Granit」（不同品種混釀）、「Bungertal」（不同品種混釀）。

●●●酒單與評分

1. 2017 Beck-Hartweg Tout Naturellement : 1$, 9/10, Now-2025
2. 2016 Beck-Hartweg Dambach-la-Ville Riesling: 1$, 8.9/10, 2019-2028
3. 2017 Beck-Hartweg Granit: 1$, 9.5/10, 2019-2025
4. 2015 Beck-Hartweg Granit: 1$, 9.65/10, 2019-2025
5. 2016 Beck-Hartweg GC Frankstein Riesling: 2$, 9.6/10, 2019-2030
6. 2016 Beck-Hartweg GC Frankstein Pinot Gris: 2$, 9.4/10, 2019-2030
7. 2016 Beck-Hartweg LD Bungertal: 2$, 9.65/10 ,2019-2030
8. 2016 Beck-Hartweg LD Blettig Pinot Gris Cuvée de l'Ours: 2$, 9.4/10 , 2019-2030
9. 2015 Beck-Hartweg GC Frankstein Gewürztraminer: 2$, 9.7/10, 2019-2035
10. 2017 Beck-Hartweg Dambach-la-Ville Pinot Noir: 1$, 9.3/10, 2019-2027
11. 2016 Beck-Hartweg Pinot Noir "F": 2$, 9.5/10, 2020-2032
12. 2011 Beck-Hartweg Gewürztraminer VT: 2$, 9.8/10, Now-2040
13. 2017 Beck-Hartweg GC Frankstein Cuvée Lily: 2$, 9.5/10 , 2020-2032

Domaine Christian Binner

少干預、自然派、有個性、特殊酒款

古早古早以前，賓奈（Binner）家族先是在下萊茵省釀酒，之後在1770年往南搬至阿美斯維爾（Ammerschwihr）酒村，後因該村在二戰中受創嚴重，才又把酒莊與住家移到村北不遠處。賓奈酒莊（Domaine Christian Binner）目前的莊主克里斯提昂·賓奈（Christian Binner），曾在阿爾薩斯與布根地學過釀酒，還在巴黎念過商業學程。2000年回鄉接下酒莊後，便全然改為

有機種植（2004年獲得認證），後來也施行生物動力法（還未申請認證），且立馬開始實驗自然酒（以不添加或微添加二氧化硫為主要訴求）的釀造。

在多年的實驗後，克里斯提昂已經能夠釀出高品質的自然酒，還搭設平臺，以「單腳迴旋系列」（Les Vins Pirouettes）為品牌，帶領年輕酒農釀造自然酒，並協助經銷，讓這些小農不必將辛苦種的葡萄廉價賣給大廠，且能釀出不同於商業規格的好酒以饗消費者。克里斯提昂已是阿爾薩斯自然酒風潮的重要領銜人物之一。

克里斯提昂自父親處繼承了5.5公頃葡萄園，後來增加到12公頃，接著在2016年釋出2公頃，目前專注照顧自有的10公頃良園（包括三個特級園、特定葡萄園以及主要位於山坡處的優良園區）。經過五年的構思與建造，2015年6月該莊完成了一座超越環保概念的有機調節酒窖（Cave Bioclimatique）：除以孚日山脈的堅固砂岩，以及當地山谷裡的道格拉斯冷杉為建築材料外，還遵守黃金比例與有機形狀，建造了一座外型圓弧流體，有利通風、保濕（地下培養酒窖的岩砌牆壁直接觸及土壤），且兼具磁場流動的「酒之聖殿」。據克里斯提昂的說法，不管是酒或人，一

上圖：該莊表示自從在有機調節酒窖裡頭釀酒後，因微生物作祟而釀壞酒的情形也變少了。
右圖：莊主克里斯提昂·賓奈是釀造優質自然酒的高手。

酒莊聯絡資訊
Web：https://www.alsace-binner.com
Tel：03-89-78-23-20
Add：2 rue des Romains, 68770 Ammerschwihr

且身在其中，都能感到和諧的能量：酒能安緩慢速地熟成，員工也能心情愉快地完成釀酒工作。

他同意我所歸納的優秀自然酒的兩個要件：第一是必須以有機農法或生物動力法為根基；第二是拉長培養期以穩定酒質。現下有許多年輕一輩的自然酒釀造者，因資金、設備與場地的限制，在發酵完成後，很快就裝瓶。如此一來會造成培養期過短，導致酒質不穩，沉澱物也很多，這其實比較像新酒。但自然酒不必如此：克里斯提昂自2011年起拉長培養時間（約二至四年），讓酒液與粗大酒渣和緩地培養，酒液自會吸收酒渣；幾年培養後，不僅槽底酒渣所剩無幾，且風味更顯飽滿複雜。如此穩定酒質後，一旦開瓶，氧化速度也較慢（不像有些自然酒，培養期過短，又無二氧化硫保護，開瓶後很快便氧化了）。事實上，此莊許多自然酒都需要醒酒後才能發揮真正潛質。

除釀自Kaefferkopf、Schlossberg與Wineck Schlossberg三個特級園的自然酒風格美釀外，可歸為「村莊級」的「Côtes d'Ammerschwihr」才是該莊的招牌酒，不過令人驚喜與「困擾」的是，即便同一款酒，因每年釀法不同，有時會被給予不同的酒名，如「2014 Côtes d'Ammerschwihr Amour Schwihr」與「2013 Côtes d'Ammerschwihr OX」酒名明顯不同，雖皆混釀自Kaefferkopf特級園周遭不同品種，但

後者「OX」其實是以氧化方式培養（不進行添桶）四十四個月，風格與其他年份極為不同，但酒格與酒質卻扎實令人驚豔：它具有黃酒與雪莉酒的近似風味，但質地的細緻度又絕對勝過前兩者，且我品嘗的瓶中剩酒已開瓶一個月！另，有意思的是，這款「OX」裡也含有一些貴腐葡萄。

此外，釀自特定葡萄園Hinterberg（將來有機會被列為一級園）的「2016 Hinterberg Pinots」（灰皮諾與黑皮諾浸皮釀成）以及「2012 Hinterberg」（四品種混釀，同樣無外添二氧化硫，也無過濾）都個性獨具，值得一試。最後，若您走運，還可在酒莊品嘗到以氧化手法培養而成的貴腐黑皮諾甜酒「2011 Blanc de Noir Cuvée Excellence」。

無添加二氧化硫，也無過濾的黑皮諾貴腐甜酒「Blanc de Noir Cuvée Excellence」是阿爾薩斯的酒中異數。

◐◑●●酒單與評分

1. 2011 C. Binner KB Crémant d'Alsace Extra Brut: 2$, 9.3/10, Now-2028
2. 2016 C. Binner Champ des Alouettes Riesling: 2$, 9.35/10, Now-2030
3. 2014 C. Binner Côtes d'Ammerschwihr Amour Schwihr: 2$, 9.45/10, Now-2030
4. 2012 C. Binner LD Hinterberg: 2$, 9.5/10, Now-2028
5. 2016 C. Binner LD Hinterberg Pinots: 2$, 9.5/10, Now-2030
6. 2016-17 C. Binner Si Rose Vin de France: 2$, 9.4/10, Now-2026
7. 2017 C. Binner Pinot Noir: 2$, 9.5/10, Now-2030
8. 2014 C. Binner GC Schlossberg Riesling qui gazouille : 2$, 9.6/10, Now-2034
9. 2013 C. Binner Côtes d'Ammerschwihr OX: 2$, 9.7/10, Now-2045
10. 2011 C. Binner GC Kaefferkopf Le Scarabee qui Bulle: 2$, 9.6/10, Now-2030
11. 2011 C. Binner Blanc de Noir Cuvée Excellence: 3$, 9.9/10, Now-2040
12. 2009 C. Binner Pinot Noir Cuvée Excellence: 3$, 9.7/10, Now-2035
13. 2013 C. Binner Grand Cru Kaefferkopf: 2$, 9.7/10, Now-2035
14. 2015 C. Binner Riesling Le Salon des Bains: 2$, 9.2/10, Now-2030
15. 2013 C. Binner GC Schlossberg Riesling: 2$, 9.6/10, Now-2032

Domaine Bohn
少干預、片岩風土、酒款特殊

朋恩酒莊（Domaine Bohn）位於下萊茵省Nothalten村與Muenchberg特級園西北邊不遠處的赫斯菲爾德村（Reichsfeld），離阿爾薩斯的「葡萄酒之路」有一段距離，基本上不會有觀光客誤闖這個有些遺世獨立的寧靜酒村。自十二世紀起，安德洛村（Andlau）的伯爵們以及Baumgarten修院的西篤會修士們就已經在赫斯菲爾德村的陡坡上植樹釀酒，其中最受重視的就是片岩山園（Schieferberg），此為當初修士

酒莊莊主伯納‧朋恩與兒子雅圖品試正在發酵中的麗絲玲。

酒莊聯絡資訊

Web：https://www.domainebohn.
　　 com
Tel：03-88-85-58-78
Add：1 Chemin du Leh, 67140
　　 Reichsfeld

們來此的緣故，也是阿爾薩斯唯二真正的片岩（Schiste）園區，而酒質也獨具個性。

一般的說法是阿爾薩斯有兩種片岩，第一種是約五億年前形成的維勒片岩，代表園區即片岩山園。第二種是四億三千萬年前形成的史岱奇片岩（Schiste de Steige），代表園區是Kastelberg特級園。然而，據此酒莊莊主伯納‧朋恩（Bernard Bohn）指出，史岱奇片岩不是真正的片岩，它是由花崗岩砂變形的黑色堅硬岩塊，而不是黏土經過高溫或（與）高壓形成的真片岩。片岩山園（坡度最陡可達45度）的土壤酸鹼值低，釀自這裡的酒具有垂直的架構、風味清新、酸度佳（主要是可口的酒石酸，尖酸的蘋果酸比例很低）、質地緊緻，還具絕佳儲存潛力。出自片岩的酒在年輕時略顯嚴肅，風華正盛至少需八年的等待（該莊不定時會釋出陳年款）。

該莊目前有9公頃葡萄園，年均產量約在三萬五千瓶（少部分品質較普通的酒則整桶賣給同業），出口市場主要是德國與北歐，所釀的酒在臺灣已經有些名氣，這都歸功於伯納的臺灣老婆Melinda回臺訪親時的順道推廣，她也負責酒莊的會計

二串葡萄酒莊

事務。多年前，此莊的種植方法已接近有機，正式的有機認證會在2020年取得，也部分實施生物動力法耕作（但不打算徹底執行與申請認證）。

　　酒莊釀有幾款特殊、有些離經叛道的酒款，都值得愛酒人一嘗，像是粉紅蜜思嘉的粉紅酒、零添加的自然酒、橘酒、由八個年份（1997～2014年之間）混調的「Schieferberg Riesling Hors d'âge」，以及混調三個品種的晚摘酒（依據法規，多品種混調不能冠上Vendange Tardive）。在上萊茵省常被忽視的希爾瓦那，該莊也釀得相當好：老藤滋味圓潤清新可口，不可小覷。酒莊還釀有多款「生命之水」，我個人很喜歡「Brandy élevé en fût de Genévrier」（杜松子桶培養的白蘭地）：酒裡還摻入幾顆杜松子，嘗來強勁又醒神（杜松子精油被酒精萃出一些），先烈後潤，冬日好物。

　　此莊白酒主要在舊的大木槽釀造與培養，小部分使用不鏽鋼槽；黑皮諾在小橡木桶培養（新桶比例不高，約20％）。浸皮時間較久的橘酒則常在舊的小型橡木桶培養。此莊不特別控制乳酸發酵，順其自然讓其發展（通常會發生，除非遇到寒冷年份，乳酸發酵可能不發生），伯納認為如此才能表達該風土在該年份的特性。

　　伯納的兒子雅圖（Arthur）自專業種植與釀酒學校畢業，2019年1月起成為父親的釀酒事業合夥人，接班有望，酒友有福。

由八個年份混調的「Schieferberg Riesling Hors d'âge」搭配肉骨茶排骨及白醬牛肚都很優。

●●●酒單與評分

1. NV Bohn Crémant d'Alsace Brut：1$, 9.45/10, Now-8 years after release
2. NV Bohn Crémant d'Alsace Rosé：1$, 9.4/10, Now-10 years after release
3. 2006 Bohn Crémant d'Alsace：2$, 9.5/10, Now-2026
4. 2013 Bohn Muscat d'Alsace Rose：1$, 9.3/10, Now-2025
5. 2014 Bohn Char'Bohnnais::1$, 9.1/10, Now-2025
6. 2017 Bohn Sylvaner Vieilles Vignes：1$, 9.2/10, Now-2027
7. 2017 Bohn L'indigène：1$, 9.6/10, 2019-2036
8. 2012 Bohn LD Schieferberg Riesling：1$, 9.5/10, Now-2028
9. NV Bohn LD Schieferberg Riesling Hors d'âge：2$, 9.5/10, Now-2028
10. 2016 Bohn LD Schieferberg Zéro：2$, 9.65/10, 2019-2032
11. 2015 Bohn LD Schieferberg Zéro：2$, 9.3/10, Now-2022
12. 2010 Bohn LD Schieferberg Pinot Gris：1$, 9.5/10, 2019-2032
13. 2000 Bohn LD Oberhagel Riesling：2$, 9.55/10, Now-2026
14. 2013 Bohn GC Muenchberg Riesling：2$, 9.7/10, 2019-2032
15. 2012 Bohn GC Muenchberg Riesling：2$, 9.3/10, 2019-2024
16. 2004 Bohn Lumière de Feu：2$, 9.5/10, Now-2018
17. 2018 Bohn Pinot Noir Par NAthur：2$, 9.6/10, 2020-2032
18. 2015 Bohn Pinot Noir Les Roches Rouges：2$, 9.45/10, 2022-2035
19. 2014 Bohn Pinot Noir Les Roches Rouges：2$, 9.7/10, 2019-2032
20. 2009 Bohn La Délicieuse：2$, 9.5/10, Now-2030
21. 2000 Bohn Gewürztraminer SGN：3$, 9.8/10, Now-2030

Domaine Bott-Geyl
輕盈透自令人垂涎欲滴的熟美

上圖：該莊在品酒室一角擺放的巨大古老葡萄榨汁機與銅製蒸餾器。
右圖：尚克里斯多福釀酒嚴謹，酒風熟美同時維持雅緻。

酒莊聯絡資訊

Web：https://www.bott-geyl.com
Tel：03-89-47-90-04
Add：1 rue du Petit Château, 68980 Beblenheim

位於阿爾薩斯里伯維雷（Ribeauvillé）酒村的伯特（Bott）家族與源自貝伯倫罕（Beblenheim）酒村的該爾（Geyl）家族的釀酒史都可遠溯至十八世紀，兩家後來結為姻親，並在1953年由艾都華‧伯特（Edouard Bott）成立目前的伯特該爾酒莊（Domaine Bott-Geyl），為貝伯倫罕村內最佳酒莊，也是阿爾薩斯的菁英釀造者。

艾都華之子尚克里斯多福（Jean-Christophe）於1990到1993年之間周遊列國各產區（包括南非、澳洲巴羅沙谷、德國與布根地的Comtes Lafon酒莊）見習釀酒後，於1993年返回酒莊接下釀酒重任，很快地提升酒質，成績有目共睹，隨後獲得《高米優葡萄酒評鑑》評為「1996年度最佳葡萄酒農」殊榮。因堅信酒質源於葡萄園中，故在2000年開始有機種植，且在2002年轉為生物動力法。

他認為生物動力法讓酒的滋味更為豐富，還帶來更鮮明的礦物鹽氣息，不過他對於生物動力法未持宗教式狂熱，而是以笛卡兒式的科學精神實作，並隨時保持批判態度以明瞭哪些作法具有實際效用。他對於部分此農法信仰者的某些作法（非在農法的規範裡）嗤之以鼻：例如，抓取足

夠數量的葡萄園害蟲，將其燒成灰，經過稀釋之後，在特定時刻灑在葡萄園裡以對抗病蟲害。

他還認為不必依據生物動力法的認證規定盲然地施行，要用頭腦：比如說「配方501號」應施用在體質較弱，光合作用效率欠佳的樹株；假若此株已然體質強健，且該年份非常乾熱，還不假思索地施用，這只會讓植株更加缺水，影響最終酒質。筆者猜想，這好似身體已燥熱異常，不喝水，卻猛吃容易上火的荔枝。其實尚克里斯多福最氣味相投的酒農朋友，像是尚・包斯勒（Jean Boxler）與菲利斯・梅耶（Félix Meyer）都不是生物動力法的施行者

（後兩者採有機種植且酒質秀異）。

葡萄在手工採收後，尚克里斯多福強調以小型採收籃（40公斤裝）盛裝，以避免壓傷葡萄造成提早氧化。釀造時幾乎從不使用人工選育酵母（除非發酵過度延遲，未免酒質頹疲，會少量添加中性酵母以讓發酵順利完成）。釀造過程中，他盡量不過度干預，但也不是完全「無為而治」。對於現下流行的所謂自然酒，筆者看法與他一致：釀酒時太多人為干擾或添加物（即便是合法添加物）會遮掩風土的展現，但毫無頭緒毫不干預的釀法（如部分自然酒），反而會導致類似的後果：酒喝起來都一個樣（常帶有氧化水果或過度

春天的Sonnenglanz特級園裡可見野生黃色鬱金香綻放搖曳於風中。

核果氣息），有時連品種都難以辨別，更甭提風土差異的探求。

熟美與輕盈兼具

尚克里斯多福透過降低產量（較短的

「Clos des 3 Chemins」（左一）占地僅1公頃，酒莊在此釀出格烏茲塔明那晚摘甜酒；「2014 Kronenbourg Riesling」（左二）非常物超所值；右邊兩款特級園則各具特色。

●●●酒單與評分

1. 2015 Bott-Geyl Points Cardinaux : 1$, 9/10, 2018-2022
2. 2016 Bott-Geyl Riesling Les Éléments :1$, 9/10, 2018-2024
3. 2013 Bott-Geyl Grafenreben Riesling: 1$, 9.3/10, 2018-2025
4. 2014 Bott-Geyl Pinot Gris Les Éléments :1$, 9.2/10, 2018-2026
5. 2014 Bott-Geyl Kronenbourg Riesling: 2$, 9.5/10, 2018-2030
6. 2013 Bott-Geyl GC Schlossberg Riesling: 3$, 9.65/10, 2018-2030
7. 2013 Bott-Geyl GC Schoenenbourg Riesling : 3$, 9.8/10, 2018-2033
8. 2014 Bott-Geyl GC Mandelberg Riesling: 3$, 9.85/10, 2018-2033
9. 2009 Bott-Geyl GC Sonnenglanz Pinot Gris: 2$, 9.8/10, 2018-2032
10. 2009 Bott-Geyl GC Furstentum Pinot Gris: 3$, 9.9/10, 2018-2035
11. 2009 Bott-Geyl GC Furstentum Gewürztraminer: 2$, 9.9/10, 2018-2034
12. 2010 Bott-Geyl GC Sonnenglanz Gewürztraminer: 2$, 9.95/10, 2018-2034
13. 2015 Bott-Geyl Grafenreben Riesling SGN: 4$, 9.8/10, 2018-2042

冬季剪枝及春季時去除多餘芽苞）來達成豐富且集中的風味，也因使用生物動力法讓葡萄更早達到多酚成熟，可以提早開採健康熟美的葡萄，因而同時保有適當的酸度，讓酒款展現熟美輕盈的體態以及令人垂涎欲滴的精緻口感。

除了甜酒與氣泡酒，此莊將酒款分為四階。最初階的「Métiss」是由多種葡萄釀成，其中的「Points Cardinaux」由皮諾家族四種葡萄釀成，甘圓均衡，架構相當完整，為日常隨意佳飲。接著是呈現品種特色的「Les Éléments」系列，各款都優雅耐飲，為日常美食良伴。再上一階的特定葡萄園「Lieux-Dits」系列（五塊園區分別為Grafenreben、Burgreben、Schloesselreben、Kronenbourg、Clos des Trois Chemins），展現各品種在優良地塊的特色，其中的「Kronenbourg Riesling」風味乾淨圓潤，精準且具深度，非常物超所值。

該莊也在六塊特級園（Sonnenglanz、Mandelberg、Schoenenbourg、Furstentum、Schlossberg、Sporen）釀有極為精彩的白酒，其中「Grand Cru Mandelberg Riesling」有時會摻混少部分貴腐葡萄釀造，滋味熟美而複雜，為阿爾薩斯最精彩麗絲玲白酒的範本之一。另，「Grand Cru Sonnenglanz Gewürztraminer」飽滿芳馥，領人直進感官的涅槃境界。

Domaine Christian Barthel

以高山片岩地塊所產的自然派黑皮諾見長，白酒圓滑鮮活

阿爾薩斯有兩處海拔最高的葡萄園，一處位在維歐瓦（Wihr-au-Val）酒村（花崗岩土質），另一處則位於阿爾貝（Albé）酒村（片岩土質）。這兩處海拔在500～550公尺的葡萄園，不僅能釀出優美白酒，紅酒更是長久以來的傳統，近年更以氣泡酒受到當地人歡迎。阿爾貝位在史特拉斯堡西南方42公里外的深山裡，該村總共有約70公頃葡萄園，但多數葡萄農將葡萄賣給追求清新葡萄果味的大廠用於混調，村中只有三家酒莊自行裝瓶銷售，其中酒質最佳者便是巴泰爾酒莊（Domaine Christian Barthel）。

谷地唯一獲AOC認證的酒村

阿爾貝其實位在維勒谷地（Vallée de Villé）裡，夏天時法國遊客愛來此山村渡假，愛其山谷美景，更愛其靜謐悠閒，因為它不在阿爾薩斯的國際觀光客路線上，所以遠離了塵囂，甚至連葡萄酒風味都顯得脫俗。阿爾貝也是谷地中十八座釀酒村落裡，唯一被允許釀造AOC等級葡萄酒的村子。也因為離其最近的其他村葡萄園至少距離8～10公里遠，基本上離群索居，因

上圖：阿爾貝酒村位於偏僻山谷裡，該村葡萄園位於海拔500公尺，所產酒款具有清新酸度與芳美多汁的風味。
下圖：少莊主米歇爾在秋末的黑皮諾植株旁合影。

酒莊聯絡資訊
Web：https://domaine-christianbarthel.com
Tel：09-83-66-80-80
Add：2 rue de la Chapelle, 67220 Albé

此莊的高海拔黑皮諾老藤。

而外來的葡萄植株病害也極少。

　　何內・巴泰爾（René Barthel）是家族釀酒第一代（起於1940年代），之後傳給兒子克里斯提昂・巴泰爾（Christian Barthel），目前由第三代的雙胞胎兄弟接手經營，日前接受採訪的是孿生兄弟之一的米歇爾（Michel）。該莊其實直到2009年才正式全面裝瓶貼標銷售，但酒質的跨度很大，近年來開始受到內行的飲家與媒體的注意。此莊50%的主要客群是當地人，餐飲與葡萄酒專賣店占銷售的40%，熟食香料舖則有5%銷量，真正用於出口僅有5%（北歐國家為主，將來或許會擴展至英國與日本）。因而，此酒莊的動人酒質仍屬於外人未知的秘藏。

　　米歇爾解釋，近年在全球暖化的威脅下，許多酒莊釀的酒有酒精度過高的問題，此時的阿爾貝反而占據了良好的「戰略位置」（因這裡氣候涼爽，濕度也較高一些）。此外，阿爾貝除了擁有高山葡萄園，其特點是這裡的土壤高達95%都屬片岩土質，且70%種植的是黑皮諾；另因山坡葡萄園產量不高，果實保有較好的酸度等，都使這裡的黑皮諾有著特殊的風土滋味。至少，布根地並無片岩土壤黑皮諾紅酒的存在。

　　巴泰爾屬於家族事業，目前擁有10公頃葡萄園，且將在2021年獲得有機認證（也正實驗生物動力法）。許多地塊相當陡峭（坡度應在45～65度之間），主要是維勒片岩土壤，它也是阿爾薩斯最古老的土壤型態，富含礦物質；阿爾薩斯的第二種片岩為史岱奇片岩（較為黑硬），此村也含少量。酒莊目前的釀酒窖是十二年前與一家小型釀酒合作社買的：全部埋在地下，不特美觀，但非常實用，畢竟酒質才是重點。釀酒容器多樣：除不鏽鋼槽、小型橡木桶（都是舊桶），甚至還有不太流行的玻璃纖維槽。釀造過程僅使用野生酵母發酵。

高山自然派黑皮諾

　　此莊目前釀有七款黑皮諾，都屬於微量添加或完全不添加的「自然酒」類型。

初階款「Pinot Noir Rouge Gorge」（紅喉鳥黑皮諾），口感柔軟多汁，酸櫻桃帶些白胡椒氣息，非常開胃，喝來令人感覺輕盈雀躍，一如酒標的紅喉鳥。讓筆者印象深刻的另兩款是無外添二氧化硫的黑皮諾自然酒：其一是「Pinot Noir Cuvée René」（何內爺爺黑皮諾）：部分含梗發酵，50%二氧化碳浸泡法，以舊的小橡木桶培養，飲來單寧絲滑無縫，口感飽滿流暢，非常迷人；其二，也是價格最高的「Pinot Noir L'instinct」（風土本能黑皮諾）：鼻息芬芳深沉，圓潤飽滿，酸度佳（2018年份完全喝不出有14.5%），深度極佳，以蔓越莓果乾與山楂餅滋味誘人。

此莊也釀有一等一的美味白酒（僅微量添加二氧化硫），建議讀者有機會時嘗嘗以下三款：「Riesling L'Entité」（本質麗絲玲）：在舊的小型橡木桶培養，酒質圓潤飽滿，具有極佳的酸度（讓人聯想起臺灣夏季的楊梅），釋出熟美誘人的果味；「Pinot Gris Prestige de la Vallée de Villé」（維勒谷地尊貴灰皮諾）：圓潤甘美不甜，以布里歐麵包的氣息安撫人心，非常耐喝；「Gewürztraminer」（格烏茲塔明那）：滿滿新鮮荔枝與迷人花香，甜美小性感卻不失莊重，尾韻以苦橙皮與一絲青梅氣息作結，實為優秀的山區格烏茲塔明那。

「Pinot Noir l'Instinct」為此莊最頂尖的黑皮諾自然酒，芳雅圓潤，風韻複雜，可媲美布根地頂尖名釀。

●●●●酒單與評分

1. 2019 Christian Barthel Pinot Noir Rouge Gorge: 1$, 9.4/10, 2020-2025
2. 2019 Christian Barthel Pinot Noir Clos du Sonnenbach : 1$ 9.45/10, 2020-2026
3. 2019 Christian Barthel Pinot Noir V.V.: 2$, 9.5/10, 2020-2028
4. 2019 Christian Barthel Pinot Noir Cuvée René: 2$, 9.65/10, 2020-2028
5. 2018 Christian Barthel Pinot Noir Symbiose: 2$, 9.75/10, 2020-2028
6. 2018 Christian Barthel Pinot Noir l'Instinct: 2$, 9.8/10, 2020-2030
7. (2018) Christian Barthel Crémant Brut: 1$, 9.4/10, Now-5 yrs after release
8. 2019 Christian Barthel Riesling: 1$, 9.65/10, 2020-2028
9. 2018 Christian Barthel Riesling L'Entité: 2$, 9.8/10, 2020-2030
10. 2019 C. Barthel Pinot Gris Prestige de la Vallée de Villé : 1$, 9.7/10, 2020-2026
11. 2019 Christian Barthel Gewürztraminer : 1$, 9.8/10, 2020-2026

Domaine Frédéric Mochel

風味清新柔美優雅

　　莫歇爾酒莊（Domaine Frédéric Mochel）位於史特拉斯堡西方約25公里的特朗翰（Traenheim）村裡，該村有千年的釀酒傳統，直到目前（尤其是相對於中部的柯爾瑪市周遭而言）還保有多樣農作並存的早期農村樣態：開車在附近兜繞，可發現除葡萄樹外，櫻桃樹與麥田仍隨處可見；事實上，特朗翰與鄰近西北邊的衛斯托芬村都以生產優質櫻桃聞名。此村目前有二十二戶葡萄農，多屬於當地釀酒合作

穿著「Keep Calm and Drink Mochel's Wine」T恤的第十四代莊主基雍·莫歇爾。

酒莊聯絡資訊

Web：http://mochel.alsace
Tel：03-88-50-38-67
Add：56 rue Principale, 67310　　　Traenheim

社成員，真正自種自釀自銷者只有四家，莫歇爾是其中最具代表性的酒莊。

　　莫歇爾種植葡萄釀酒至少已有三百五十年，最古老的佐證是置於酒莊院內的1669年所建造的大型木頭榨汁機，並且直到1950年代才讓它功成身退。莫歇爾家族當時一如早期許多農莊，除釀酒外，也栽植其他農作物與圈養牲畜，直到1950年代才真正開始自行裝瓶賣酒，並於1968年正式轉型為僅以賣酒為生的專業釀酒者。我在二十多年前就拜訪過該莊（當時還不是葡萄酒專業人士），每隔一陣子也會品嘗幾款他家的酒，但這次正式回訪發現，酒質一如以往溫柔細膩的同時，愈發清新且保有更好的張力，評為「兩串葡萄」酒莊實至名歸。酒價也溫柔，小資族也可親近無負擔。

　　現任莊主基雍·莫歇爾（Guillaume Mochel）是釀酒第十四代，雖在2001年就已接手莊務，不過老莊主菲德列克（Frédéric）仍時常在莊內幫忙。基雍擁有「釀酒與葡萄種植高職文憑」，之後還去過波爾多的Château Angélus、紐西蘭的Scherwood Estate與托斯卡尼的Isole e Olena遊歷實習過。此莊自十多年前起便開始施

行有機農法，不過直到2018年才正式啟動認證申請程序，預計2021年可望獲准。

　　酒莊目前擁有10公頃葡萄園，其中5公頃位於特朗翰界內，另5公頃位於當地知名特級園Altenberg de Bergbieten（位於Bergbieten村裡）。該特級園屬泥灰岩質石灰岩土壤，其中還摻混一些石膏。此莊的麗絲玲全部種在特級園裡，當樹齡介於三十五至七十歲，就釀成「Grand Cru Altenberg de Bergbieten Riesling Cuvée Henriette」（Henriette是基雍的祖母，曾在特級園內幫忙種植）；若樹齡低於三十五歲，則裝瓶為一般「Alsace AOC Riesling」，因而後者其實出身自特級園，酒質細膩雅緻，不可小覷。

　　莫歇爾在同一特級園裡所釀的蜜思嘉與格烏茲塔明那也都非常秀異：「Grand Cru Altenberg de Bergbieten Muscat」以歐投奈爾蜜思嘉釀成，以求細緻口感，也避去白色小粒種蜜思嘉有時過度香豔的缺點。「Grand Cru Altenberg de Bergbieten Gewürztraminer」則婉約脫俗，餘韻美長，是該莊在此特級園的最頂尖力作。基雍還釀有一款以特朗翰村為特色（主要以皮諾家族品種釀造）的同名白酒「Traenheim」，酒質飽滿甘潤，藏有精細的酸度。事實上，他正試圖與幾位同儕一同申請該村的村莊級法定產區命名，但一如一級園的申請進程，恐怕短期還無法如願。

該莊的灰皮諾白酒果香成熟，口感清鮮，非常誘人。麗絲玲與格烏茲塔明那在Altenberg de Bergbieten特級園有優秀表現。

●●●酒單與評分

1. 2017 Frédéric Mochel Crémant d'Alsace Brut: 1$, 9.3/10, Now-10 yrs afetr release
2. 2017 Frédéric Mochel Klevner Pinot Blanc: 1$, 9.3/10, Now-2027
3. 2017 Frédéric Mochel Riesling: 1$, 9.3/10, 2020-2030
4. 2017 Frédéric Mochel GC Altenberhg de Bergbieten Riesling Cuvée Henriette: 2$, 9.5/10, 2020-2033
5. 2011 Frédéric Mochel GC Altenberhg de Bergbieten Riesling Cuvée Henriette: 2$, 9.5/10, 2020-2032
6. 2017 Frédéric Mochel Muscat: 1$, 9.4/10, 2020-2032
7. 2017 Frédéric Mochel GC Altenberhg de Bergbieten Muscat: 2$, 9.6/10, 2020-2030
8. 2014 Frédéric Mochel Traenheim: 1$, 9.5/10, Now-2030
9. 2014 Frédéric Mochel Trovium: 2$, 9.5/10, Now-2032
10. 2017 Frédéric Mochel Pinot Gris: 1$, 9.4/10, Now-2029
11. 2016 Frédéric Mochel Pinot Noir: 1$, 9.4/10, Now-2030
12. 2015 Frédéric Mochel Riesling Kaploen: 2$, 9.7/10, Now-2035
13. 2016 Frédéric Mochel Gewürztraminer: 1$, 9.4/10, Now-2028
14. 2016 Frédéric Mochel GC Altenberg de Bergbieten Gewürztraminer: 2$, 9.8/10, Now-2036
15. 2015 Frédéric Mochel GC Altenberg de Bergbieten Riesling VT: 2$, 9.85/10, Now-2040
16. 2015 Frédéric Mochel Aestas: 2$, 9.7/10, Now-2038

Domaine Gross

近年以浸皮自然派白酒成名，黑皮諾同樣優質

蓋伯斯維爾村（Gueberschwihr）位於柯爾瑪市西南邊14公里處的孚日山脈山腳下，為一偏離觀光路線的美麗靜謐小村，村內以建於十二世紀的教堂鐘塔聞名，村北則有頗具盛名的哥代爾特級園（Grand Cru Goldert；阿爾薩斯方言「Goldert」是金色的意思）。葛羅斯酒莊（Domaine Gross）便位於村內，近年以浸皮自然酒（橘酒類型）吸引一幫愛酒人，也讓此莊

現任莊主文森‧葛羅斯曾是一名音樂家。

酒莊聯絡資訊
Web：https://www.domainegross.fr
Tel：03-89-49-24-49
Add：11 rue du Nord, 68420
　　　Gueberschwihr

的酒風與村內其他釀造者產生明顯差異。與此同時，該莊逐漸放棄「傳統釀法」的酒款（尤指直接榨汁、有些殘糖風格的「傳統」阿爾薩斯白酒）。

葛羅斯家族的釀酒史不算長，最早由現任莊主文森‧葛羅斯（Vincent Gross）的祖父於1950年代開始：因此文森算是釀酒第三代（第四代的青少年們則負責美麗創意酒標的繪製）。目前耕種與釀造10公頃葡萄園，其中自有4公頃，其餘屬於長期租約（租約通常每九年一簽）。

文生年輕時其實是名音樂家，後來因父親屆臨退休，便在2006年（當時只有3.5公頃）下定決心傳承衣缽繼續釀酒。在其主導下，此莊於2014年獲得生物動力法認證，且在試過Domaine Rietsch（請參見第211頁）的橘酒之後，深獲啟發於2016年開始釀造橘酒。自此，該莊以浸皮白酒（橘酒）知名，雖仍有多款直接榨汁釀造的白酒，但釀造比例已經大幅降低：目前約有65％產量屬於浸皮白酒類型（依據品種與浸皮天數，不是所有酒的顏色都很橘）。此外，該莊的日本進口商也僅選擇無添加二氧化硫的浸皮酒款。因此，酒莊的走向（浸皮釀造＋自然酒）已是既定事實，決

與過去的釀造方式與酒風分道揚鑣。

正式品酒前，文森先領我到釀酒窖進行桶邊試飲，由於窖溫寒涼，他特別強調：「橘酒的適飲溫度約在攝氏15度最佳，否則風味會顯得閉鎖」。根據品飲經驗，他還說：「源自片岩與花崗岩浸皮的橘酒容易產生苦韻。他認為黏土質石灰岩或泥灰岩質石灰岩土壤的葡萄比較適合釀造浸皮橘酒」；關於這點，我不是很確定，但我喝過不錯的花崗岩浸皮橘酒的確浸皮天數較短，葛羅斯的浸皮天數約在三至四星期左右。

筆者很喜歡其初階款橘酒「2020 TryO Orange」，以麗絲玲、希爾瓦那與橘色主要來源的灰皮諾釀成，可口有料均衡佳，有種「旨味」及礦物鹽鹹味，美味耐飲，搭配起司醬汁炒牛肚很優！另，其實釀自

特級園Goldert（主要是泥灰岩質魚卵石石灰岩土壤）的「2019 Mittelweg Muscat」蜜思嘉橘酒也很有意思：具有爆發奔放的橘皮與葡萄柚氣息，質地圓潤絲滑，尾韻帶點柑橘類甘苦韻味。另款推薦酒是「2018 Pinot Noir R」（「R」意指黑皮諾源自南部的Rouffach酒村），果香飽滿，質地圓潤，還帶點酒莊經典的礦物質（礦物鹽）滋味，很是特殊！

●●●●酒單與評分

1. 2018 Gross Crémant d'Alsace Brut: 1$, 9.3/10, Now-2025
2. 2020 Gross TryO Orange: 1$, 9.6/10, 2021-2025
3. 2019 Gross Mittelweg Muscat: 2$, 9.5/10, 2022-2032
4. 2019 Gross Osperling Pinot Gris: 2$, 9.65/10, 2022-2034
5. 2018 Gross Pinot Noir R: 2$, 9.65/10, 2022-2035
6. 2017 Gross GC Goldert Riesling: 1$, 9.5/10, 2021-2032
7. 2016 Gross GC Goldert Muscat: 1$, 9.5/10, 2021-2032
8. 2015 Gross Riesling VT: 2$, 9.65/10, Now-2035
9. 2015 Gross GC Goldert Muscat VT: 2$, 9.7/10, Now-2035

中間兩款為浸皮橘酒：「Ospering」以灰皮諾釀成、「Mittelweg」為蜜思嘉浸皮酒，色澤金黃帶濁。

Famille Hugel

風格經典，晚摘與貴腐甜酒的先驅者

上圖：Riquewihr是遊客愛訪的觀光小村，圖中央小木門裡即是休格爾的品酒室。

下圖：中間的大型釀酒槽製造於1715年，被稱為La Sainte Catherine，它是目前仍舊用於釀酒的最古老酒槽，因此被列入世界紀錄。左邊是該莊釀酒師第十二代的馬克‧休格爾，右邊則是第十三代的尚‧菲德列克。

酒莊聯絡資訊

Web：http://www.hugel.com
Tel：03-89-47-92-15
Add：3 Rue de la Première Armée,
　　　68340 Riquewihr

釀酒史可上溯至十七世紀中的休格爾酒莊（Famille Hugel）位於風景優美、帶有濃濃阿爾薩斯風情的觀光酒村希克維爾（Riquewihr）裡，是村內最著名的釀造者，遊客只要順著中世紀的石鋪小道往上走，絕不會錯過位於村子中央左側的淺黃色木筋牆房舍，此即休格爾所在地。愛酒人無須預約即可入內品酒買酒。旁邊還有一家販售世界多國佳釀的「Boutique VINI」販酒鋪，也屬該莊物業。此莊與釀酒史同樣悠久的廷巴赫（Maison Trimbach）都是阿爾薩斯葡萄酒國際大使，對於推廣此產區美酒有卓越貢獻，兩莊也是旗鼓相當的競爭者。

約莫在十多年前，筆者曾經一度對於休格爾的酒有些失望：總覺雖然技術無誤，品種風味也被突顯，但深度與風土的反映仍有所欠缺。但令人欣喜的是約自2010年起，該莊開始有機種植、重整系列酒款，還換了新酒標，自此，酒質愈釀愈佳，高階的頂級酒款皆是反映風土的醇釀，酒莊再度擦亮金字招牌，再現榮光。

備受尊崇

早期的休格爾家族具備三重身分，他

們不僅是葡萄種植與釀造者，也是製桶匠（直到二十世紀初才停止自製），還具有「Gourmet」身分而備受村內人敬重。早期的「Gourmet」不是現代狹義的「美食家」，而是具專精品味，懂得品嘗、斷定酒質高下，且進行葡萄酒買賣的聞人名士，即現代意義的葡萄酒中介商——「Négociant」。不僅如此，「Gourmet」還扮演該村的酒農大使，若有外人進村買酒，首位詢問的就是「Gourmet」，以便得知村內誰能釀出酒質高尚且價格合理的酒釀，同時付給前者一筆仲介顧問費。

酒莊的「Grossi Laüe」系列三傑。「Grossi Laüe」在阿爾薩斯方言裡是「尊貴風土」之意，含義接近現代意義的特級園。不過，中間的灰皮諾並非完全釀自特級園，主要來自此莊認為潛力等同於特級園的Pflostig葡萄園。

休格爾自有30公頃葡萄園，其中半數位於Schoenenbourg和Sporen特級園內，另還握有一塊位於希克維爾村南的Pflostig葡萄園（雖非特級園，但該莊認為它有特級園的潛力），在此釀出優質的黑皮諾和灰皮諾。酒莊每年還與長期合作的葡萄農買進約100公頃的葡萄，用以釀造產量較大的初階酒款。

幾百年來，休格爾依舊為家族酒莊，也屬於知名的「PFV頂尖家族酒莊協會」（Primun Familiae Vini）成員，目前已傳承至第十二和第十三代。釀酒師是第十二代馬克·休格爾（Marc Hugel），此次接待我的則是第十三代的姪子尚·菲德列克（Jean-Frédéric Hugel）；他是訪臺多次並於幾年前過世的艾田·休格爾（Etienne Hugel）之子。

釀酒方面，馬克基本上僅使用野生酵母，除在某些年份發酵過程出現過度延遲，才會運用中性的（只協助發酵，不帶入其他風味）人工選育酵母協助。除黑皮諾外，不使用小型橡木桶。白酒釀造上，通常不進行乳酸發酵，但遇到較為冷涼的年份（如2008、2010與2012），或是酒中酸度偏高一些，則進行乳酸發酵。此外，為避免乳酸發酵有時會帶來的乳脂或優格的氣味（此類味道過多時，會遮掩風土的清透呈現），此莊近幾年試圖在酒精發酵剛開始的階段就添入乳酸菌，以促發乳酸發酵早點發生，使其在酒精發酵完成之前就結束。

除「晚摘」（VT）以及「貴腐葡萄精選」（SGN）甜酒外，該莊目前將不甜的酒款分為四階。最初階的是混合不同品種（約五種）所釀成的「Gentil」，風味清新且百搭；接著是以一半自有葡萄、一半外購葡萄所釀成的「Classic」系列品種酒，品質雅俗共賞，餐廳裡常

見；之上是「Estate」系列（釀自自有葡萄園果實，以麗絲玲來說，約有六成葡萄來自Schoenenbourg特級園的上坡與下坡），「Estate」系列所有酒款都具有相當優秀的水準；最後，頂層則是「Grossi Laüe」系列，葡萄源自特級園裡的較佳地塊（但黑皮諾及灰皮諾釀自Pflostig葡萄園），酒質傑出，錯過可惜。此外，獨立於這四層之上，還有一款釀自Schoenenbourg中坡歷史園區的旗艦菁英──「Schoelhammer Riesling」（首年份是2007），Schoelhammer地塊的土層淺，往下

挖不久就會碰到基石，於釀造裝瓶後還要窖藏約八年才上市，品質足以和廷巴赫的「Clos Sainte Hune」一較高下。

最後要提一下該莊的非常規酒──麥桿甜酒（Vin de Paille）。麥桿甜酒顧名思義就是將熟美健康的葡萄放在通風的麥桿墊上，透過長期自然風乾讓果實呈現葡萄乾狀，再慢速榨出微量果汁釀造而成。以麗絲玲而言，貴腐甜酒少見但不算罕見，基本上，有錢就買得到，但麗絲玲的麥桿甜酒就像天然形成的黑珍珠，極稀罕。一百多年前，休格爾的祖先曾有釀製麥桿甜酒的經驗，隨後中斷。家族酒窖裡目前僅存三瓶1884年份的麗絲玲麥桿酒。直到1988年該莊才又釀出此珍饈美釀，但僅供家族自用與餽贈。

酒莊最近一次的麥桿甜酒「Patience de Riesling」釀自1996年份，葡萄是當年採收自Schoenenbourg西北角地塊的麗絲玲，經過兩個多月的風乾，榨出少得可憐的棕色果汁，於兩個60公升的玻璃甕經過十九年光陰才完整發酵（因為糖分超高，發酵走走停停六次），待酒質穩定後在2016年裝瓶（酒精度接近5%，殘糖是每公升495公克）。此酒是我生平嘗過最精彩的麥桿甜酒，酸甜度皆達超高標準，均衡完美，滋味近乎滿分，可圈可點，餘韻深長（有點像酸度更高的Pedro Ximénez甜酒，因未經酒精加烈，更顯難得）。三百一十八瓶的半瓶裝，酒莊只計畫售出一百多瓶，其餘自用，臺灣則分到十多瓶。

●●●●酒單與評分

1. 2016 Famille Hugel Gentil: 1$, 8.8/10, Now-2022
2. 2016 Famille Hugel Gewürztraminer Classic: 2$, 9.2/10, 2019-2028
3. 2014 Famille Hugel Gewürztraminer Classic: 2$, 8.9/10, 2018-2025
4. 2016 Famille Hugel Riesling Classic: 2$, 9.1/10, 2018-2022
5. 2014 Famille Hugel Riesling Estate: 2$, 9.5/10, 2019-2030
6. 2013 Famille Hugel Riesling Estate: 2$, 9.4/19, Now-2030
7. 2015 Famille Hugel Pinot Gris Estate: 2$, 9.4/10, 2018-2032
8. 1998 Famille Hugel Riesling Hommage à Jean Hugel: 2$, 9.35/10, 2009-2015
9. 2013 Famille Hugel Riesling Grossi Laüe: 3$, 9.7/10, 2018-2030
10. 2011 Famille Hugel Riesling Grossi Laüe: 3$, 9.5/10, 2018-2030
11. 2010 Famille Hugel Riesling Grossi Laüe: 3$, 9.65/10, Now-2035
12. 2012 Famille Hugel Pinot Gris Grossi Laüe: 3$, 9.6/10, 2020-2033
13. 2010 Famille Hugel Pinot Gris Grossi Laüe: 3$, 9.8/10, Now-2032
14. 2012 Famille Hugel Gewürztraminer Grossi Laüe: 3$, 9.7/10, 2018-2032
15. 2010 Famille Hugel Gewürztraminer Grossi Laüe: 3$, 9.5/10, Now-2032
16. 2013 Famille Hugel Pinot Noir Grossi Laüe: 3$, 9.35/10, 2019-2030
17. 2010 Famille Hugel Pinot Noir Grossi Laüe: 3$, 9.2/10, 2019-2025
18. 2009 Famille Hugel Schoelhammer Riesling: 5$, 9.8/10, 2019-2037
19. 2007 Famille Hugel Schoelhammer Riesling : 5$, 9.8/10, 2018-2036
20. 2010 Famille Hugel Gewürztraminer VT: 3$, 9.7/10, 2018-2036
21. 2012 Famille Hugel Riesling VT: 4$, 9.65/10, 2018-2034
22. 2011 Famille Hugel Riesling SGN "S": 5$, 9.9/10, 2018-2045
23. 2010 Famille Hugel Gewürztraminer SGN "S": 5$, 9.95/10, 2018-2050
24. 1996 Famille Hugel Patience de Riesling Vin de Paille: 5$, 9.99/10, 2018-2050

Domaine Jean-Claude Buecher
自然少干預、阿爾薩斯氣泡酒之最

　　尚克勞德・布雪酒莊（Domaine Jean-Claude Buecher）乃阿爾薩斯唯一一家只釀造氣泡酒，不產靜態紅白酒的異數。其實僅在三年前，我也不識此莊，但經阿爾薩斯葡萄酒專家梅耶（Thierry Meyer）的間接介紹與溫巴赫酒莊（Domaine Weinbach）的艾迪（Eddy）直接推薦，我在從未試過此莊酒款情形下，就決定採訪寫入書中。訪莊試酒後，酒質令人大為驚豔：以阿爾薩斯氣泡酒的整體表現來論，為該產區之最，甚而與許多香檳名廠相較，也毫不遜色。爽度最高的是只要同品質香檳酒莊的三分之一或甚至五分之一價格（尤其是高階款）就能擁有同樣享受。

　　創莊人尚克勞德・布雪（Jean-Claude Buecher）在1979年藉由丈人協助，創設了同名酒莊，於2005年將酒莊交給兒子法蘭克・布雪（Franck Buecher）掌理，自此酒質突飛猛進，款款精彩；我目前給了「兩串葡萄」評價，但幾年後若有機會再出書評價，「三串葡萄」的最高評價並非不可能。法蘭克握有「釀酒與種植高級技師」（BTS Viti-Oeno）文憑，曾赴紐西蘭釀酒見習六個月，也在同村菁英酒莊巴麥斯—布雪（Domaine Barmès-Buecher）實習過。

　　相較於香檳大廠的巨大產量，此莊只能算是微型酒莊：目前擁園10公頃，平均年產量介於三萬五至五萬瓶。法蘭克認為要將氣泡酒釀好的幾個要點是：降低產量（依法規每公頃最高不得產出超過8,000公

在法蘭克・布雪主導下，此莊不管是種植或釀造都較以往更為貼近自然。

　　酒莊聯絡資訊
　　Web：http://www.cremant-buecher.fr
　　Tel：03-89-80-14-01
　　Add：31 rue des Vignes, 68920 Wettolsheim

升，此莊產能只有一半，甚至不到）、以小籃採收避免壓損葡萄（使用25公斤採收籃，但採收時僅裝23公斤）、有機甚或生物動力法種植（2021年份酒款可拿到生物動力法認證）、夏季時不粗暴剪去葡萄株頂端枝條而打擾到植株生長均衡，改纏繞在鐵絲上、基酒以野生酵母發酵、拉長瓶中二次發酵與和死酵母渣的培養期間（此

莊最低的瓶中渣培為二十四個月，其實絕大多數情況都遠遠超過此數）。

酒莊只釀年份氣泡酒，幾乎都屬完全不甜的Extra Brut類型。初階款「Reflets Extra Brut」以白皮諾、黑皮諾與歐歇瓦釀成，有六成葡萄來自Walbach村的花崗岩坡地葡萄園，酒質已相當優秀。「Murmure Rosé Extra Brut」以百分百黑皮諾釀成，酒質飽滿溫潤，清新中以紅莓果誘人；「Résurgence Extra Brut」以產自特級園的黑皮諾與白皮諾釀成，風格接近高雅香檳的樣態（有些奶油麵包的氣息），很喜歡其恰到好處的礦物鹽滋味；「Empreinte」以百分百夏多內釀成（葡萄來自Rotenberg特定葡萄園），酸度使其修長緊緻，柔美又滋涩；頂級款「Fleur de Lys」則是以Pfersigberg特級園的白皮諾釀成，可說是將白皮諾的潛能發揮到極大化，飽滿滑潤又兼具緊實骨架。

不過，此莊的頂尖旗艦款「Reflets Cuvée Insomnia」其實就是初階款在瓶中與死酵母渣培養超過十年以上才除渣補酒液裝瓶的「特陳晚出款」，以「2006 Reflets Cuvée Insomnia」而言，「瓶中渣培」達一百四十三個月才釋出，即便以香檳區的水準而言，都極少見，其風味飽滿豐富複雜，滋味如拳拳到肉，且出拳綿密精準的詠春拳法，足與最佳香檳叫陣。至於過陣子才會推出僅僅六百瓶，以蜜思嘉葡萄釀成的自然氣泡酒也令筆者非常期待。

最左邊那款「2006 Reflets Cuvée Insomnia」，瓶中渣培達一百四十三個月才釋出。左二的「Fleur de Lys」是以Pfersigberg特級園的白皮諾釀成。

◐●●酒單與評分

1. 2014 JC Buecher Reflets Extra Brut : 1$, 9.5/10, Now-6 years after release
2. 2015 JC Buecher Murmure Rosé Extra Brut: 1$, 9.5/10, Now-7 years after release
3. 2011 JC Buecher Résurgence Extra Brut : 2$, 9.6/10, Now-6 years after release
4. 2014 JC Buecher Empreinte Extra Brut: 2$, 9.6/10, Now-6 years after release
5. 2012 JC Buecher Fleur de Lys Brut : 2$, 9.7/10, Now-6 years after release
6. 2007 JC Buecher Reflets Cuvée Insomnia : 2$, 9.8/10, Now-6 years after release
7. 2006 JC Buecher Reflets Cuvée Insomnia : 2$, 9.85/10, Now-6 years after release

Domaine Jean-Paul Schmitt

源自花崗岩的純淨干性風味，黑皮諾絕佳

此莊的灰皮諾與黑皮諾都在小橡木桶培養（400與600公升桶）。

雪維萊村（Scherwiller）位於下萊茵省塞樂斯塔市（Sélestat）市西北邊，人口約三千，村界內的特定葡萄園希特斯伯格（Rittersberg；意指「騎士山」）約有28公頃，為位於斜坡上的花崗岩土壤園區，但長久以來名氣不彰，未受重視，直到尚保羅·史密特酒莊（Domaine Jean-Paul Schmitt）出現後，才為此園注入新生命與酒質新標竿，使目前的希特斯伯格成為阿

酒莊聯絡資訊

Web：http://www.vins-schmitt.com/fr
Tel：03-88-82-34-74
Add：Hühnelmühle, 67750 Scherwiller

爾薩斯花崗岩美酒的來處之一。

此莊目前擁有8.5公頃的希特斯伯格，當初由同名莊主尚保羅·史密特的祖母買下，目的是給其丈夫耕作釀酒，但由於其夫體弱病重而導致荒廢，直到尚保羅的父親時期才真正開始專心釀酒，後在1993年由尚保羅正式接手酒莊。身為釀酒第二代的尚保羅曾念過「釀酒與葡萄種植高職文憑」，也曾在史特拉斯堡知名的葡萄酒專賣店Au Millésime工作過；他剛接手時，一人獨挑酒莊經營、葡萄種植與釀酒的大樑，常顯得分身乏術，直到2003年他的德國籍摯友班恩·歌本歐弗（Bernd Koppenhöfer）加入團隊處理種植與釀酒外的一切事宜，才使尚保羅有精神餘裕，並在班恩的鼓勵下，走向有機種植，後於

2015年獲得生物動力法認證，近年酒質愈發風味純淨，骨幹扎實，韻味深遠。

其實長久以來，雪維萊村知名的不是葡萄酒，而是位於酒莊對面且曾屬於該家族的知名餐廳Auberge de la Hühnelmühle；此餐廳以當地特色菜「炸鯉魚薯條」聞名於阿爾薩斯饕客之間，但尚保羅已在2018年將餐廳頂讓出去，所獲得的資金，則用於擴充儲酒窖與新建釀酒窖。新釀酒窖其實是與同村另一生物動力法酒莊——西洋蓍草酒莊（Achillée）共用場地與設備。雪維萊村多數葡萄農僅滿足於生產葡萄，並按斤秤兩地將葡萄賣給大廠釀成氣泡酒，真正值得一提的優秀酒莊就是此莊與「西洋蓍草」。

歐洲是該莊主要外銷市場，亞洲除臺灣外、中國大陸與日本也有一些。進口商「餐桌有酒」在多年前便已代理該莊酒款進臺灣，機緣則是因進口商老闆曾是班恩的舊識，曾向當時尚未進入此莊的後者購買不少的包裝機械，後因愛上葡萄酒，慢慢地從酒價昂貴的波爾多與布根地，轉而發現阿爾薩斯葡萄酒的美好，進一步代理造福臺灣愛酒人。

由於風土特性與該莊的自我要求，每公頃產量相當低，平均只有3,500公升。酒莊僅用野生酵母發酵，乳酸發酵通常自動發生；由於以慢速榨汁，皮汁接觸時間略長一些，再加上花崗岩土壤特質，使此莊的酒有時會略帶一絲單寧感，替飽滿的酒

左：「Bernd Koppenhöfer」（釀酒外的重要事項都由他包辦）；右：「Jean-Paul Schmitt」（主管釀酒）。

二串葡萄酒莊

體帶來更健全的架構與饒富興味的質地。

　　該莊各款酒質水準相當平均，除優秀的麗絲玲與格烏茲塔明那，其實真正的寶藏在其黑皮諾與灰皮諾。含有未去梗整串葡萄一起釀造的「Pinot Noir Réserve Personnelle」風味深沉優雅、芳馨誘人，頂級款「Pinot Noir Grande Réserve」滋味流暢精深，具有布根地少見的鮮明礦物鹽氣息；頂級款「Pinot Gris Grande Réserve」以小粒種灰皮諾（果串長、顆粒小、果汁少、種植於1955年）釀造，在舊的橡木桶（600與400公升桶）培養，酒質干性深沉扎實，嘗來一如布根地頂尖夏多內（夏多內與灰皮諾有些親緣關係）。此莊酒質在年輕時略顯嚴肅，建議採收年份後的四年再飲。

無添加的「Jean-Paul Schmitt Crémant Brut Zéro」帶些氧化風格與薑片滋味，氣泡極為細緻，與酒莊對面Auberge de la Hühnelmühle餐廳的炸鯉魚薯條搭得相得益彰。

○●○●酒單與評分

1. 2017 Jean-Paul Schmitt Rittersberg ZEN: 1$, 9.25/10, Now-2025
2. NV Jean-Paul Schmitt Crémant Brut Zéro : 2$, 9.5/10, 10 yrs after release
3. 2017 Jean-Paul Schmitt Rittersberg Riesling Classique : 1$, 9.3/10, 2021-2035
4. 2016 Jean-Paul Schmitt Rittersberg Riesling Classique : 1$, 9.4/10, 2020-2032
5. 2017 Jean-Paul Schmitt Rittersberg Muscat Classique : 2$, 9.35/10, Now-2030
6. 2015 Jean-Paul Schmitt Rittersberg Muscat Classique : 2$, 9.35/10, Now-2028
7. 2018 Jean-Paul Schmitt Rittersberg Pinot Blanc Classique : 1$, 9.2/10, Now-2026
8. 2016 Jean-Paul Schmitt Rittersberg Auxerrois Classique : 1$, 9.3/10, Now-2026
9. 2015 J-P Schmitt Rittersberg Riesling Réserve Personnelle : 2$, 9.6/10, Now-2032
10. 2014 J-P Schmitt Rittersberg Riesling Réserve Personnelle : 2$, 9.5/10, Now-2030
11. 2015 Jean-Paul Schmitt Rittersberg Pinot Gris Classique : 1$, 9.35/10, Now-2030
12. 2014 JPS Rittersberg Pinot Gris Réserve Personnelle : 2$, 9.6/10, Now-2032
13. 2015 JPS Rittersberg Pinot Gris Réserve Personnelle : 2$, 9.7/10, Now-2035
14. 2013 JPS Rittersberg Pinot Gris Grande Réserve: 3$, 9.8/10, Now-2035
15. 2016 JPS Rittersberg Pinot Noir Réserve Personnelle : 2$, 9.7/10, Now-2036
16. 2017 JPS Rittersberg Pinot Noir Grande Réserve : 4$, 9.8/10, Now-2038
17. 2016 JPS Rittersberg Gewürztraminer Classique: 1$, 9.3/10, 2019-2032
18. 2013 JPS Rittersberg Gewürztraminer Réserve Personnelle : 2$, 9.5/10, 2019-2033
19. 2011 JPS Rittersberg Gewürztraminer SGN: 3$, 9.7/10, 2019-2032

Domaine Jean Sipp

圓柔優雅帶礦物質風味，麗絲玲強中手

上圖：Clos Ribeaupierre 屬花崗岩土質，海拔約300公尺，最陡處可達40度，部分區域築有梯田。

右圖：Kirchberg de Ribeauvillé特級園所產麗絲玲風味柔和高雅清新。

尚・希普酒莊（Domaine Jean Sipp）位在中世紀酒村里伯維雷（Ribeauvillé）的上村（上坡）處的一棟1416年老宅裡，這裡曾是里伯皮耶領主（Ribeaupierre）家族的產業。希普家族的釀酒史起自1654年，繼尚賈克（Jean-Jacques）之後，其子尚紀雍・希普（Jean-Guillaume Sipp）於2010年接手經營，並於2018年成功轉型為有機農法，自此酒風更顯精準。此莊各種酒都釀得極有水準，麗絲玲尤其耀眼，共同點在於酒質圓柔優雅帶礦物質風味，耐啖耐飲，易於搭餐。

尚紀雍年輕時自阿爾薩斯胡發赫農業高職（Lycée Agricole de Rouffach）畢業後，除曾在法國各產區的Domaine Zind-Humbrecht、Olivier Leflaive、Guigal、Domaine Mont-Redon實習釀酒之外，也曾赴智利、阿根廷、南非與紐西蘭見習。此莊目前擁有24公頃園區，主要分散在里伯維雷、貝格翰（Bergheim）與St-Hippolyte三村，種有七個品種；以小型曳引機翻土之後，園中每隔兩行會種植裸麥當綠肥以優化土質。以手工採收，特級園、特定葡萄園與老藤酒款每公頃產量在4,000～5,000公升，特級園、老藤與晚摘酒款有時需要

酒莊聯絡資訊

Web：https://www.jean-sipp.com

Tel：03-89-73-60-02

Add：60 rue de la Fraternité, 68150 Ribeauvillé

二串葡萄酒莊

分兩次採收，以篩揀出最好的葡萄。

各品種、不同地塊分別採收，並在兩小時內榨汁，後以攝氏10度進行二十四小時的靜置澄清後，再以攝氏20度在5,000公升舊酒槽或不鏽鋼槽進行約六星期的發酵（或更長的時間），特級園、特定葡萄園與老藤酒款會和細緻酒渣一同培養至隔年的5到9月，後經輕微過濾後裝瓶。

酒質堪稱此莊桂冠的當然是來自Kirchberg de Ribeauvillé與Altenberg de Bergheim兩特級園的麗絲玲，前者既圓潤又輕巧，後者則更為熟美甘潤；另不可錯過的優秀麗絲玲範本則來自 Grossberg與Haguenau兩特定葡萄園。酒質緊追在前兩特級園之後的是來自Clos Ribeaupierre克羅園的灰皮諾：此克羅園自1451年即被史冊記載，曾為里伯皮耶領主所有，過去為四個高貴品種混種，自1993年起尚賈克拔除葡萄株，改種他認為表現最佳的灰皮諾；的確，產自此花崗岩土質的灰皮諾酒色金黃，質地絲滑稠美，優雅具香料調，極為迷人。至於幾款格烏茲塔明那皆芳雅脫俗。

意料之外的是，尚‧希普的氣泡酒（Crémant）也釀得相當好：「Brut Blanc de Blancs」以白皮諾與歐歇瓦釀成，桃、梨、花香裡啖有精準明亮的滋味；「Crémant Brut L'Evidence」以白、灰、黑皮諾與歐歇瓦釀成，部分基酒在小橡木桶內培養，瓶中與死酵母渣共同培養三十六個月，圓潤

的質地裡拉撐出極好的張力，已是優良香檳的級數。黑皮諾紅酒也不錯，以「Pinot Noir Osmose」表現最優，酒名「Osmose」意指父子倆在釀酒觀念與技術上的互相「滲透」與影響，以30%新桶培養後，此酒柔美可口有料，帶一絲白胡椒氣息，與燉肉相伴最好不過。

○○●●酒單與評分

1. NV Jean Sipp Crémant Brut Blanc de Blancs: 1$, 9.3/10, Now-6 yrs after release
2. NV Jean Sipp Crémant Brut L'Evidence: 2$, 9.5/10, Now-12 yrs after release
3. 2018 Jean Sipp Pinot Noir Réserve: 1$, 9.1/10, 2019-2026
4. 2016 Jean Sipp Pinot Noir Élevé en barrique: 2$, 9.35/10, 2020-2032
5. 2016 Jean Sipp Pinot Noir Osmose: 3$, 9.4/10, 2022-2036
6. 2016 Jean Sipp Riesling Vieilles Vignes: 1$, 9.6/10, 2019-2032
7. 2017 Jean Sipp LD Grossberg Riesling: 2$, 9.7/10, 2020-2033
8. 2016 Jean Sipp LD Haquenau Riesling: 2$, 9.75/10, 2020-2035
9. 2016 Jean Sipp GC Kirchberg de Ribeauvillé Riesling: 2$, 9.9/10, 2020-2038
10. 2017 Jean Sipp Pinot Gris Réserve: 1$, 9.45/10, 2019-2030
11. 2012 Jean Sipp Clos Ribeaupierre Pinot Gris: 2$, 9.8/10, Now-2035
12. 2018 Jean Sipp Muscat Réserve: 1$, 9.5/10, 2020-2030
13. 2016 Jean Sipp Gewürztraminer Cuvée Particulière: 1$, 9.5/10, 2019-2032
14. 2015 Jean Sipp Gewürztraminer Cuvée Carole: 2$, 9.8/10, 2020-2040
15. 2000 Jean Sipp Gewürztraminer SGN: 5$, 9.99/10, Now-2050

莊主尚紀雍‧希普。

Domaine Josmeyer
少干預、酒體飽滿、干性好搭餐

上圖：酒莊用來釀酒與培養的百年以上桶齡大酒槽（木料來自孚日山脈）。
右圖：釀酒師伊莎貝爾，後為柯爾瑪市。每個世代都有各自須面對的釀酒課題，面對溫室效應，伊莎貝爾認為難題在於讓酒保有足夠的自然酸度。

酒莊聯絡資訊
Web：http://www.josmeyer.com
Tel：03-89-27-91-90
Add：76 rue Clémenceau, 68920
　　　Wintzenheim

梅耶（Meyer）家族世居阿爾薩斯文琛翰酒村（Wintzenheim，柯爾瑪市西邊），自1854年揭開葡萄種植與釀酒史，第三代的雨柏・梅耶（Hubert Meyer）為紀念父親喬瑟夫（Joseph），將其名前三字母與家族姓氏結合成為「Josmeyer」，於1963年改莊名為喬斯梅耶酒莊（Domaine Josmeyer）。目前接掌的是「梅耶雙姝」：姊姊伊莎貝爾（Isabelle）主要負責釀造，妹妹瑟琳（Céline）主要掌管行政經營，為酒莊總裁。在伊莎貝爾巧釀之下，此莊酒質初嘗澄透婉約，以優雅氣質引人入勝，但中後段又顯出飽滿的男性氣概，算是陰陽共濟的良好均衡；她說其酒必須具有「Digestif」的特性，直譯是「好消化」，引申就是要能「一杯接一杯」。酒質精湛同時易飲耐飲，這在要求效率以及「一拳擊倒」的時代，實在難能可貴。

伊莎貝爾擁有葡萄種植與釀造文憑，曾在羅亞爾河名莊Huet實習，1994年就回酒莊工作，於1999年開始實行生物動力法（她在Huet習得此法），2004年獲Biodyvin與Demeter兩標章認證，2016年前的葡萄園總管是其前夫克里斯多福（Christophe Ehrhart，現為獨立生物動力

法種植顧問），現在則由兩姐妹與莊內員工分責照顧葡萄園。伊莎貝爾的父親尚·梅耶（Jean Meyer，1944～2016年）生前曾說：「布根地人就釀布根地，香檳就讓香檳人來釀」，因此他不種、不釀黑皮諾，也不釀Crémant d'Alsace氣泡酒，最愛是經典的阿爾薩斯干白酒，且餘糖量稍微多一丁毫，就會告誡女兒：「不要成為甜味的俘虜」。當然，餘糖量多寡是一回事，整體均衡才是重點。由此可看出此莊強調與擅長的是干性、淨直、颯爽通透且帶勁的傳統風味（但該莊也釀少量晚摘與貴腐甜酒，且後來伊莎貝爾也種植與釀造箱數不多的黑皮諾）。

園中直接汰選

酒莊的採收期約持續一個月，採收團隊有三十五至三十八人，由於莊內並無購置葡萄篩選輸送帶，所以果實的汰選直接在葡萄園中完成。幾乎所有酒款皆採整串榨汁（除黑皮諾有去梗破皮），且以不超過一個大氣壓力的力道輕緩榨汁，因而每批榨汁需時六至八小時。之後，基本上所有酒款都在舊的無溫控大木槽（木料來自孚日山脈）發酵與培養（少數的不鏽鋼槽以及內有塗層的水泥槽主要用以混調與暫存某些酒款）。發酵（僅用野生酵母）與培養時，通常不進行攪桶，除非某一年份酒款或某一酒槽的酸度偏高，會破例輕攪。在施行生物動力法之前，許多酒槽的乳酸發酵並不自然發生，如今採用此農法多年後，通常會自動發生。但也有例外：2016年的酒就無乳酸發酵。

法國《葡萄酒農》（*Vigneron*）雜誌在2019年春季號以阿爾薩斯為專題報導，還以此酒莊兩姐妹照片為封面，介紹文中提及酒莊以「巴哈花精」（Fleurs de Bach）照護葡萄園，但僅此而已，並未多加說明。此次二訪特意就此請教伊莎貝爾，她表示這主要是自身有在使用巴哈花精的瑟琳，見到2017年Drachenloch（用來釀造「Dragon Riesling」的地塊）葡萄園受到春霜凍傷，覺得不捨，因而以花精照料。然而，源自英國巴哈醫師所發明提倡的花精療法，主要是用來和緩心裡層面的創傷與愁慮，也能用在緩和植株的凍傷後創傷情緒？伊莎貝爾說這是很個人的療癒方式。我後來和史特拉斯堡市中心一家我常買精油的店家聊起此事（他們也賣巴哈花精），店家說花精也能用在寵物與植物本身的療癒，我是首次聽聞，也讓我眼界大

「Samain」為Hengst特級園裡最佳麗絲玲典範之一。

伊莎貝爾也愛在木槽上繪畫，以記錄採收當日的情況。如此槽所示，當時月亮走到土象的處女座，屬於降月階段，被歸為「根日」。

●●●酒單與評分

1. 2013 Josmeyer Pinot Noir：1$, 9/10, 2017-2023
2. 2014 Josmeyer Sylvaner Peau Rouge: 1$, 9.25/10, 2016-2023
3. 2015 Josmeyer Muscat: 1$, 9.3/10, 2020-2032
4. 2013 Josmeyer Muscat: 1$, 9.4/10, 2016-2024
5. 2013 Josmeyer Pinot Auxerrois "H" VV: 2$, 9.45/10, 2015-2022
6. 2012 Josmeyer Riesling le Dragon: 2$, 9.5/10, 2015-2025
7. 2016 Josmeyer Pinot Gris Un Certain Regard：2$, 9.5/10, 2020-2032
8. 2011 Josmeyer Pinot Gris Fondation VV: 2$, 9.4/10, Now-2027
9. 2016 Josmeyer Gewürztraminer Folastries: 2$, 9.4/10, 2021-2036
10. 2017 Josmeyer Riesling Le Kottabe: 2$, 9.3/10, 2020-2017
11. 2012 Josmeyer Riesling Les Pierrets: 3$, 9.65/10, Now-2025
12. 2011 Josmeyer Grand Cru Brand Riesling: 3$, 9.65/10, Now-2025
13. 2016 Josmeyer Grand Cru Brand Riesling: 3$, 9.8/10, 2020-2036
14. 2012 Josmeyer Grand Cru Hengst Riesling: 3$, 9.7/10, 2020-2036
15. 2011 Josmeyer Grand Cru Hengst Riesling: 3$, 9.6/10, Now-2030
16. 2001 Josmeyer Grand Cru Hengst Riesling VT: 3$, 9.5/10, Now-2023
17. 2010 Josmeyer Grand Cru Brand Pinot Gris: 3$, 9.6/10, Now-2028
18. 2010 Josmeyer Grand Cru Hengst Gewürztraminer: 3$, 9.7/10, Now-2030
19. 2005 Josmeyer Grand Cru Hengst Gewürztraminer：3$, 9.5/10, Now-2022
20. 2011 Josmeyer Grand Cru Hengst SAMAIN Riesling: 3$, 9.85/10, 2020-2038
21. 2009 Josmeyer Grand Cru Hengst SAMAIN Riesling: 3$, 9.9/10, Now-2030

開。另外，此莊有時也採用柑橘精油處理葡萄樹的霜黴病。

從葡萄園探訪回來，伊莎貝爾領我進入酒窖，在鵝黃燈光中映入眼簾的是多個巨型木槽，且都是上百年老槽。咦，上面有不少粉筆畫塗鴉……原來皆是女釀酒師的傑作：月亮旁如果有拉出一道向上的箭號，表示採收當天，月亮正在月軌上的升月（Lune Montante）階段；畫有牡羊，則說明當天正處火象星座的果日。當然限於天氣實況，生物動力法的篤信者並無法總依曆法佳時採收（該搶收時，還是要積極行動），但若有得選，此莊通常會選果日（果香可能更奔放）或根日（尤其採收目標是特級園時，風土之味或許更突顯）採收。因該莊約27公頃的葡萄園分散為九十六小塊，故在生物動力法與分批採收分批釀造的施行難度上可說大為提高。

該莊在Hengst與Brand兩塊特級園釀有頂尖酒款，由於在前者擁園較大，所以市面上以Hengst酒款較為常見。「Hengst」在阿爾薩斯方言裡意指「種馬」，表示此園產酒常有飽滿的熱情與氣力。除「Hengst」常態款，酒莊還推出旗艦款「Grand Cru Hengst Samain Riesling」，酒名「Samain」源自賽爾特人的新年節慶，與西歐其他民族的萬聖節同日。Samain是Hengst位於最上坡山脊處的園中園，種的是小粒種麗絲玲（Riesling à Petits Grains），除可嘗出更多的陽光與勁道，酒質也更芬芳細緻。

Domaine Kumpf & Meyer

不多干預的自然派，白酒飽滿偏氧化風格，黑皮諾優質

1997年，新婚的蘇菲・昆夫（Sophie Kumpf）與菲利普・梅耶（Philippe Meyer）併合了各自傳承於家族的葡萄園，聯名成立了昆夫・梅耶酒莊（Domaine Kumpf & Meyer）。後來兩人離異，菲利普也離開葡萄酒界，蘇菲獨自經營了一段期間後，在2010年雇用了朱利安・阿貝圖斯（Julien Albertus）掌管種植與釀造大任，後來朱利安買下菲利普股份，與蘇菲成為該莊共同擁有人。

此莊位於史特拉斯堡西南邊的侯塞（Rosheim）酒村，是該村獨立裝瓶的六家酒莊之一。昆夫・梅耶酒莊在朱利安接手之前，就是施行慣行農法的普通酒莊，朱利安一到任便開始轉作有機，並於2016年獲得有機認證，且開始釀造全系列的自然酒。此莊脫胎換骨的推手朱利安現年三十七歲，來自洛林，曾在阿爾薩斯南部的Valentin Zusslin酒莊工作過兩年。他說：「我只釀自己想喝的葡萄酒」。

酒莊目前種植的園區為16公頃，其中12公頃自有，另4公頃則為長期租約。釀造過程基本上都無添加二氧化硫，如真有其必要，也屬極微量添加：每公升總量10～20毫克。為求酒質自然地穩定，此莊所有紅白酒都會進行乳酸轉換（即一般人所謂的乳酸發酵）。因為朱利安本人不喜歡帶甜的酒款，加上要釀造殘糖偏多的無添加二氧化硫白酒的風險較高，所以該莊自多年前起已不再釀造甜酒。

此莊改釀自然酒的推手朱利安・阿貝圖。

酒莊聯絡資訊
Web：http://kumpfetmeyer.com
Tel：03-88-50-20-07
Add：34 route de Rosenwiller, 67560 Rosheim

此莊白酒（正中間）具有輕微氧化風格，左二的黑皮諾自然而美味。

酒莊的葡萄園分布在阿爾薩斯北方的莫爾塞（Molsheim）村（黏土質泥灰岩與石灰岩土壤）與侯塞兩村，後者的地質尤其多樣與複雜，朱利安認為應拉長培養期（槽中培養期，而非瓶中培養期）才能表現出侯塞村的風土多樣性。故而三年內的近期目標是擴大釀酒廠房，以便進一步拉長酒質培養年限，不再受制於廠房太小而必須提早裝瓶。

此莊平均酒質相當高，白酒主要以黃色水果風味為主，口感圓潤，張力佳，帶一些輕微氧化風格。頂尖白酒「Je suis de Marne」其實混合了Bruderthal特級園內的三個品種（主要是麗絲玲，其他為灰皮諾與格烏茲塔明那），也因此混調而失去標示特級園的資格（但無損酒質），有時還會混合不同年份。「Utopiste」為格烏茲塔明那浸皮橘酒，具有美味橘汁風味，餘韻美長。筆者也很欣賞中階「Infrarouge」黑皮諾紅酒（葡萄園位於莫爾塞村）：果味飽滿，滋味深沉，帶有白胡椒氣息。

2020年份開始，朱利安開始進行發酵前低溫浸皮（二至三天），他認為如此葡萄汁可以獲得更多養分，在不添加人工選育酵母的同時，能讓發酵程序更順暢地完成，與此同時也讓口感多了一絲複雜度。

○○●●酒單與評分

1. 2018 Kumpf & Meyer Crémant d'Alsace Brut : 1$, 9.3/10, Now-2028
2. 2018 Kumpf & Meyer Y'a Plus Qu'à: 1$, 9.5/10, 2021-2030
3. 2015 2018 2019 Kumpf & Meyer Westerberg Riesling Perpétuel: 3$, 9.7/10, 2021-2035
4. 2017 2019 Kumpf & Meyer Je Suis de Marne :2$, 9.7/10, 2021-2033
5. 2019 Kumpf & Meyer Infrarouge Pinot Noir: 2$, 9.7/10, 2021-2032
6. 2019 Kumpf & Meyer Weingarten Pinot Noir: 2$, 9.6/10, 2022-2033
7. 2019 Kumpf & Meyer Utopiste: 2$, 9.7/10, 2021-2035

Domaine Laurent Barth

釀酒自然少干預，黑皮諾優雅常帶香料調，灰皮諾圓潤酸爽

班維爾村（Bennwihr）在二次世界大戰中遭德軍嚴重轟炸，幾乎滅村，所以在重建之後，阿爾薩斯形式的歷史老房寥寥可數，因此沒啥吸引光觀客駐足的觀光資源。村子旁的Marckrain特級園的主要擁有者是釀酒合作社Bestheim，因為酒質普通，也使得Marckrain名氣長久不彰。幸好，村內仍舊有低調的羅宏‧巴特酒莊（Laurent Barth）默默努力，使得該特級園仍舊產出令人矚目的佳釀。

莊主羅宏在布根地讀過「種植與釀造高等技師文憑」，之後甚至還拿到「國家釀酒師文憑」（DNO）後，便雲遊四方學習釀酒，雖待過不少國家，但自感學習最多的時期其實是在加州索諾瑪郡的俄羅斯河谷（Russian River Valley AVA）的Porter Creek酒莊實習期間，因該莊完全以布根地為師，羅宏在此得以實踐與印證於布根地所學。羅宏‧巴特的酒標是以四種外文（阿拉伯文、印度文、喬治亞文、波斯文）寫就的葡萄葉寫意畫，意思是法文的「L'Esprit du vin」（「葡萄酒精神」之意），簡單明瞭地指出他曾於這四國遊歷釀酒。

1999年因父親過世，迫使羅宏提早回

愛酒成痴，有些內向靦腆的莊主羅宏‧巴特。

酒莊聯絡資訊

Tel：03-89-47-96-06
Add：3 Rue Mal de Lattre de
　　　Tassigny, 68630 BENNWIHR

鄉釀酒。直到2003年為止，羅宏照舊將葡萄賣給釀酒合作社，後於2004年正式以自己大名建莊，隨即改為有機種植（已獲有機認證），並釀出首年份，且於同年開始實施低產（每公頃3,000～4,000公升）、提高每公頃種植密度（部分園區超過一萬株）以及保存老藤等追求高酒質的措施，目前也施行部分的生物動力法（主要是瑪麗亞・圖恩堆肥〔MT〕，相關堆肥資訊請見附錄一）。現年四十八歲的羅宏擁有約4公頃葡萄園（也向一位有機葡萄農購買少量葡萄釀酒），每年依氣候與園區之別

釀出十二至十八款酒，七成的酒用於出口（其中日本市場占10%出口量），現已成為嗜喝阿爾薩斯葡萄酒者心中的低調（門口無招牌）菁英酒莊。

　　酒莊以小籃採收成熟葡萄的同時，盡量保持所釀酒質清新不厚重。通常首先開採的是黑皮諾，接著才採收用以釀造氣泡酒（或自然氣泡酒）的葡萄（例如白皮諾），以使氣泡酒果味成熟，氣韻清新，耐人尋味。

「M Pinot Noir」

酒標是以阿拉伯文、印度文、喬治亞文和波斯文寫成的葡萄葉寫意畫；此莊的格烏茲塔明那甜美之餘，帶有可口酸度。

　　此莊的強項之一是黑皮諾，都釀自黏土質石灰岩，酒色通常偏淺一些，卻細緻芳雅，且帶內勁，尾韻常以香料氣息收結。部分黑皮諾酒款（至少50%）採用整串發酵前低溫（攝氏8～10度）浸皮五至六天（此時約有10%的葡萄已開始發酵），之後回溫正式進行酒精發酵時，會踩皮萃取。至於黑皮諾的去梗，則100%手工進行，以保有最完整果粒。黑皮諾桶中培養十二個月之後，會移至大型不鏽鋼槽三至四個月，讓各桶酒能均衡混合、進一步沉澱酒渣（可避免過濾），也能讓桶味更和諧地融入酒中，此時與空氣的微接觸也可軟化單寧。初階款「S05 P164 Pinot Noir」（以地籍號碼為酒名）已有絕佳酒質，酒質相當的是「Kientzheim Pinot Noir」，至於旗艦款則是「M Pinot Noir」：其實釀自

Marckrain特級園，具有鮮明礦物質風味與香料氣息。

　　白酒則直接緩速（六至十五小時）榨汁，釀酒上僅微量添加二氧化硫，無其他添加物（紅酒相同），主要在舊的大木槽中發酵與培養。此莊的花崗岩風土麗絲玲在年輕時已非常柔美好喝，這與在容量較小的（舊）大木槽內（700～900公升）培養有關，另與槽內的粗大酒渣一同培養也有助益（可使酒體圓潤風味複雜）。

　　筆者很愛該莊灰皮諾的清新爽口與礦物質風味，基礎酒款已令人飲得心悅誠服、神清氣爽，頂尖酒款是「Pinot Gris Altenbourg」：清新圓潤複雜兼具，微有殘糖，實為灰皮諾清鮮類型的傑作。想要超越格烏茲塔明那的品種特性，則葡萄需有足夠的成熟度，但若仍想保有清鮮與均衡，則在採收上就須更下功夫：羅宏最喜歡採收混有不同成熟度的果串（同串有健康的葡萄、掛枝風乾果粒，以及一些貴腐葡萄）。他所釀的「Grand Cru Marckrain Gewürztraminer」在柔潤甜美之餘，常有令人流口水的優美酸度，絕對精彩絕對令人回味。

此莊優秀黑皮諾，左至右：「M Pinot Noir」（S08 P93）、「Vignoble de Kientzheim Pinot Noir」、「S05 P164 Pinot Noir」。

●●●酒單與評分

1. 2019 Laurent Barth S05 P164 Pinot Noir：2$, 9.7/10, 2022-2032
2. 2018 Laurent Barth S05 P164 Pinot Noir：2$, 9.7/10, 2021-2032
3. 2019 Laurent Barth Vignoble de Kientzheim Pinot Noir: 2$, 9.65/10, 2021-2030
4. 2018 Laurent Barth M Pinot Noir (S08 P93): 2$, 9.75/10, 2022-2034
5. 2018 Laurent Barth Pet'Nat Extra Brut: 1$, 9.6/10, Now-2028
6. 2019 Laurent Barth Racines Métisses: 1$, 9.5/10, Now-2030
7. 2018 Laurent Barth Pinot d'Alsace: 1$, 9.65/10, Now-2030
8. 2019 Laurent Barth Pinots: 1$, 9.75/10, Now-2030
9. 2019 Laurent Barth Riesling: 1$, 9.4/10, Now-2030
10. 2019 Laurent Barth Vignoble de Kientzheim Riesling: 2$, 9.6/10, Now-2032
11. 2019 Laurent Barth Riesling Granite: 2$, 9.8/10, 2022-2034
12. 2019 Laurent Barth Pinot Gris: 1$, 9.65/10, 2021-2030
13. 2018 Laurent Barth Vignoble de Kientzheim Pinot Gris: 2$, 9.7/10, 2021-2032
14. 2019 Laurent Barth Altenbourg Pinot Gris: 2$, 9.8/10, 2021-2034
15. 2018 Laurent Barth Gewürztraminer V.V.: 2$, 9.5/10, Now-2030
16. 2018 L. Barth Vignoble de Kientzheim Gewürztraminer: 2$, 9.7/10, Now-2034
17. 2019 L. Barth GC Marckrain Gewürztraminer: 2$, 9.9/10, 2022-2035
18. 2018 L. Barth GC Marckrain Gewürztraminer: 2$, 9.95/10, 2021-2036
19. 2008 L. Barth GC Marckrain Gewürztraminer: 2$, 9.7/10, Now-2030

Domaine Marc Kreydenweiss

少干預、進行乳酸發酵、有個性

此莊的中、大型釀酒槽,中間的雕刻石柱的歷史超過三百年。

酒莊聯絡資訊

Web:http://www.kreydenweiss.com
Tel:03-88-08-95-83
Add:12 rue Deharbe, 67140 Andlau

　　阿爾薩斯的確以釀造品種葡萄酒聞名於世,但若僅止於制式化地呈現各品種特色,則該釀造者絕無法邁入第一流酒莊的殿堂,因呈現酒中風土特色才是其他國家或產區無法模仿或掠搶的精髓。善於呈現阿爾薩斯風土的釀酒高手不少,其中之一便是日本人欣賞已久,但臺灣還鮮少人知曉的優秀酒莊——馬克‧克雷登懷斯(Domaine Marc Kreydenweiss)。

　　酒莊創始者馬克‧克雷登懷斯的家

族釀酒史約有三百年（主要是源於母系Gresser家族那邊的釀酒傳統），但他在多年前便與妻子、小兒子移居法國南部的尼姆寇斯提耶（Costières-de-nîmes）產區另創酒莊，釀造充滿陽光個性的紅酒，並在2007年正式將馬克‧克雷登懷斯酒莊交給第二個兒子安東（Antoine）掌理。

　　安東現年三十八歲，是傳承第十三代的釀酒人，他指出其曾祖父曾是規模頗為釀造與龐大的酒商（Négociant，為買入葡萄汁，釀造與培養後裝瓶貼標銷售之職業），後來祖父賣掉酒商事業，開始買入葡萄園：從原有的2、3公頃慢慢逐步擴充到父親時期的12公頃，目前則約有14公頃自有葡萄園。馬克在1983年接手經營（也開始年年邀請不同的藝術家替酒瓶設計藝術酒標），並在1989年全部改以生物動力法種植，酒質遂開始突飛猛進。

　　安東經營十年有成，酒質可說青出於藍，種植上依循父親教誨與生物動力法哲學，不過釀酒方面有些改變：除拉長搾汁時間（力道較輕所以時間變長），也讓白酒（僅釀少量黑皮諾紅酒）與較厚實的死酵母細渣培養較長的時間，另外也減少了二氧化硫的用量。在在努力都更加忠實地呈現了風土所賜的真滋味。他曾在布根地就讀葡萄種植與釀造專業學校，也在當地知名的Jean-Louis Trapet和Pierre Morey酒莊實習工作過，自承在布根地學到令人尊敬的釀造哲學，但話鋒一轉：「現下有不少

莊主安東‧克雷登懷斯是第十三代釀酒人。

布根地酒款品質極為普通，有待進步空間極大，二氧化硫的使用也過多」。

特級園三傑

　　此莊位於下萊茵省偏南的昂德洛（Andlau）酒村裡，也在該村三個特級園裡（Kastelberg、Wiebelsberg、Moenchberg）各擁有一些地塊。三傑當中的王者是Kastelberg：字面意義可以翻成「城堡山」，但其實此園因為非常陡峭，故以園中常見的片岩築起許多石牆小梯田以護水土不至崩落，而石牆梯田在阿爾薩斯方言稱為「Kaschte」，這也是特級園Kastelberg的由來，故而中文園名應翻譯為「梯田山」。Kastelberg園裡只種植麗絲玲，所釀酒質既細緻又強勁飽滿，具有滿滿的礦物

「Lerchenberg Pinot Gris」骨架勻稱修長，酒中載有滿滿能量；酒標裡的大馬士革鋼藝術鋼片的鍛打者Gabriel Georger 是筆者認識多年的藝術家朋友的創作。

●●●酒單與評分

1. 2012 M. Kreydenweiss Pinot Blanc La Fontaine aux Enfants: 1$, 9.2/10, 2016-2032
2. 2014 Marc Kreydenweiss Andlau Riesling: 1$, 9.4/10, 2017-2030
3. 2012 Marc Kreydenweiss Andlau Riesling: 1$, 9.1/10, Now-2025
4. 2014 Marc Kreydenweiss Clos du Val d'Eleon: 2$, 9.6/10, Now-2030
5. 2016 Marc Kreydenweiss Lerchenberg Pinot Gris: 2$, 9.4/10, 2018-2028
6. 2015 Marc Kreydenweiss Clos Rebberg Riesling: 2$, 9.45/10, 2018-2032
7. 2014 Marc Kreydenweiss Clos Rebberg Riesling: 2$, 9.45/10, 2017-2032
8. 2014 Marc Kreydenweiss GC Moenchberg: 3$, 9.65/10, 2017-2032
9. 2014 Marc Kreydenweiss GC Wiebelsberg: 3$, 9.7/10, 2017-2032
10. 2013 Marc Kreydenweiss GC Kastelberg: 3$, 9.75/10, 2016-2035

質風味，是阿爾薩斯麗絲玲白酒的菁英。此莊還擁有一些將來有可能被列為一級葡萄園的地塊，如Clos Rebberg、Clos du Val d'Eléon等。

酒莊本體是十七世紀的建築，而地下的古老酒窖的歷史或許比酒莊建築還要老些，支持酒窖屋頂的雕刻石柱則可能來自幾百年前的附近廢棄小教堂。該莊主要以孚日山脈的橡木所製成的中、大型木槽釀酒，也有小部分較小型的橡木桶或用以暫時存酒的不鏽鋼槽。釀造時，絕大部分的情況下只使用野生酵母。

問到安東對於乳酸發酵的看法，他表示：「乳酸發酵是葡萄酒生命必經的環節，透過乳酸發酵，酒質會顯得更均衡」。我個人認為，透過乳酸發酵酒質雖不一定顯得更加均衡，但往往會透出多一層的深度，以及品種以外的內涵——風土條件。他還表示有些酒莊認為不進行乳酸發酵才是阿爾薩斯傳統，其實是種錯誤觀念。他再補充：「太乾淨的酒窖以及使用二氧化硫過量時，乳酸發酵反而不易順利發生」。

最後總結我對該莊的看法：馬克・克雷登懷斯追求的是風土的展現，而非品種的宣示。

Domaine Meyer-Fonné
自花崗岩長出的透徹花香

卡曾塔（Katzenthal）酒村雖位於阿爾薩斯葡萄酒重鎮柯爾瑪市西北邊不遠，不過因藏身於同名谷地裡，一般遊客不會「不小心闖入」，使卡曾塔成為靜謐閒適的小村。其實史前人類與羅馬人都曾在此住居，葡萄樹種植與釀造史也從西元前一千年即開始，直到十三世紀，此村擅產美酒的名聲遠播，吸引許多教會組織來此闢園釀酒。該村多數葡萄園三面有山谷圍繞，擋住盛行風侵襲，形成特殊微氣候，實為釀酒寶地。

二次世界大戰的柯爾瑪袋形陣線包圍戰（Poche de Colmar）裡，卡曾塔被嚴重

上圖：從Wineck-Schlossberg特級園眺望Katzenthal酒村，顯眼的地標就是村內教堂的白色塔樓。

下圖：莊主菲利斯‧梅耶。來自瑞士的梅耶家族在1732年移民至阿爾薩斯的Katzenthal村。

酒莊聯絡資訊
Web：https://www.meyer-fonne.
　　com
Tel：03-89-27-16-50
Add：24 Grand Rue, 68230
　　Katzenthal

砲轟，多數建築被夷平，此莊則是部分損壞的倖存者。村內最著名的景點就是位於村後山坡上的雄偉城堡Château du Wineck，而環繞城堡周遭的陡峭葡萄園就是占地將近28公頃的Wineck-Schlossberg特級園，村內有十七家酒莊釀造此特級園酒款，其中酒質最佳者為梅耶弗內酒莊（Domaine Meyer-Fonné），目前的莊主是釀酒第三代的菲利斯·梅耶（Félix Meyer），他這麼形容釀自Wineck-Schlossberg的花崗岩土質麗絲玲：具有垂直性、優雅花香及女性婉約。他同時指出，相較於另一花崗岩特級園Schlossberg（主要是花崗岩砂土，岩石較少），Wineck-Schlossberg的架構還是比後者略為強勢一些。

此莊約自2008年起採有機種植，但尚未申請認證。園區管理依地塊差異有不同的因應方式，比如土質較輕、排水較佳的地塊都會經過翻土（以避免雜草競爭水分與養分）；典型的土壤則一行種植綠肥，隔行翻土；較為肥沃潮濕的地塊，則全部在行間種植綠肥。位於陡坡的地塊（此莊擁園的四分之一皆屬此類），無法用大型農耕機，則會以小型曳引機翻土。手工採收時，僅採剛好熟度的葡萄，避免採到過熟的果粒（除非釀造甜酒），菲利斯認為如此才能更加清晰地表現各塊風土的差異。

此莊2016年份各具風情的麗絲玲美酒：「Schoenenbourg Riesling」（左三）風味飽滿、架構強；「Wineck-Schlossberg Riesling」（左二）則以花香與礦物質風味引人。

二串葡萄酒莊

酒莊榨汁的時間較一般的商業大廠要長些：在四至十小時之間。發酵時間則依品種、年份與酒款之別，從兩星期到三個月都有可能，且僅用風土賜予的野生酵母進行發酵。以細緻的酵母渣進行酒質培養時期，酵母的水解作用除增添風味，也有助穩定酒質，因此可以避除黏合濾清的步驟。如此培養除可增加酒的儲存潛力，也讓其質地愈加圓潤，更有利於干性白酒的釀造（不必靠酒中殘糖達成風味均衡）。

此莊各式酒款共約二十五種。初階酒款裡的「Pinot Blanc Vieilles Vignes」值得一嘗：此老藤白酒裡頭，除了白皮諾之外，還混有小比例的歐歇瓦、灰皮諾，以及其實不符合法規的夏多內（依法規，夏多內在阿爾薩斯只能用於釀造氣泡酒），但由於早在1960 年代菲利斯的父親就將這些品種混種，所以這款酒便使用同時採收、一起發酵的古法釀造：聞有怡人的香瓜與蜜香，既圓潤又不缺張力，尾韻以青楊桃滋味誘人。

菲利斯除了在五個特級園（Winck-Schlossberg、Kaefferkopf、Schoenenbourg、Furstentum、Sporen）裡擁地，釀出傑出白酒外，他也在四塊特定葡萄園（Dorfburg、Hinterburg、Pfoeller、Altenbourg）釀出各具風土特色的優質好酒，這幾塊園區也會是將來劃定一級園時的必然候選者。其中「Pfoeller Riesling」是招牌酒款：Pfoeller地塊位於Sommerberg及Florimont兩塊特級園之間，為古老的殼灰岩土質，酒質腴而不肥，有爽神的柑橘類香氣，以及明亮扎實的酸度，年輕時較為封閉，採收年份後三年再飲較為恰當。另筆者也推薦氣質清鮮，質地絲滑，礦物風味鮮明的紅酒「Altenbourg Pinot Noir」。

釀酒窖裡的手繪圖案寫著：「一餐無酒，如一日無陽光」。

●●●●酒單與評分

1. 2016 Meyer-Fonné Pinot Noir Réserve: 1$, 9.1/10, 2019-2028
2. 2016 Meyer-Fonné Altenbourg Pinot Noir: 2$, 9.2/10, 2019-2029
3. 2016 Meyer-Fonné Pinot Blanc Vieilles Vignes: 1$, 9/10, 2018-2026
4. 2016 Meyer-Fonné Pfoeller Riesling: 2$, 9.5/10, 2020-2033
5. 2016 Meyer-Fonné GC Wineck-Schlossberg Riesling: 2$, 9.7/10, 2019-2032
6. 2016 Meyer-Fonné GC Kaefferkopf Riesling: 2$, 9.7/10, 2019-2035
7. 2016 Meyer-Fonné GC Schoenenbourg Riesling: 2$, 9.8/10, 2019-2035
8. 2016 Meyer-Fonné Dorfburg Pinot Gris: 2$, 9.5/10, 2018-2028
9. 2016 Meyer-Fonné GC Kaefferkopf Pinot Gris: 2$, 9.8/10, 2019-2038
10. 2013 Meyer-Fonné Hinterburg Pinot Gris Cuvée Eloi: 2$, 9.7/10, 2019-2035
11. 2015 M-Fonné GC Wineck-Schlossberg Gewürztraminer: 2$, 9.6/10, 2018-2032
12. 2016 Meyer-Fonné GC Furstentum Gewürztraminer V.V.: 2$, 9.7/10, 2019-2038
13. 2015 Meyer-Fonné GC Sporen Gewürztraminer V.V. :2$, 9.7/10, 2018-2032

Domaine Muré

白酒飽滿細膩，黑皮諾高水準，甚至希哈都讓人驚豔

上圖：Clos Saint Landelin克羅園是該莊獨占園，各品種的酒質都極具水準。
下圖：托馬總管此莊種植與釀造，他曾在薄酒來就讀相關文憑。

酒莊聯絡資訊

Web：https://www.mure.com
Tel：03-89-78-58-00
Add：Route Départementale 83,
　　　68250 ROUFFACH

慕黑酒莊（Domaine Muré）最早的種植與釀酒史可以追溯到1650年，當初在阿爾薩斯南部的魏斯達頓酒村（Westhalten）落戶，後來因擴園擴廠之需，所以搬遷至東邊不遠的胡發赫酒村（Rouffach）近郊。慕黑在阿爾薩斯成名已久，近年來以釀出優質黑皮諾引人矚目，甚至還種植了阿爾薩斯首批的希哈（Syrah）品種。

此莊目前傳至第十二代，由薇若妮克（Véronique）與弟弟托馬（Thomas）共同經營；前者主要負責財務與行政，後者全權掌理葡萄園與釀酒。慕黑自有28公頃葡萄園（2013年獲得生物動力法認證），其中有不少園區位於Vorbourg及Zinnkoepflé

兩個特級園中。其實此莊有50%的產量屬於外購葡萄釀造的「酒商酒」，不過罕見的是即便是外購的果實都是經過認證的有機葡萄（其中甚至有兩成為生物動力法耕作，但未經認證）。外買的葡萄主要用來釀造氣泡酒（Crémant），但頂尖款「Grand Millésime」除外，這款酒乃以自有特級園裡的麗絲玲與夏多內葡萄釀造，酒質豐潤，氣泡細緻，絕對值得一嘗。

此莊最知名的葡萄園其實是位於Vorbourg特級園內的Clos Saint Landelin克羅園，它也是該莊的獨占園，共有12公頃。園內種有麗絲玲、格烏茲塔明那、蜜思嘉、灰皮諾與希爾瓦那，由於克羅園內的坡頂屬於帶氧化鐵的紅土，自古以來就有種植紅酒品種的傳統，故而酒莊也在此種有不少黑皮諾，甚至有六行的希哈葡萄。另一個將黑皮諾種植在坡頂的原因，是因這裡在秋季會有乾熱的焚風緩送吹拂，可讓嬌貴的黑皮諾免於黴菌侵襲之故。

阿爾薩斯最佳黑皮諾代表之一

由於氣候暖化之故，阿爾薩斯的黑皮諾種植面積逐漸擴增，目前已有不少酒莊可以釀出足以和名貴布根地紅酒相抗衡的美釀，該莊即是佼佼者之一。如果僅計算「酒莊酒」（會清楚標明葡萄園名稱）的話，黑皮諾紅酒占總產量的25%，在阿爾薩斯來說，非常罕見。以2018年份的「Pinot Noir V」（樹株種在Vorbourg特級園裡，但黑皮諾目前無法被列為Grand Cru酒款，所以用「V」表示來處）以及「Pinot Noir Clos Saint Landelin」來說，兩者酒色不特深（2019與2020年份會更深一些），但酒中的芳雅細緻，流暢卻深沉的口感，以及礦物質所帶來的清新層次足讓筆者深深沉醉

上圖：Clos Saint Landelin克羅園裡尋獲的扇貝化石。
下圖：希哈樹藤雖年輕，但酒質讓人驚豔不已。

其中，酒質完全不讓酒價昂貴的布根地專美於前。

為因應溫室效應，此莊在1980年代後期便將整枝高度降低，以減少葉面受陽面積（即減少光合作用），也刻意留下特定葉片替果串遮陽。托馬進一步解釋：較低的整枝甚至有助於果串內酸度的保存，糖分的累積也可輕微地減少。此外，此莊甚至增加種植密度：二十五年前開始就每公頃種植一萬株，比較低的也有八千株（都是老藤），試圖以較高的密度迫使葡萄根深入地底尋找水分與礦物質。此與某些酒莊（尤其是南法同儕）的想法完全背道而馳（認為應該降低每公頃種植密度），然而，事實證明此策略在該莊的風土上是奏效的。

此莊當初（2010年）於克羅園Clos Saint Landelin裡種植了僅僅六行的希哈，其實就是因見證了氣候暖化，所以預先實驗種植葡萄成熟期較晚一些的希哈（北隆河知名品種），雖然目前樹齡尚輕，但以筆者所品嘗到的「2018 Syrah」，其酒質可說令我驚豔異常，已可比擬優秀的羅第丘（Côte Rôtie）紅酒（雖然風格不太一樣，且不必添加白葡萄以添酸度），再給這些樹株十年光陰，它將是法國最佳的希哈紅酒之一。

此莊以自有葡萄園果實所釀造的所有酒款，筆者一律推薦，不論是氣泡酒、紅酒或白酒：產自Zinnkoepflé特級園的麗絲玲非常精彩，出自Clos Saint Landelin的各款白酒更是近乎完美（圓潤、精緻與複雜度兼具）；另款少量推出的完全無添加二氧化硫的「Côte de Rouffach Riesling Sans Sulfite Ajouté」更是展現另一層次的張力與活力，我很愛！

酒莊的黑皮諾酒質可與布根地優秀紅酒對壘而毫不遜色。

◐●●酒單與評分

1. 2014 Muré Signature Sylvaner: 1$, 8.7/10, 2020-2024
2. 2014 Muré Crémant Grand Millésime Extra Brut : 2$, 9.6/10, Now-2030
3. 2018 Muré Pinot Noir V: 3$, 9.7/10, 2020-2032
4. 2018 Muré Clos Saint Landelin Pinot Noir: 4$, 9.85/10, Now-2035
5. 2017 Muré GC Zinnkoepflé Riesling : 4$, 9.85/10, Now-2035
6. 2017 Muré Clos Saint Landelin Riesling : 3$, 9.9/10, Now-2038
7. 2018 Muré Syrah : 3$, 9.7/10, 2021-2032
8. 2019 Muré Steinstuck Muscat: 2$, 9.5/10, 2021-2032
9. 2019 Muré Côte de Rouffach Riesling Sans Sulfite Ajouté : 2$, 9.75/10, 2021-2030
10. 2015 Muré Clos Saint Landelin Gewürztraminer : 2$, 9.9/10, 2020-2032
11. 2016 Muré Clos Saint Landelin Pinot Gris VT : 3$, 9.95/10, 2020-2040

Domaine Neumeyer

少干預、飽滿均衡、展現風土特色

上圖：前景是位於陡坡上的Stierkopf特定葡萄園，將來可能被列入一級葡萄園。

下圖：傑侯討厭一般法國人對阿爾薩斯白酒的錯誤既定印象：以為就是拿來搭鵝肝的甜味白酒。

　　樂梅耶酒莊（Domaine Neumeyer）位在史特拉斯堡西邊約半小時車程的莫爾塞（Molsheim）村內，此村也是全球頂尖超跑布加迪（Bugatti）的總部，2019年9月該廠剛歡慶一百一十週年。樂梅耶成立於1925年，現已傳至第四代的傑侯·樂梅耶（Jérôme Neumeyer），受訪時他指出：其建莊的曾祖父曾在布加迪工作，閒暇之餘圈養牲畜也兼釀酒，直到傑侯祖父的晚期家族才開始專注於釀酒營生（時值1960年代晚期）。約四分之一的產量出口各國，除美國與北歐外，近年也出口到亞洲五個國家，並受到上海愛酒人歡迎，聽說銷量

酒莊聯絡資訊

Web：https://www.neumeyer.fr
Tel：03-88-38-12-45
Add：29rue Ettore Bugatti, 67120 Molsheim

此莊在Bruderthal特級園所釀的四款「高貴品種」白酒表現皆精彩。

相當不錯。

　　傑侯所學為農學，植樹釀酒主要習自父親，但他也曾在紐西蘭馬丁堡（Martinborough）的酒莊實習過，還曾於倫敦知名餐廳實習過侍酒師一職，以了解葡萄酒的介紹與推廣。目前此莊在莫爾塞與旁臨的Avolsheim與Mutzig兩村擁有16公頃葡萄園，全職在酒莊工作者有四人。傑侯說：「在阿爾薩斯，通常要有7～8公頃的園區，酒莊才有辦法營生」。

　　此莊在2009年轉為有機耕作，並在2012年正式取得有機認證，傑侯也對生物動力法的實作面向有興趣（但對於玄學或宇宙力場的說法，他仍無法理解與接受）。酒窖裡除了幾個超過百年的傳統老酒槽（祖父時期向其他酒莊買入），還有

幾個以前當地啤酒廠用以發酵的大木槽，同時也用不鏽鋼槽以及500和228公升的小桶：皮諾家族的品種，通常在大木槽或小橡木桶裡培養。芬芳品種（如格烏茲塔明那）主要在不鏽鋼槽釀造。

　　釀酒時，有時會進行短暫浸皮，除增進口感飽滿度，也可讓發酵進行地更順暢（天氣愈來愈熱，導致葡萄提早蓄積了不少糖分的同時，其生理成熟卻無法同時趕上，此時傑侯會運用短暫浸皮的技巧來化解）。他僅使用野生酵母，少量運用二氧化硫（因而近年來此莊的酒更容易自行完成乳酸發酵），依據年份與酒質特性，會與細酒渣或也含粗粒的完整酒渣一同進行酒質培養，後法會讓酒的架構更鮮明、質地更厚實。必要時會進行輕度的黏合濾清

與過濾。

整體而言，他家的酒都相當圓潤飽滿，除採收相當成熟的葡萄，另一要點是此村附近的土壤皆屬泥灰岩質石灰岩土＋殼灰岩（貝殼石灰岩）之故；相對而言，釀自花崗岩土壤的酒就顯得比較瘦長。同花崗岩土壤，來自泥灰岩質石灰岩土壤的酒總具良好酸度，但更柔和順口，屬藏於肌理之內的酸香。

樂梅耶的酒質水準相當整齊，即便是初階的「Pinot Blanc Tulipe」也很討我歡心。四款特定葡萄園白酒也都各自精彩，其中位於Finkenberg（意為燕雀山）園區的「Riesling Pinsons」口感飽滿甘美，近似紅漿果的酸度極佳，引人垂涎，該園的葡萄酒甚至在十七與十八世紀時，出口給英國皇室享用。釀自Stierkopf（意為公牛頭）的「Gewürztraminer Taureau」質地稠美卻不顯厚重，以洋甘菊花茶與小玉西瓜滋味誘人貪杯。

最頂尖的酒款無疑來自特級園Bruderthal，此園產酒的綜合特性是風味清鮮圓潤，還飽含礦物鹽（海味）氣息。四個高貴品種在園中都有特出表現，其中產量最少的「Grand Cru Bruderthal Muscat」呈現少見的花蜜與蜜香，而不是蜜思嘉品種常見的淺顯鮮果味，可說超越品種特性、忠實詮釋風土。自2019年起，傑侯也開始嘗試釀造橘酒，令人期待。

樂梅耶美味誘人的灰皮諾晚摘甜酒。

◐●●酒單與評分

1. 2017 Neumeyer Pinot Blanc Tulipe : 1$, 9.3/10, Now-2027
2. 2016 Neumeyer Schaefferstein Pinot Gris Berger: 1$, 9.3/10, Now-2030
3. 2015 Neumeyer Finkenberg Riesling Pinsons: 1$, 9.5/10, Now-2030
4. 2016 Neumeyer Hahnenberg Pinot Gris Chartreux: 1$, 9.5/10, Now-2032
5. 2016 Neumeyer Stierkopf Gewürztraminer Taureau: 1$, 9.5/10, Now-2030
6. 2017 Neumeyer Grand Cru Bruderthal Riesling: 2$, 9.7/10, Now-2035
7. 2015 Neumeyer Grand Cru Bruderthal Muscat: 2$, 9.7/10, Now-2032
8. 2017 Neumeyer Grand Cru Bruderthal Gewürztraminer: 2$, 9.8/10, 2020-2035
9. 2015 Neumeyer Grand Cru Bruderthal Pinot Gris: 2$, 9.8/10, 2019-2035
10. 2008 Neumeyer Pinot Gris VT Mathéo: 2$, 9.9/10, Now-2030
11. 2018 Neumeyer Schaefferstein Pinot Noir Berger: 1$, 9.45/10, 2020-2032

Domaine Pierre Frick

阿爾薩斯生物動力法與自然酒的先驅之一

此莊的地下釀酒窖以及古老的大酒槽。

　　根據法國《葡萄藤》（*La Vigne*）雜誌2015年第277期報導，釀酒人可在市面購得使用的人工選育酵母種類琳瑯滿目，共高達三百五十一種，部分有助於在發酵後提高酒中酸度，部分則適合與乳酸菌一同添入使用，以助乳酸發酵快速進行。雖然協助釀酒的現代工具或手段如此多樣與便給，但總有些自然派的釀酒人，以最單純傳統的手法，不添加、不去除，真誠釀造，以葡萄酒呈現一方風土與文化，讓愛酒人在日益標準化的葡萄酒風味裡，覓得風味的桃花源。其中位於帕芬罕（Pfaffenheim）酒村的皮耶・弗里克酒莊（Domaine Pierre Frick），即此類釀造者中

酒莊聯絡資訊

Web：http://www.pierrefrick.com
Tel：03-89-49-62-99
Add：5 rue Baer, 68250
　　　PFAFFENHEIM

的典範。

帕芬罕位於柯爾瑪西南邊十五分鐘車程，皮耶‧弗里克現由第十二代的尚皮耶‧弗里克（Jean-Pierre Frick）掌莊釀酒，擁有分散十多塊的12公頃葡萄園，土質多以石灰岩土壤為主，優質的特定葡萄園包括Rot Murlé、Bergweingarten、Carrières與Strangenberg，也在Steinert和Vorbourg兩塊特級園釀酒。年約六十的尚皮耶自認首先是地球公民，接著才是法國人、阿爾薩斯人，以及環保信念的堅持者，這也反映在其種植方法上：早在1970年便採有機農法，更早在風氣之先的1981年便採行生物動力法，可說是法國採行此與宇宙運行相關農法的最早一批先驅者。

葡萄以手工採收後，以氣墊式壓榨機整串榨汁，幾乎全在上百年的老舊大型橡木槽進行發酵與培養，僅以野生酵母發酵，不添糖以提高酒精度，不調整酸度，許多酒款甚至完全不添二氧化硫（會在酒標上寫明「Pur Vin」及「Sans sulfite ajouté」），以讓酒的風味無掩飾地純真示人。部分有添二氧化硫者，也都以極微量的手法僅於裝瓶前添入，總含量約是每公升10～20毫克，遠遠低於歐盟規定。此外，裝瓶前也不做黏合濾清，僅輕微過濾就封瓶；部分連過濾都省去的酒款會在酒標上寫明「Non filtré」。更特殊的是，不少酒款經過浸皮手續（酒標上會寫明「Macération」），酒色銅紅，滋味飽滿豐富。

尚皮耶這幾年也開始實驗蛋形的砂岩培養槽（Pot en grès，材質為三分之二的矽砂，加上三分之一的黏土，以攝氏1,300度

完全不添二氧化硫的酒款，會在酒標上寫明「Pur Vin」（純粹葡萄酒）。多於一個品種的酒款，並不特別於酒標上標明品種組成，意欲強調風土。

莊主正取發酵中的葡萄酒讓作者品試。

◐◐●●酒單與評分

1. 2014 Pierre Frick Riesling Crémant d'Alsace: 1$, 9.5/10, Now-2028
2. 2015 Pierre Frick Pinot Blanc: 1$, 9.5/10, 2017-2028
3. 2014 Pierre Frick Muscat Pur Vin Non Filtré: 1$, 9.5/10, Now-2028
4. 2014 Pierre Frick Rot-Murlé Riesling Sec: 2$, 9.4/10, Now-2030
5. 2013 Pierre Frick Rot Murlé Riesling Pur Vin: 2$, 9.4/10, 2017-2030
6. 2010 Pierre Frick Rot-Murlé Riesling Zéro Sulfite Ajouté : 2$, 9.45/10, Now-2027
7. 2013 Pierre Frick Carrière Auxerrois Pur Vin : 2$, 9.5/10, 2018-2030
8. 2014 Pierre Frick Pinot Gris Pur Vin: 1$, 9.3/10, 2017-2028
9. 2015 Pierre Frick Gewürztraminer Macération Pur Vin: 1$, 9.35/10, 2017-2027
10. 2018 Pierre Frick Gewürztraminer Macération Pur Vin: 1$, 9.6/10, 2020-2030
11. 2013 Pierre Frick Gewürztraminer Pur Vin: 1$, 9.55/10, 2017-2028
12. 2012 Pierre Frick Gewürztraminer Pur Vin: 1$, 9.45/10, Now-2027
13. 2015 Pierre Frick Le 3 Décembre Pur Vin : 2$, 9.7/10, 2017-2035
14. 2017 Pierre Frick Bergweingarten Pur Vin Non Filtré: 2$, 9.5/10, 2019-3032
15. 2009 Pierre Frick Bergweingarten Sylvaner Moelleux : 2$, 9.6/10, Now-2028
16. 2015 Pierre Frick GC Vorbourg Pinot Gris Macération : 2$, 9.4/10, 2018-2032
17. 2016 Pierre Frick GC Steinert Muscat : 2$, 9.7/10, 2019-2030
18. 2018 Pierre Frick GC Steinert Gewürztraminer : 2$, 9.65/10, 2020-2035
19. 2009 Pierre Frick GC Steinert Muscat VT: 2$, 9.7/10, Now-2032
20. 2010 Pierre Frick GC Steinert Gewürztraminer VT : 2$, 9.7/10, Now-2032
21. 2008 Pierre Frick Pinot Gris SGN: 2$, 9.9/10, Now-2040
22. 1998 Pierre Frick Tokay-Pinot Gris SGN: 2$, 9.8/10, Now-2030
23. 2016 Pierre Frick Strangenberg Pinot Noir Pur Vin : 2$, 9.3/10, 2021-2032
24. 2015 Pierre Frick Strangenberg Pinot Noir: 2$, 9.4/10, 2020-2032
25. 2003 Pierre Frick Strangenberg Pinot Noir: 2$, 9.3/10, 2020-2035
26. 2015 Pierre Frick Rot-Murlé Pinot Noir Sans Sulfite Ajouté: 2$, 9.65/10, Now-2030

燒成，質地堅硬），可用蒸氣清洗，相當方便，且有毛細孔可讓微空氣滲入有利培養酒質，2019年他又再購入第二個此種蛋型槽。另有全以黏土燒成的陶甕培養槽，但因夏天時分甕的表面易生黴，也不好清洗，預計會逐步淘汰。總之，他以傳統為尚，對於完全密閉、控溫精準的現代不鏽鋼槽敬謝不敏。

　　酒界稱那些不添加二氧化硫的葡萄酒為自然酒（Natural wine），而許多這類自然酒也常被詬病為不耐久儲，不耐運送，開瓶後很快就酒質衰弱。然而，筆者在臺灣與此莊內試過其一系列不添加二氧化硫的「純粹葡萄酒」（Pur Vin）之後，全然改觀（此莊首個自然酒年份為1999）。誠然，相較於一般添加不少二氧化硫、在還原密閉不鏽鋼槽內溫控發酵的「慣行酒」而言，此莊的酒質成熟較快，然而其風味常常在開瓶後三天、五天，甚至十天後仍不顯疲衰敗，而是隨著時間進展，推演出更多令人意想不到的豐富滋味，與其他只講求品種風味的商業酒款相較，實在大異其趣且令人驚豔不已，大大開拓本人已算相當老練的品嘗經驗。

　　結論是，自然酒仍需以有機農法或更進一步的生物動力法為本，才能有以上精彩表現；只是不添二氧化硫，但在種植領域不下功夫的「自然酒」，萬般不可能有該莊令人回味再三的「真酒」風味。

Domaine Rietsch

飽含張力與礦物滋味，極為耐喝的有機酒

對阿爾薩斯葡萄酒僅稍有了解的人，其實不會聽過黎希酒莊（Domaine Rietsch），有聽過還喝過，就算是「巷仔內」了。筆者在六年前也未曾耳聞，因此莊從未在法國較知名的葡萄酒評鑑上出現過，當然莊主尚皮耶‧黎希（Jean-Pierre Rietsch）也不在乎是否被報導，只希冀所釀的酒能夠維持營生就心滿意足。六年前我在史特拉斯堡一家專賣有機葡萄酒的店家買了此莊的浸皮格烏茲塔明那，飲後，決定值得一訪。

拜訪時，尚皮耶表示曾猶豫是否接受採訪寫書，因他不愁沒銷路，且認為臺灣和中國大陸一樣，出口所需的行政作業很繁複。這點我不確定，但可確認的是我在品嘗多款紅白酒之後，成為該莊粉絲：其酒價親民，且很愛其酒中爽冽的張力與礦物質風味，耐喝味蕾不易疲累，還具有極好的複雜度。酒莊目前耕作11公頃葡萄園，年產約六萬瓶。除歐美等成熟市場外，日本有酒，香港近年也有少量進口。

此家族在十七世紀時落戶米特貝格翰酒村（Mittelbergheim，屬下萊茵省），尚皮耶在1987年開始接手釀酒，為釀酒第七代；2006年左右開始實驗釀造自然酒，自

上圖：此莊莊主尚皮耶‧黎希（圖中剪影）指出部分特級園酒款可在大木槽培養長達三十六個月。

下圖：此莊的「2014 Grand Cru Zotzenberg Sylvaner」是筆者喝過最傑出的希爾瓦那品種白酒之一。

酒莊聯絡資訊

Web：https://alsace-rietsch.eu
Tel：06-79-05-25-08
Add：7 rue Stein, 67140
　　　Mittelbergheim

2009年開始就以釀造自然酒類型的好酒為主要訴求。不過，近年來該莊不再於文宣或網站上宣稱所釀是自然酒，因認為自然酒一詞被過度濫用，甚至有些慣行酒農也稱釀造自然酒（只因不添加或微添加二氧化硫）。總之，以農法及不添加或微添加二氧化硫的事實而言，此莊確屬自然酒範疇（且獲有機認證）：以2017年份而言，有四分之三的酒款未添加二氧化硫，即便

有也屬微量（總二氧化硫含量最多為每公升30毫克，多數在10～15毫克左右）。

阿爾薩斯有愈來愈多的酒農開始釀造浸皮萃取的白酒，因為酒色偏深，基本上就是所謂的「橘酒」。該莊也有三款浸皮酒（主釀酸度比較欠缺的品種），且酒名都很特殊，像是「Demoiselle」（意為蜻蜓小姐）、「Murmure」（意為輕聲細語）或是「Quand le chat n'est pas là」（意為當貓不在家）。「當貓不在家」是款灰皮諾浸皮酒，因葡萄有些乾縮，浸皮後酒色竟呈草莓般的粉紅酒色澤，嘗有草莓與楓梓軟糖的誘人滋味，質地絲滑，張力絕佳。酒名其實是歇後語，「當貓不在家，鼠輩開派對」；指得是這灰皮諾酒色曾經一度不符白酒法規，當時有關當局不置可否，未特意限制，於是尚皮耶便我行我素地繼續釀造這灰皮諾「非白酒」，行徑「一如鼠輩開始囂張起來」。不過，約自2018年底起，法定產區管理局已放鬆酒色的管制。

米特貝格翰酒村的葡萄園主要是黏土質石灰岩土壤，整個村子的下層都是石灰岩層（屬魚卵石石灰岩，該村舊時還有石灰岩礦的開採）。至於此村著名的Zotzenberg特級園則是帶有鐵質砂岩的泥灰岩質石灰岩土壤。尚皮耶在此所釀的「2014 Grand Cru Zotzenberg Sylvaner」是本人截至目前所喝過最偉大的希爾瓦那白酒之一，突破此品種的極限（包括我飲過的幾款德國頂尖希爾瓦那都不如其精彩）。

其白酒具有良好張力與易於消化的特性，不到幾天就可喝掉好幾瓶，且輕鬆無負擔。

●●●酒單與評分

1. 2018 Rietsch Tout Blanc (1litre): 1$, 9.3/10, Now-2026
2. 2018 Rietsch Entre Chien et Loup: 1$, 9.35/10, Now-2026
3. 2018 Rietsch Coquette: 1$, 9.4/10, Now-2028
4. 2018 Rietsch Quand le Chat N'est Pas Là: 1$, 9.5/10, Now-2030
5. 2018 Rietsch Sylvaner Vieille Vigne : 2$, 9.45/10, Now-2028
6. 2015 Rietsch Murmure Muscat Ottonel: 2$, 9.4/10, Now-2025
7. 2016 Rietsch Stein Riesling: 2$, 9.7/10, Now-2028
8. 2015 Rietsch Brandluft Riesling: 2$, 9.6/10, Now-2030
9. 2014 Rietsch Brandluft Riesling: 2$, 9.7/10, Now-2030
10. 2018 Rietsch Stierkopf Pinot Noir: 2$, 9.4/10, Now-2032
11. 2015 Rietsch Pinot Noir Vieille Vignes: 2$, 9.6/10, Now-2030
12. 2015 Rietsch Gewürztraminer Demoiselle: 2$, 9.4/10, Now-2028
13. 2014 Rietsch Grand Cru Zotzenberg Sylvaner: 2$, 9.9/10, Now-2032
14. 2015 Rietsch Grand Cru Zotzenberg Riesling: 2$, 9.8/10, Now-2035

Domaines Schlumberger

細緻清透，明顯礦物鹽風味

陡峭的Kitterlé特級園，酒莊特別雇用兩名專職石匠維修這些梯田石牆（石材是孚日山脈砂岩）。

　　這家舒倫貝傑酒莊（Domaines Schlumberger）位於上萊茵省蓋威勒鎮（Guebwiller）裡，為阿爾薩斯規模最大的獨立酒莊（由Domaine命名可知，此莊僅以自有葡萄釀酒）。至於為何寫成複數的「Domaines」，是因該莊早期除酒莊之外，也有森林伐木業莊園，因而當初登記為複數的莊園，目前礙於法律限制，仍維持複數寫法。既是最大酒莊（非酒商或釀酒合作社），擁園面積當然也居各獨立酒莊之冠：幾年前賣掉幾小塊的10公頃零散畸零地塊後，目前擁有130公頃葡萄園，且其中70公頃是特級園，分別為位在蓋威勒鎮旁臨的四塊特級園（Spiegel、Saering、Kessler與Kitterlé）。

酒莊聯絡資訊
Web：https://www.domaines-schlumberger.fr
Tel：03-89-74-27-00
Add：100 rue Théodore Deck, 68501 Guebwiller

2019年新落成的品酒空間，寬敞且高雅。

1810年，尼可拉・舒倫貝傑（Nicolas Schlumberger）來到蓋威勒成立紡織機械工廠，同時買入20公頃葡萄園，成為此莊創辦人。在歷經德國五十年占領、一次世界大戰的蹂躪以及根瘤芽蟲病肆虐後，恩內斯特（Ernest Schlumberger）不願見到蓋威勒的山坡葡萄園荒廢，又在1920年代向因戰喪夫的可憐寡婦們購入兩千五百小塊葡萄園以協助其生計，才成為如今的特級園大地主。

此莊目前已傳至第七代的姐弟檔，瑟芙琳（Séverine）與托馬（Thomas）；前者主要負責行銷與出口，後者則擔任總經理。幾年前在托馬的主導下，歷經幾年努

力，舒倫貝傑嶄新、寬敞且高雅的品酒與銷售空間在2019年5月正式揭幕啟用，希望藉此吸引愛酒人親訪阿爾薩斯酒鄉，「來窖購酒價」也更加優惠。隨著新品酒空間的落成，酒莊也針對訪客推出三種品酒參訪專案，除初、中階不同層次與強度的品酒與酒窖參觀外，高階的「探險參訪」（Visite Aventure）除了能品嘗該莊最高階的美酒與酒窖參訪詳細解說外，還會帶訪客搭乘四輪傳動車登上崎嶇陡峭的特級園遊賞壯麗風景，幸運時，除德國黑森林，還能見到阿爾卑斯山系的白雪山頭。

基本上，此莊所有的酒都在一百二十個百年大酒槽（部分有內部溫控）釀造與培養，不鏽鋼槽主要用以儲存與混調。此莊近幾年積極翻新釀酒窖與設備，也讓酒質更精準細緻，筆者比較數年前與現況的酒質，親證其中差別。

舒倫貝傑雖在其中30公頃施行有機與生物動力法，但由於此類認證必須全體園區一體適用，無法區塊認證，所以不算真正的有機農法酒莊，比較屬於永續農法類別。由於多數園區位於貧瘠的孚日山脈砂岩土壤，故單位產量自然偏低，以最陡峭的Kitterlé特級園來說，每公頃只得2,500公升（依法規特級園最多可產5,500公升）。

酒莊的二十多款酒主要分為三個系列。「Princes Abbés」（王子修院院長）為強調品種特色的初階系列，混合多塊葡萄園果實釀成，其中也包括約30%的特級

此莊是Spiegel、Saering、Kessler、Kitterlé四個特級園的大地主，酒質優良具礦物鹽風味。

園葡萄（十五歲以下年輕樹藤＋年份欠佳所淘汰的特級園葡萄），酒質優良，價格可親。再上一階是「Grands Crus」（特級園）系列，四個特級園（三品種）所產的各款酒都非常精彩，可搭配各式精緻美食；此系列也並非每年都產：2016年份因特級園的麗絲玲品質被判定水準不若以往，便全部降級混入王子修院院長系列。最高系列是「Collections」（珍藏系列）：即晚摘與貴腐甜酒；筆者在酒莊品試的「2015 Gewürztraminer Vendanges Tardives Cuvée Christine」在酒質精湛之餘，還帶有該莊多數酒款都有的風土印記——鮮明的礦物質（甚至是礦物鹽）風味，可說饒富興味。另，近年推出的「Lieux-dits」（特定葡萄園系列），目前僅限酒窖內銷售。

●●●●酒單與評分

1. 2016 Schlumberger Pinot Blanc Les Princes Abbés: 1$, 9.2/10, 2019-2028
2. 2015 Schlumberger Riesling Les Princes Abbés: 1$, 9.2/10, 2019-2030
3. 2014 Schlumberger Riesling Les Princes Abbés: 1$, 9.4/10, 2019-2030
4. 2016 Schlumberger Pinot Gris Les Princes Abbés: 2$, 9.5/10, 2019-2030
5. 2016 Schlumberger Gewürztraminer Les Princes Abbés: 2$, 9.5/10, 2019-2030
6. 2015 Schlumberger LD Schimberg Pinot Gris: 2$, 9.5/10, 2019-2032
7. 2015 Schlumberger GC Saering Riesling: 2$, 9.6/10, 2019-2032
8. 2015 Schlumberger GC Kessler Riesling: 2$, 9.6/10, 2019-2032
9. 2012 Schlumberger GC Kessler Riesling: 2$, 9.35/10, 2017-2028
10. 2017 Schlumberger GC Kitterlé Riesling: 2$, 9.5/10, 2020-2034
11. 2012 Schlumberger GC Kitterlé Riesling: 2$, 9.3/10, Now-2030
12. 2017 Schlumberger GC Spiegel Pinot Gris: 2$, 9.7/10, 2020-2035
13. 2015 Schlumberger GC Kessler Pinot Gris: 2$, 9.7/10, 2019-2035
14. 2013 Schlumberger GC Kessler Pinot Gris: 2$, 9.7/10, 2019-2032
15. 2010 Schlumberger GC Kitterlé Pinot Gris: 3$, 9.8/10, 2019-2035
16. 2015 Schlumberger GC Kessler Gewürztraminer : 2$, 9.7/10, 2019-2032
17. 2012 Schlumberger GC Kitterlé Gewürztraminer : 3$, 9.8/10, 2019-2030
18. 2015 Schlumberger Gewürztraminer VT Cuvée Christine: 3$, 9.8/10, 2019-2040

Domaine Schoffit

純淨飽滿不流俗，平原也能出好酒

上圖：冬季雪後，此莊位於Rangen特級園的地塊。
左圖：此莊是唯一在Rangen特級園裡種植且釀產蜜思嘉白酒的釀造者。
下圖：伯納・修菲特（左）與子亞力山卓・修菲特（右）。

酒莊聯絡資訊

Tel：03-89-24-41-14
Add：68 Nonnenholzweg, 68000 Colmar

　　釀酒史可追溯到1599年的修菲特酒莊（Domaine Schoffit）罕見地位於葡萄酒之都柯爾瑪的東郊，與他莊主要靠近西邊的「葡萄酒之路」不同，這是因自古以來，此家族就在此落戶成為果菜農，並同時在柯爾瑪西郊的特定葡萄園La Harth種植葡萄與釀酒。La Harth雖位於平原地帶（介於柯爾瑪與Ingersheim酒村之間），但得利於柯爾瑪的乾熱氣候（此市為法國最乾燥的兩城之一），以及礫石與砂質土壤，排水極佳，只要限制每公頃產量，再加上成熟的樹齡（五十至六十五歲）所得酒質一點不輸山坡處的名園；事實上，某些大廠或釀酒合作社的特級園酒款都還比不上該莊在此特定葡萄園的釀酒水準（產量限制在每公頃5,500公升，即是特級園標準）。

　　此莊目前傳到第十六代的亞力山卓・修菲特（Alexandre Schoffit），他父親伯納（Bernard）勸他不必上釀酒與種植學校，認為這些在家學即可（其實他的假期都是在葡萄園中幫忙度過），所以亞力山卓在巴黎念完商業管理學校後，於2001年回家掌莊。三十出頭的亞力山卓指出，阿爾薩斯的首個特級園Schlossberg於1975年正式劃定後，有三年的灰色過渡期：即除

Schlossberg之外，其他葡萄酒只要經過官方品鑑小組鑑定確為好酒，便可標為「Grand Cru」，也就是說過渡期的特級園葡萄酒不必然與地理劃界有關，只與酒質相關。說罷，他拿了瓶1975年份且在1978年得過「巴黎農產總競賽」銀牌獎的「Grand Cru」空瓶給我看，以示所言不假：其實這瓶過渡期的特級園麗絲玲就釀自平原區的La Harth（該莊在此共有10公頃）。

火山土質名園Rangen

1978年後，雖然產自La Harth的酒質依舊秀美，但礙於法規，此莊不能再標示「Grand Cru」，所以伯納開始登報找尋特級園，終在1980年代初期得機會向住在坦城（Thann）的退休老人家購入0.5公頃的Rangen特級園，之後逐漸購入分散地塊，成為目前的5.5公頃（持份與Zind-Humbrecht相同），且都位於核心歷史園區的Clos Saint-Théobald。在1980年代之前，Rangen基本上處於半荒廢狀態，只剩幾小處葡萄園由當地人自釀自用，並未裝瓶銷售。目前，Rangen特級園可說是享譽國際的阿爾薩斯明星酒園，而該園的復興都必須歸功於Zind-Humbrecht與該莊。

修菲特目前擁有17公頃葡萄園，於2019年獲得有機認證，目前朝生物動力法邁進。所釀酒款有50%直接於酒莊賣給直客，35%出口，最後15%則留售給法國的酒專與高級餐廳。此莊無地下酒窖，所以釀酒與培養窖都設空調。現都以不鏽鋼槽釀造（有助釀造出優雅清新的風格），僅用野生酵母，葡萄酒會與細緻酵母渣培養八個月，通常在隔年8月時裝瓶。

除以上所提地塊酒款，來自雙色雲母花崗岩土壤的Sommerberg特級園麗絲玲酒質清透如水晶，也是好酒典範。最後，不要錯過老藤（樹齡八十歲）夏思拉白酒，此品種在全阿爾薩斯僅剩寥寥70公頃（1969年時還有1,000公頃），釀得最好的非該莊莫屬（勝過不少瑞士同儕的酒品）。

●●●酒單與評分

1. 2018 Schoffit Chasselas Vieilles Vignes: 1$, 9.2/10, 2020-2030
2. 2017 Schoffit Muscat Tradition: 1$, 9.35/10, 2020-2032
3. 2017 Schoffit Riesling Tradition: 1$, 9.3/10, 2020-2032
4. 2017 Schoffit LD Harth Riesling VV: 1$, 9.6/10, 2020-2035
5. 2018 Schoffit Pinot Gris Tradition: 1$, 9.3/10, 2019-2032
6. 2017 Schoffit LD Harth Gewürztraminer Cuvée Caroline: 1$, 9.65/10, 2020-2036
7. 2016 Schoffit Gewürztraminer VV Cuvée Alexandre : 2$, 9.6/10, 2020-2033
8. 2017 Schoffit GC Rangen Clos St-Théobald Muscat: 3$, 9.6/10, 2020-2032
9. 2018 Schoffit GC Sommerberg Riesling: 2$, 9.7/10, 2021-2036
10. 2018 Schoffit GC Rangen Clos St-Théobald Riesling: 3$, 9.8/10, 2020-2038
11. 2017 Schoffit GC Rangen Clos St-Théobald Riesling: 3$, 9.85/10, 2020-2040
12. 2017 Schoffit GC Rangen Clos St-Théobald Pinot Gris: 3$, 9.85/10, 2020-2040
13. 2017 Schoffit GC Rangen Clos St-Théobald Gewürz: 3$, 9.9/10, 2020-2040
14. 2008 Schoffit GC Rangen Clos St-Théobald Pinot Gris VT: 3$, 9.9/10, Now-2038
15. 1998 Schoffit GC Rangen Clos St-Théobald Pinot Gris SGN: 5$, 9.95/10, Now-2038

Domaine Trapet
明亮細緻，精準詮釋風土的新酒款持續演化中

1987年，布根地Domaine Trapet酒莊的尚路易·達裴（Jean-Louis Trapet）在伯恩的葡萄暨種植高職學校的一張長凳上邂逅了來自阿爾薩斯北布倫翰酒村（Beblenheim）的安德蕊（Andrée Grayer-Pontius），幾年後結成連理且育有兩子。2003年安德蕊的母親去世，留給她1.5公頃葡萄園；她雖跟隨丈夫在哲維瑞—香貝丹（Gevrey-Chambertin）經營酒莊，但血液中的阿爾薩斯因子時時鼓動著她回鄉，所以毅然從祖傳的小塊葡萄園開始，於同年成立與布根地同名的阿爾薩斯Domaine Trapet酒莊。

安德蕊的父母是以牛隻替附近農戶翻土的工人，自家葡萄園所產的酒除自用外，都賣給酒商，直到此莊成立才對外賣酒。從草創的1.5公頃（包括北布倫翰村的Sonnenglanz特級園裡的一小塊）逐漸擴充到現在的14公頃園區，且從2003年開始便施行生物動力法，並在2006年獲得認證（布根地的Domaine Trapet早在1995年就獲認證）。此莊也是菁英組織「阿爾薩斯優質葡萄園暨風土聯盟」（Alsace Crus et Terroirs，ACT）的一員。

安德蕊的大兒子皮耶（Pierre）與小兒子路易（Louis）幼年的每週末都在祖母的阿爾薩斯葡萄園裡度過，現在阿爾薩斯的Trapet酒莊也由兩兄弟與兩位助手負責種植與釀造（安德蕊所釀的最後一個年份為2016），兄弟倆星期一至五在阿爾薩斯，週末則回去布根地探望父母。此莊位在上萊茵希克維爾（Riquewihr）村郊的工業區裡，連莊名都沒寫，僅用於釀酒，一般不開放品酒、參觀與銷售（銷售及發貨目

弟弟路易·達裴（左），哥哥皮耶·達裴（右）。

酒莊聯絡資訊
Web：http://www.domaine-trapet.fr
Tel：03-80-34-30-40
Add：14 Rue des Prés, 68340 Riquewihr

前一律由安德蕊在哲維瑞—香貝丹統一處
理）。

阿爾薩斯的兩位明日之星

　　兄弟釀酒雙人組的年紀分別是二十七
與二十五歲，雖年輕但在技術、知識與遠
見上都令人眼睛一亮。哥哥皮耶曾去里昂
念「葡萄樹與葡萄酒」的理論碩士課程，
釀酒經驗除在布根地酒莊幫忙，也曾去加
州小酒莊Wine Gap與德國Dr. Bürklin-Wolf
酒莊（採行生物動力法）實習，後因就
讀商業學校而去南韓以交換學生身分進行
半年學習。皮耶在2016年進入酒莊，所釀
首年份為2017。弟弟路易在伯恩念過「釀
酒與種植高級技師」，後接著前往海外實
習：於紐西蘭的Cloudy Bay學習大廠團隊
如何管理與運作。之後三年則在瑞士香姜
（Changins）的學校研讀葡萄種植與釀酒
（課程強調風土，且與Zind-Humbrecht的
Pierre-Emile Humbrecht同班且是室友），他
於2018年初進入酒莊，以扎實的學識輔助
兄長一同將酒莊水準持續拉高。

　　有鑒於布根地強調風土的影響，此莊
並不在正面酒標上標示品種（應該說阿爾
薩斯風土與品種過於複雜，如不標示，許
多消費者心中會冒出許多問號）：比如初
階款的「Riquewihr Riesling」只在酒標上
寫出「R.」以暗示麗絲玲；「Grand Cru
Schoenenbourg」完全不標品種，但會在背

此莊的蛋形水泥槽。

標以小字標明「Riesling」，目的是希望風
土為先。

　　與皮耶‧嘉斯曼（Pierre Gassmann）
的做法剛好相反，此莊讓偏寒涼土壤的
Schoenenbourg特級園在不鏽鋼槽發酵，而
屬「火性」的Schlossberg特級園（花崗岩
土壤）在大木桶（500公升）裡發酵與培養
（基於木火相生之理）。酒莊也使用水泥
蛋形槽（內部無塗層），分成三種容量，
分別是950、1,600與最大的3,200公升。基
本上，皮諾家族品種與有一絲殘糖或質地
比較稠潤的酒（如格烏茲塔明那）會在蛋
形槽釀造與培養。只使用野生酵母，二氧
化硫則少量看清況加入，例如略帶殘糖的
格烏茲塔明那約添入每公升65毫克（其實
相當節制）。

　　兩人掌莊後，對於葡萄園管理有嶄新
做法，首先是將鐵絲的籬笆式種植改為艾

左至右：「À Minima」、「Chapelle 1441」、「Amber」、「Schlossberg」與「R.Q.W.R. R.」。

夏拉單株直立式種植（Vignes sur échalas，布根地稱為Pesseau）：目的是讓葡萄株可以「3D式受陽」，可使在糖分不過度積累的情況下提前採收，卻仍有極好的熟度（包括生理成熟），同時也有更佳的空氣流通以避免黴病。不僅幼齡樹株全種成「艾夏拉」，老藤也已經整改（如位於Hugel酒莊擁有的Schoelhammer旁的那塊六十歲老藤），接下來會整改特級園的葡萄樹，甚至在將來推出「Cuvée Echalas」酒款。另一項大膽做法是在Schlossberg特級園種下無嫁接在美國種砧木的葡萄株（即所謂Franc de Pied）。

　　十多年前的達裴酒款並不特別動人，但目前的幾款美釀都擊中我心，包括「À Minima」自然派白酒、「Ambre」橘酒，以及使用部分種於Froehn特級園的黑皮諾釀成的「Chapelle 1441 Rouge」，全數酒款我一致推薦。

◖◗●酒單與評分

1. 2016 Trapet R.Q.W.R. (Riquewihr Rieslng)：2$, 9.4/10, 2019-2032
2. 2013 Trapet GC Schoenenbourg (Rieslng)：4$, 9.7/10, 2019-2035
3. 2014 Trapet GC Schlossberg (Riesling)：4$, 9.8/10, 2020-2035
4. 2017 Trapet B.B.H.M.G. (Beblenheim Gewürztraminer): 2$, 9.6/10, 2019-2032
5. 2013 Trapet GC Sporen (Gewürztraminer): 3$, 9.85/10, 2019-2036
6. 2018 Trapet Amber (Gewürztraminer): 2$, 9.7/10, 2020-2033
7. 2016 Trapet Chapelle 1441 (Pinot Noir): 2$, 9.7/10, 2020-2036
8. 2018 Trapet À Minima: 1$, 9.6/10, 2020-2030

Maison Trimbach

純淨、精準與干性，正朝有機農法邁進

中型規模的廷巴赫酒莊（Maison Trimbach）位於絕美中世紀酒村里伯維雷（Ribeauvillé）入口處北邊，以尖型的木造塔樓吸引遊人目光。長久以來，當人們提到阿爾薩斯風格的經典白酒，首先浮現腦中的常常就是廷巴赫，其酒釀可說是阿爾薩斯的最佳國際大使，總產量（年均約一百二十萬瓶）的88%用以出口，美國是最大市場。

此莊的釀酒史可上溯至1626年，不過直到十九世紀初才以「Trimbach」為商標售酒。1898年時的掌莊者是菲德烈克·艾彌爾·廷巴赫（Frédéric Emile Trimbach），其酒在「布魯塞爾世界展覽會」獲得最高榮譽，使該莊「一舉成名天下知」。目前酒莊已傳至第十二代，由尚·廷巴赫（Jean Trimbach）和皮耶·廷巴赫

上圖：此莊的釀酒史可上溯至1626年，照片為位在Ribeauvillé的總部。

右圖：長期以來，講到阿爾薩斯的干性麗絲玲，「Riesling Clos Sainte Hune」就一直被奉為經典。

酒莊聯絡資訊

Web：https://www.trimbach.fr

Tel：03-88-92-40-20

Add：5 Route de Bergheim - 68150 RIBEAUVILLE

（Pierre Trimbach）兩兄弟聯手經營，前者主要負責出口（每年會在最大市場的美國巡迴推廣長達兩個月），後者負責釀酒，而第十三代的安（Anne，皮耶之女）也在幾年前加入團隊。

廷巴赫風格

在釀造上，多數酒莊都宣稱以風土為尊，不會特別強調酒莊風格（香檳區的大廠除外），然而此莊倒是常提到「廷巴赫風格」，即精準、通透、純淨，以及干性（不甜）。過去三十年來，由於地球暖化、科技進步與喜愛偏甜酒款的美國酒評人的推波助瀾，使得不少阿爾薩斯釀酒人因潛在市場驅使，常讓白酒留存一些殘糖，使口感更為甘美圓潤、更容易獲得大眾喜愛。然而，阿爾薩斯傳統的白酒（除晚摘以及貴腐甜酒外）通常不甜，也更易搭配當地菜餚，這也是此莊長久以來所堅持的傳統廷巴赫風格。雖然通常甜度較高的酒容易獲取美國葡萄酒雜誌給予高分，但由於美國其實是此酒莊最重要的市場，可見部分酒評人的意見有時會和真正的市場情況脫鉤。當然，略帶甜味的白酒與香料使用較多的亞洲料理常常是絕配。

然而，「廷巴赫風格」是如何造就出來的？除以手工採收健康成熟的葡萄之外，為求清新、精準與純淨的口感，酒莊只使用人工選育酵母，以求酒精發酵快速進行無誤，也不進行乳酸發酵（可讓酒質保有清新感），並且在隔年春天就裝瓶（即便是頂級酒款也是如此），還會連同微量的細緻死酵母一同裝瓶，好讓高階酒款進行長達好幾年的瓶中熟成，才釋出上市。這種作法並非唯一真理，但卻是獲得此種干性、純淨、架構勻稱的阿爾薩斯好酒的方式之一。簡單總結：此莊的釀法屬於高度技巧、高度控制、以精準均衡為主要信條。

廷巴赫的初階酒款稱為「Classique」（經典系列），各品種都釀得不錯；上一階則是以老藤（樹齡約在四十五至五十歲）釀成的「Réserve」（窖藏系列），深度更佳；更上一層則是非常精彩的「Réserve Personnelle」（私人窖藏系列），其中最有名的當然是「Riesling Cuvée Frédéric Emile」（1967年之前被稱為「Riesling Grand Réserve」）。然而，其實「Pinot Gris Réserve Personnelle」，以及「Gewürztraminer Cuvée des Seigneurs de Ribeaupierre」都有令人眼睛一亮、讓人貪杯的優秀表現（風格清新俊逸，酸度優，一點不俗豔）。

最頂尖價昂者則是「Prestige et Collection」（尊榮藏家系列），除幾款絕對不可錯過的晚摘以及貴腐甜酒之外，最令愛酒人追捧矚目的必是此莊的桂冠名釀「Riesling Clos Sainte Hune」：長久以來，講到阿爾薩斯的干性麗絲玲白酒，這款產

自候薩克特級園（Grand Cru Rosacker）的稀罕名釀就一直被奉為經典，如此純淨無染，龍骨堅實，儲存潛力卓越的美釀，在其他國家或產區的確不易見著（然而，依筆者之見，目前已有幾款能與之並駕齊驅的阿爾薩斯醇釀出現）。

「Riesling Clos Sainte Hune」產自候薩克特級園中心區的同名地塊Clos Sainte Hune（1.67公頃），但為何此莊不在酒標上標示「Grand Cru Rosacker」？首先，阿爾薩斯特級園的設立始於1975年，而「Riesling Clos Sainte Hune」的首年份則是1919年，其歷史早於特級園制度將近六十年！此外，由於早期的特級園規範過鬆（每公頃產量過高、最低潛在酒精度的要求過低），讓廷巴赫覺得與之為伍反而有損名聲。不過，自2011年起，阿爾薩斯的五十一個特級園各有規範（而不是大鍋炒），要求更為嚴謹，且目前的消費者資訊取得迅速，也都希望明瞭所喝酒款的來處。故而，雖然「Riesling Clos Sainte Hune」的酒標寫法暫時不會改變，不過近年該莊倒是破例推出兩款新的特級園酒款：分別是「Riesling Grand Cru Geisberg」（向里伯維雷女修院租地）與「Riesling Grand Cru Schlossberg」，尤其後者的2015年份以晶瑩剔透的質地與具仙氣的修長骨幹將筆者收服妥當。再過幾年，還會推出「Brand」與「Mandelberg」特級園酒款，著實讓人心生期待。

此莊新推出且掛有Grand Cru字樣的酒款：「Grand Cru Geisberg Riesling」（左）、「Grand Cru Schlossberg Riesling」（右）。

●●●●酒單與評分

1. 2015 Trimbach Pinot Blanc (Classique): 1$, 9.1/10, Now-2025
2. 2013 Trimbach Riesling (Classique): 1$, 9.2/10, Now-2026
3. 2013 Trimbach Riesling Réserve: 2$, 9.35/10, Now-2027
4. 2013 Trimbach Pinot Gris Réserve: 2$, 9.3/10, Now-2028
5. 2014 Trimbach Gewürztraminer (Classique): 2$, 9.2/10, Now-2028
6. 2008 Trimbach Gewürztraminer Cuvée des Seigneurs de Ribeaupierre: 2$, 9.7/10, Now-2032
7. 2014 Trimbach Riesling Sélection de Vieilles Vignes: 2$, 9.65/10, 2018-2030
8. 2012 Trimbach Riesling Sélection de Vieilles Vignes :2$, 9.45/10, Now-2028
9. 2012 Trimbach Pinot Gris Réserve Personnelle: 3$, 9.6/10, Now-2032
10. 2009 Trimbach Riesling Cuvée Frédéric Emile: 3$, 9.55/10, Now-2032
11. 2008 Trimbach Riesling Cuvée Frédéric Emile: 3$, 9.7/10, Now-2034
12. 2007 Trimbach Riesling Cuvée Frédéric Emile: 3$, 9.5/10, 2018-2032
13. 2005 Trimbach Riesling Cuvée Frédéric Emile: 3$, 9.75/10, Now-2030
14. 2004 Trimbach Riesling Cuvée Frédéric Emile: 3$, 9.25/10, 2010-2018
15. 2015 Trimbach Grand Cru Schlossberg Riesling: 3$, 9.8/10, 2020-2040
16. 2013 Trimbach Grand Cru Geisberg Riesling: 3$, 9.7/10, 2020-2033
17. 2008 Trimbach Riesling Clos Sainte Hune: 5$, 9.85/10, Now-2038
18. 2009 Trimbach Gewürztraminer VT: 3$, 9.85/10, Now-2035
19. 2001 Trimbach Gewürztraminer SGN: 5$, 9.95/10, Now-2045
20. 2014 Trimbach Pinot Noir Réserve Cuvée 7: 2$, 9/10, Now-2027

Vignoble des 2 Lunes

少干預、自然派、有個性、優秀黑皮諾

幾年前，筆者第一次在史特拉斯堡一家有機葡萄酒專賣店買了雙月酒莊（Vignoble des 2 Lunes）的初階款黑皮諾來試試，即刻愛上該酒的婉約芬芳，令我聯想起布根地某些名莊（如Dujac與Leroy）不去梗釀造的好酒。雖然在採訪後，發現該酒其實有去梗，但輕盈鑽入鼻竅的醉人芳柔卻真確地令人難以忘懷。目前此莊也正實驗不去梗＋酵前低溫浸皮的釀法。這款「2012 Pinot Noir Périgée」（Périgée意為月亮最靠近地球時的近地點）源自Walbach山坡葡萄園的花崗岩地塊，酒質輕巧有布根

左是姐姐亞美莉，右是妹妹賽西兒，這對姐妹花將雙月的酒質提升到前所未有的高度。

酒莊聯絡資訊

Web：http://www.
vignobledes2lunes.fr
Tel：03-89-30-12-80
Add：21 rue Sainte-Gertrude, 68920
WETTOLSHEIM

地Chambolle-Musigny的身影，一喝愛上，讓我決定採訪「雙月」並寫入書裡。

其實此莊在1959年之前都是將酒釀好後整桶賣出，之後才開始裝瓶銷售。直到2009年家族兩姐妹正式接手酒莊營運後，在提升酒質同時，也開始開拓出口市場，並停止一年三百六十五天，天天無休開門賣酒服務熟客的傳統（兩姐妹的父母時代，沒有經銷，只採莊內直銷，致使生活品質大打折扣）。酒莊的舊名為Domaine Buecher et Fix，自2009年開始改為「雙月」。雙月意指靈魂人物的兩姐妹：大姐亞美莉・布雪（Amélie Buecher）與妹妹賽西兒・布雪（Cécile Buecher）。月亮也是酒莊種植釀造的核心象徵：雙月採生物動力法種植。

1997年兩姐妹（酒農第七代）的祖父患上阿茲海默症，她們的父親認為這與農藥的使用有關（且有相關文獻證實關聯），故開始改為有機種植，且自2003年實驗生物動力法，並於2009年拿到生物動力法認證。此莊僅在裝瓶前極微量地添加二氧化硫，以添加量而論，其實屬「自然酒」範疇。該莊成員也儘可能食用有機（甚至是生物動力法）蔬菜與食物。

左至右：「2009 Riesling Mer du Nectar」（細緻晚摘甜酒）、「2015 Gewürztraminer Amélie」（尾韻美長）、「2015 Riesling Cécile」（成熟優雅）。

其實當初兩人的父母曾擔心兩女兒可能沒意願接班，幸而兩女從小在酒莊長大，耳濡目染之下，大姐亞美莉在青少年時期就決定接手釀酒，還念了「釀酒與葡萄種植高職文憑」、「釀酒與種植高級技師」，以及「國際葡萄酒暨烈酒商業碩士文憑」（賽西兒大學念管理，後也拿到同樣的碩士文憑）。大姐主要負責釀造，小妹則有生物動力法的專長，兩人相輔相成。

酒莊原有14公頃葡萄園，年產量約十萬瓶。這兩年還加入亞美莉的先生夏勒（Charles，酒農第十二代）家族的名園4公頃（包括Schoenenbourg、Brand與Mambourg等特級園），所釀的酒將以另一品牌Domaine Amélie & Charles Sparr推出。此外，鑑於溫室效應之故，夏勒將拔除Mambourg的格烏茲塔明那，改種黑皮諾與希哈。

該莊除靜態酒，也釀四款非常優質的阿爾薩斯氣泡酒（都屬不額外添糖的Zero dosage）。除文前所提的必嘗優雅黑皮諾，其他各款白酒都在熟美均衡的同時，具有極好深度與獨特個性，款款深得我心，於是我給出「兩串葡萄」的優秀評價，也有信心雙月在來日能更上層樓。

●●●酒單與評分

1. 2013 2 Lunes Crémant d'Alsace Comète: 2$, 9.3/10, Now-2023
2. 2013 2 Lunes Crémant Rosé Poussière d'Étoile: 2$, 9.3/10, Now-2025
3. 2016 2 Lunes Pinot Noir Périgée: 2$, 9.3/10, Now-2028
4. 2012 2 Lunes Pinot Noir Périgée: 2$, 9.35/10, Now-2024
5. 2015 2 Lunes Pinot Noir Lune Noir: 2$, 9.4/10, Now-2030
6. 2015 2 Lunes Pinot Noir Céleste: 2$, 9.6/10, 2020-2033
7. 2016 2 Lunes Pinot Blanc Apogée : 1$, 9.4/10, Now-2030
8. 2014 2 Lunes Muscat Cémélie: 2$, 9.5/10, Now-2030
9. 2015 2 Lunes Riesling Cécile: 2$, 9.5/10, Now-2030
10. 2014 2 Lunes Pinot Gris Sélénite: 2$, 9.7/10, Now-2037
11. 2010 2 Lunes GC Hatschbourg Pinot Gris: 2$, 9.8/10, Now-2035
12. 2015 2 Lunes Gewürztraminer Amélie: 2$, 9.7/10, 2020-2035
13. 2011 2 Lunes GC Hengst Gewürztraminer: 2$, 9.6/10, 2020-2030
14. 2009 2 Lunes Riesling Mer du Nectar VT : 3$, 9.7/10, Now-2032
15. 2011 2 Lunes Pinot Gris Lune 2 Miel SGN: 5$, 9.8/10, Now-2038

Domaine Fritsch

果香熟美，結構修長，酸度鮮明

圖為Steinklotz特級園裡的里拉琴整枝系統（因為形狀像里拉琴而得名），此整法有助葡萄葉接觸更多陽光。

下萊茵省首府史特拉斯堡市西邊約20公里處的馬冷翰（Marlenheim）其實是阿爾薩斯的重要產酒村莊（目前約有100公頃葡萄園耕地），也是美麗的「阿爾薩斯葡萄酒之路」的起點，當今名氣不若上萊茵省的幾處觀光酒村，但其實整個阿爾薩斯地區最早種植葡萄樹以釀酒的紀錄就出現在此村，當時的紀錄書寫者是圖爾的格里歌（Grégoire de Tours），格里歌可謂是「法國史之父」，也是基督教聖人。馬冷翰村的美酒曾讓不少騷人墨客詩興大發，也是中世紀君王與修道院覬覦的對象。村中除知名的一星「雄鹿餐廳」（Le Cerf）值得一訪享用美食，隔鄰的費許酒莊（Domaine Fritsch）也生產令人口水直流的好酒。

1994年，阿爾薩斯北方的金冠協會（La Couronne d'Or）成立，目標是推廣

酒莊聯絡資訊

Web：http://www.domaine-fritsch.
　　com
Tel：03-88-87-51-23
Add：49, rue du Général de Gaulle,
　　67520 MARLENHEIM

史特拉斯堡西邊幾處酒村的酒品與農產品，費許酒莊也是其成員；金冠（皇冠）的命名是根源於法蘭克王國墨洛溫王朝的國王達戈貝爾特一世（Roi Dagobert）曾在這裡擁有許多葡萄園，當地的一家釀酒合作社也以其命名。酒莊莊主侯曼·費許（Romain Fritsch）的父親傑侯·費許（Jérôme Fritsch）常喜歡引用法國兒歌〈Le bon roi Dagobert〉：「達戈貝爾特一世在喝了不少的馬冷翰美酒之後，連內褲都穿反了」（這其實是謠傳）。

侯曼在1982年接手釀酒，當時他在葡萄園裡任由雜草生長以創造良好生態系，以及採用里拉琴整枝系統（En Lyre）的迥異作法讓他遭受不少議論。目前則以接近有機農法的方式耕作（未申請認證）。所擁有的8公頃葡萄園裡，光是位於特級園Steinklotz就占了三分之二，此莊釀品也是此特級園的經典代表作。「Steinklotz」意指「石頭堆」，這是因其土壤底下有許多的石灰岩塊，由於土壤貧瘠，且因含鐵質使得土色偏紅，這些特色都使該園成為阿爾薩斯最適合種植黑皮諾的風土之一。酒莊最佳的「Pinot Noir STZ」（由於黑皮諾紅酒不能以特級園名義上市，故將酒名簡寫為STZ），具有扎實架構與礦物質風味，氣韻沉穩，質地柔美，建議一嘗。

酒莊最精彩的釀品還是各式白酒，除了「Grand Cru Steinklotz Riesling」必嘗之外，幾款格烏茲塔明那都相當精彩，不

過由於採里拉琴整枝系統耕作，違反法定產區管理局規定（法規限制只能以單居由或雙居由方式整枝），故雖然果實產自特級園，卻被下令自2000年起不能掛上特級園販售，所以侯曼乾脆替這類酒取名為「Cuvée banni」（被禁的葡萄酒）。被禁的總是比較好喝，我可以證明。

左為少莊主Jérémie，右為現任莊主侯曼·費許。釀酒窖是由舊馬廄改建而成。

●●●●酒單與評分

1. 2017 Fritsch Pinot Noir Rosé: 1$, 8.8/10, 2018-2020
2. 2016 Fritsch Marlemer Pinot Noir : 1$, 8.9/10, 2019-2026
3. 2016 Fritsch Pinot Noir Cuvée Tradition : 1$, 9/10, 2020-2030
4. 2015 Fritsch Pinot Noir STZ: 2$, 9.3/10, 2021-2036
5. 2014 Fritsch Grand Cru Steinklotz Riesling: 1$, 9.5/10, 2019-2032
6. 2016 Fritsch Gewürztraminer : 1$, 9.3/10, 2019-2030
7. 2016 Fritsch Gewürztraminer Cuvée du banni : 1$, 9.3/10, 2019-2033
8. 2007 Fritsch Riesling Cuvée du Banni VT : 2$, 9.5/10, Now-2030
9. 2009 Fritsch STZ Blanc: 1$, 9.6/10, Now-2025
10. 1995 Fritsch Riesling SGN: 3$, 9.6/10, Now-2028
11. 2015 Fritsch Gewürztraminer Des Lyres : 2$, 9.5/10, Now-2032

Domaine Hering
干性精巧、易搭餐、酒質整齊

　　如果說柯爾瑪是上萊茵省的葡萄酒之都，那麼下萊茵省（阿爾薩斯北方）的葡萄酒重鎮就是小城巴爾市（Barr）。2017年10月初，筆者趁著參加一年一度的「採收節慶典」（Fête des Vendanges）之便，在無預約的情形下，快速試了位於市中心的艾林酒莊（Domaine Hering）的幾款釀品，當下覺得酒質不俗，於是兩年後正式約訪。

　　艾林家族在1780年自德國遷自該村，後於1858年創建此莊（酒莊本身是十七世紀中期的老房子），目前傳至第五代的尚丹尼爾・艾林（Jean-Daniel Hering），酒莊擁有11公頃葡萄園，60%的葡萄酒於酒莊內直銷，15%出口（亞洲僅有日本進口），其他則售給法國國內的餐廳與酒專。艾林酒莊國際名氣雖不大，但酒質優良，易於搭餐，很受當地熟客歡迎。

　　酒莊與地下釀酒窖位於市中心，所獨耕的1公頃獨占園Clos de la Folie Marco也位於市中心入口的下坡處，該園歷史悠久，1330～1792年間曾屬於史特拉斯堡教會財產，據說十八世紀時，喜愛美酒美食的大法官馬可（Felix Marco）因把錢都花在享受上，甚至在1763年時於此克羅園對面蓋了華宅，最終導致破產，因而該園被稱為「瘋子馬可克羅園」。酒莊與市政府簽了為期九十九年的長期耕約，在此園裡釀出氣質明亮，不乏深度的麗絲玲與希爾瓦那，酒價小資，人人可賞。

　　酒莊的頂尖佳釀來自Kirchberg de Barr特級園（在此園擁有5公頃），釀有麗絲玲、灰皮諾與格烏茲塔明那白酒，酒風通透明亮輕快且優雅，礦物質風味鮮明，搭

第五代莊主尚丹尼爾・艾林。

酒莊聯絡資訊
Web：https://www.vins-hering.com
Tel：03-88-08-90-07
Add：6, rue Docteur Sultzer, 67140 Barr

餐時可一杯接一杯，仍不使味蕾疲乏，連灰皮諾與格烏茲塔明那都飲來流暢細緻，甘香爽喉。特定葡萄園Krug的麗絲玲其實也來自此特級園，但因地塊位置使得風格略有不同，故尚丹尼爾決定另外裝瓶，筆者很欣賞此Krug白酒兼具飽滿與精巧的特質。天鵝泉克羅園（Clos Gaensbroennel）位於特級園下坡處，可釀出清甜優雅的格烏茲塔明那。

　　另一不可錯過的白酒來自位於特級園之上的特定葡萄園Rosenegert（意指種植野玫瑰的那塊地），此酒以五種葡萄釀成（同時採收一起發酵），微甜中帶有甘草與荔枝味，很是耐喝。此外，酒莊的「Pinot Noir Cuvée des Hospices de Strasbourg」以及「Pinot Noir Cuvée du Chat Noir」其實都釀自Kirchberg de Barr特級園裡的同塊地，唯前者是在「史特拉斯堡濟貧醫院歷史酒窖」裡以舊的大木槽釀造與培養，後者「Chat Noir」（黑貓）則採布根地的小桶釀法，兩者皆精彩，酒質近似布根地優秀酒莊的一級園水準。

　　尚丹尼爾指出此莊長期以來採用理性用藥與永續農法，並在2011年獲得有機認證。以手工採收，以重力傳輸酒液，只使用野生酵母，基本上只用百年大木槽發酵與培養，並在隔年採收前裝瓶。他強調，酒莊特級園酒款須等至少五年才達酒質巔峰；讀者若有機會取得，可稍加耐心等待（其實年輕時已非常美味）。

此莊產出一系列清新細緻的白酒。

●●●●酒單與評分

1. 2015 Hering Crémant Blanc de Noir Prestige Brut：1$, 9.1/10, Now-2025
2. 2016 Hering Crémant Blanc de Noir Prestige Brut：1$, 9.4/10, Now-2030
3. 2018 Hering Auxerrois Les Authentiques: 1$, 9.4/10, Now-2026
4. 2016 Hering Clos de la Folie Marco Sylvaner：1$, 9.3/10, 2019-2026
5. 2018 Hering Clos de la Folie Marco Riesling: 1$, 9.35/10, 2020-2028
6. 2016 Hering Clos de la Folie Marco Riesling: 1$, 9.4/10, 2018-2026
7. 2018 Hering LD Krug Riesling: 1$, 9.4/10, 2020-2030
8. 2018 Hering LD Rosenegert: 1$, 9.4/10, 2020-2030
9. 2017 Hering GC Kirchberg de Barr Riesling: 2$, 9.65/10, 2020-2030
10. 2016 Hering GC Kirchberg de Barr Riesling: 2$, 9.5/10, 2019-2030
11. 2014 Hering GC Kirchberg de Barr Riesling: 2$, 9.65/10, Now-2028
12. 2017 Hering GC Kirchberg de Barr Pinot Gris: 2$, 9.5/10, 2019-2030
13. 2017 Hering GC Kirchberg de Barr Gewürztraminer: 2$, 9.6/10, 2019-2030
14. 2018 Hering GC Kirchberg Clos Gaensbroennel Gewürz Cuvée des Frimas :2$, 9.65/10, 2020-2032
15. 2015 Hering GC Kirchberg de Barr Riesling VT: 2$, 9.6/10, Now-2032
16. 2018 Hering Pinot Noir Les Authentiues: 1$, 9.3/10, 2019-2028
17. 2018 Hering Pinot Noir Cuvée des Hospices de Strasbourg: 2$, 9.6/10, 2021-2030
18. 2018 Hering Pinot Noir Cuvée du Chat Noir：2$, 9.7/10, 2021-2030

Domaine Pfister

酒質優雅純淨細膩

上圖：酒莊第七代的安德烈‧費斯特（左）與第八代的梅拉妮（右）。

下圖：Grand Cru Engelberg特級園裡的魚卵石石灰岩。

酒莊聯絡資訊

Web：http://www.domaine-pfister.
　　com

Tel：03-88-50-66-32

Add：53 rue Principale, F-67310
　　DAHLENHEIM

　　史特拉斯堡市西邊20公里處的戴倫翰（Dahlenheim）是自古有名望的酒村，最早的釀酒紀載可溯至西元884年，優越的釀酒條件主要來自村子左邊夏哈山（Scharrachberg）的屏障，使該村耕地多陽少風寡雨。又因靠近下萊茵省首府，故自十二世紀起，史特拉斯堡聖母大教堂的主教們便曾在這裡擁園。此地最優秀的園區為特級園Engelberg（意為天使山），在能手巧釀下，產自天使山的麗絲玲有著天使飛翔的輕盈、可人滑口的「嬰兒肥」，以及精緻緊實的骨架（石膏糊成的天使心？）費斯特酒莊（Domaine Pfister）則是釀造天使山白酒最優秀的第一把交椅。

　　該莊釀酒始自1780年，在2008年由安德烈‧費斯特（André Pfister）傳給家族第八代的女兒梅拉妮（Mélanie）。梅拉妮曾念過農業工程與釀酒學位，也是家族第一位女性釀酒人，她身材高瘦，卻一點也不柔弱，還曾是籃球健將。不過自兩年前受傷後，便無法在球場上馳騁，然而採收及釀酒對她的體力負擔只算是「一塊蛋糕」。她曾在Château Cheval Blanc、Méo-Camuzet與Zind-Humbrecht幾家名莊實習釀

酒過。剛學成回莊時，梅拉妮向父親自告奮勇要釀黑皮諾，父親對學問比自己好，但釀酒經驗不多的女兒的釀技還有些疑慮，便提出兩人各釀一批來比較，結果是她的黑皮諾勝出：更加優雅且甘美多汁。從此之後，酒莊優秀的黑皮諾都出自梅拉妮之手，告別父親時代雖釀造嚴謹，卻萃取過多的版本。

此莊共擁有10公頃葡萄園，在天使山特級園則擁有1公頃。以接近有機的永續農法耕作，事實上，在不加思索地使用農藥的1970年代，安德烈便謝絕除草劑，且在園中種植綠肥，以增加生物多樣性與土壤活性。酒莊僅以野生酵母發酵，不過都在大小不一的溫控不鏽鋼槽裡細分地塊發酵釀造，與一般的小型酒莊主要以舊的傳統大木槽發酵與培養大異其趣，不過酒質會說話：此莊酒質在當地是標竿。畢竟大木槽與不鏽鋼槽都只是較為中性的釀酒容器，並未多帶木味入酒（除一款黑皮諾與灰皮諾以舊的小型橡木桶培養；這些舊桶則購自布根地名莊Méo-Camuzet）。

除精彩的麗絲玲、黑皮諾，酒莊的氣泡酒也具相當水準，尤其是「Crémant Rosé Brut」，然後以四種「高貴品種」混調而成的「Cuvée 8」相當物超所值。最後，她家的灰皮諾與格烏茲塔明那因為風土之故（葡萄園位在阿爾薩斯北方＋石灰岩土壤），皆顯得清新雅緻不流俗，除酸度絕佳，還具特殊香料氣息，深得我心。

「2014 Domaine Pfister Grand Cru Engelberg Riesling」有天使般的輕盈感，質地精緻帶有水晶明亮感。

●●●酒單與評分

1. 2014 Pfister Crémant Brut Blanc de Blancs : 1$, 9/10, Now-2023
2. 2015 Pfister Pinot Blanc : 1$, 9.1/10, Now-2025
3. 2016 Pfister Muscat Les 3 Demoiselles: 1$, 9.1/10, Now-2027
4. 2016 Pfister Riesling Tradition: 1$, 9.2/10, 2018-2026
5. 2014 Pfister GC Engelberg Riesling: 2$, 9.4/10, 2019-2032
6. 2013 Pfister GC Engelberg Riesling: 2$, 9.35/10, 2017-2030
7. 2016 Pfister Cuvée 8 :2$, 9.35/10, 2019-2030
8. 2016 Pfister Pinot Gris Tradition :1$, 9.4/10, 2019-2030
9. 2016 Pfister Pinot Gris Sélection : 2$, 9.5/10, 2019-2032
10. 2016 Pfister Gewürztraminer Tradition :1$, 9.5/10, 2018-2032
11. 2015 Pfister Crémant Rosé Brut :1$, 9.25/10, 2018-2030
12. 2017 Pfister Pinot Noir :1$, 9.2/10, 2018-2030
13. 2014 Pfister Rahn Pinot Noir :2$, 9.4/10, 2019-2032
14. 2015 Pfister Silberberg Riesling VT :2$, 9.5/10, 2019-2035
15. 2015 Pfister Obere Hund Gewürztraminer VT : 2$, 9.5/10, 2019-2035
16. 2013 Pfister GC Engelberg Gewürztraminer: 2$, 9.35/10, 2018-2028
17. 2015 Pfister Silberberg Pinot Gris: 2$, 9.5/10, 2019-2032

Wolfberger

超值氣泡酒為強項，整體易懂易飲

Wolfberger是阿爾薩斯規模最大的釀酒合作社，除葡萄酒，也產利口酒和白蘭地。

　　狼山（Wolfberger）是全阿爾薩斯規模最大的釀酒合作社，最早是由Eguisheim與Dambach-la-Ville兩酒村的葡萄農成立於1902年，後於1976年（即阿爾薩斯氣泡酒法定產區與規範成立那年）將品牌名稱改為「Wolfberger」以順勢推出新系列氣泡酒。臺灣進口商將中文名稱譯為「天狼星」，雖好聽，但不準確。據廠方公關表示，將阿爾薩斯方言的「Wolfberger」譯成法文是「Berger de Loup」（豢狼農）的意思：根據當地傳說，有酒農豢養了一隻狼，以對抗採收時來偷吃葡萄的熊。然而，根據我的阿爾薩斯友人（現年八十六歲，會講阿爾薩斯方言）的解釋，應該譯成「狼山」才正確。

　　而該合作社在2017年適逢建廠一百一十五年，也推出「Cuvée 115 Ans Brut」氣泡酒以茲慶祝。合作社目前（2017年5月）擁有三百五十位會員，以前曾有過四百五十位，甚至五百位的時光。減少原因在於退休無人接棒、擁有地塊過小（基本上要5公頃才能存活）、雙重身分（葡萄農＋酒廠員工）導致任務過多太過勞累，

> **酒莊聯絡資訊**
>
> Web：https://www.wolfberger.com
> Tel：03-89-22-20-20
> Add：6 Grand-Rue, 68420 Eguisheim
> P.S.：史特拉斯堡市中心也設有品酒店面。

乾脆賣掉或出租。基本上，會員就只是葡萄農，不管釀造。少數情形是有些會員擁有面積極少的葡萄園，所以有時間餘裕到總廠協助釀酒，也領薪水，算是雙重身分。

總體耕作面積過去五年都維持在1,200公頃。屬於合作社本身的葡萄園約有50公頃，其餘都是會員所有（但自1955年起，採收時須卜繳所有生產的葡萄）。合作社規模大，會員多，擁地也多，光是特級園白酒就有十五款。葡萄酒出口至五大洲的五十個國家，目前產量（年產量一千三百萬至一千五百萬瓶）的20～25%用於出口，未來希望達到33%；可證此社在法國國內市場經營地相當成功。年銷售量約十八億臺幣。雖說量大，但品質穩定，且有不少物超所值的好酒。

該社獲得「Agriconfiance」（屬法國合作社所設的認證制度）認證，標準比有機認證要寬鬆一些，比較像是「合理用藥＋永續農業」。約二十年前開始，除了黑皮諾及母狼（La Louve）系列在小型橡木桶培養（約三分之一新桶），此外的主要靜態白酒基本上都在不鏽鋼槽培養，目前的大型舊木槽與部分水泥槽主要是暫時裝酒的容器。幾年前，合作社還將Willm與Lucien Albrecht兩莊納入旗下，前者臺灣有進口，整體酒質不錯（與Wolfberger相當），最佳酒款是「Grand Cru Kirchberg de Barr Clos Gaensbroennel Gewürztraminer」。

此合作社的四款特級園白酒，其中「2014 Grand Cru Pfersigberg Pinot Gris」圓潤且氣質清新，以洋梨與杏桃滋味引人。

●●●●酒單與評分

1. NV Wolfberger Crémant Cuvée 115 ans: 1$, 9.2/10, Now-2025
2. NV Wolfberger Crémant Cuvée Prestige Saint Léon IX: 1$, 9.3/10, Now-2028
3. 2013 Wolfberger Crémant Chardonnay Fût de Chêne: 1$, 9.4/10, Now-2028
4. NV Wolfberger Crémant d'Alsace 1976 Cuvée Célébration : 1$, 9.3/10, Now-2025
5. NV Wolfberger Crémant Cuvée Secrète #W40: 2$, 9.35/10, Now-2028
6. 2015 Wolfberger Riesling Cuvée des Seigneurs: 1$, 9.1/10, Now-2028
7. 2016 Wolfberger Muscat Signature: 1$, 9.2/10, Now-2030
8. 2014 Wolfberger GC Eichberg Riesling: 2$, 9.2/10, Now-2032
9. 2015 Wolfberger GC Muenchberg Riesling: 2$, 9.45/10, Now-2035
10. 2014 Wolfberger GC Rangen Riesling: 2$, 9.3/10, Now-2036
11. 2014 Wolfberger GC Pfersigberg Pinot Gris: 2$, 9.5/10, Now-2036
12. 2004 Wolfberger GC Rangen Pinot Gris: 2$, 9.6/10, Now-2028
13. 2015 Wolfberger GC Hatschbourg Gewürztraminer: 2$, 9.6/10, Now-2035
14. 2013 Wolfberger Grand Cru Frankstein Gewürztraminer: 2$, 9.5/10, Now-2033
15. 2013 Wolfberger Gewürztraminer SGN: 3$, 9.65/10, Now-2040
16. 2012 Wolfberger Gewürztraminer SGN: 3$, 9.45/10, Now-2028
17. NV Willm Crémant d'Alsace Brut: 1$, 9.2/10, Now-2026
18. 2016 Willm Pinot Gris Réserve: 2$, 9/10, 2018-2026
19. 2016 Willm Cuvée Meli-Melo: 1$, 9.2/10, 2018-2026
20. 2014 Willm GC Kirchberg de Barr Pinot Gris: 2$, 9.3/10, Now-2024
21. 2016 Willm Gewürztraminer Réserve: 2$, 9.25/10, Now-2026
22. 2013 Willm GC Kirchberg de Barr Clos Gaensbroennel Gewürztraminer: 2$, 9.4/10, Now-2028

附錄 1 有機、生物動力與自然法葡萄酒 Bio, Biodynamie et Vin Méthode Nature

阿爾薩斯是全世界施行生物動力法酒莊數量最密集的產區，所以另闢附錄提綱式地簡述生物動力法（Viticulture Biodynamique），好讓讀者有基本概念。至於相關的有機農法（Viticulture Biologique）與所謂的自然酒（Vin Naturel）也會一併簡單帶到，不過此附錄重點仍在理解難度較高的生物動力法。

何謂生物動力法？

「Biodynamie」或「Viticulture Biodynamique」葡萄酒界先前譯成「自然動力法」，後來改譯為「生物動力法」，更為貼切。臺灣農業界則翻成「生機互動農法」，花蓮的光合作用農場近年獲此認證，產出「生機互動農法地瓜」，另苗栗的湖丘有機農場也生產「生機互動草莓」。這是一種比有機農法更積極、更前衛且更具宇宙觀的農耕方式，也有人簡稱為「BD農法」。

生物動力法酒莊莊主尚米歇爾・戴斯（Jean-Michel Deiss）初春時在 Altenberg de Bergheim特級園以小農耕車翻土。

由誰提出？

奧裔德國人魯道夫・史坦勒（Rudolf Steiner，1861～1925年）是人智學（Anthroposophy）的創立者。相對於科學討論物質，人智學談論的是人類在宇宙中的生存意義與奧祕，藉此教育學說，他希望透過身、心、靈的全面教育試圖造就出真正且完整的人。他認為我們應該跳脫唯物科學的左腦領域之宰制，進一步以右腦的靈感與直觀感受宇宙的內涵。史坦勒也在1924年提出生物動力法（生物動力法是後來的學說繼承者所給予的名詞，他本人生前並未使用），目的在於提升植物及農作物之健康，進而增益其風味與營養價值。生物動力法也被視為人智學在農業上的應用。

人們眼中的生物動力法？

此農法的某些作法，看在外人眼中頗為怪異，又因尚無法以科學驗證其直接成效，故而蒙上一層神秘難解的面紗，有人直指為無稽之巫術。許多釀酒學校的教授更強調學術高牆之內，不談此法。

物極必反：生物動力法開始生根

二次世界大戰之後，包括法國在內的許多歐洲國家的葡萄農，開始使用除草劑、化肥等當時被認為「先進」的現代化產物，沒料到斷喪地力，後悔莫及。約莫三十多年前，有機農法逐漸受到重視，但比之更前衛的生物動力法在1980年代初的法國，也開始在有識之士之間傳播開來。不過，法國最早實施的應是方思瓦・布雪（François Bouchet），他於1962年便在羅亞爾河谷地的自家葡萄園採行生物動力法，之後有阿爾薩斯的尤金・梅耶（Eugène Meyer）在1969年跟進。羅亞爾河谷地的尼可拉・裘立（Nicolas Joly）雖在1984年才完全採行此農法，不過由於他最積極推廣，甚至著書多冊闡揚理念，使其成為此農法的教父級人物。

有機與生物動力法的差別？

有機只是不用除草劑、殺蟲劑、滅菌劑與化肥（屬負面表列）。生物動力法更進一步，詳表須順天應時的

農務（屬正面表列）：核心概念在於固本先行，自然病厄不生。有機只是治標：戒斷化學合成製劑的毒癮。欲獲生物動力法認證，須先持有有機認證。

為何固本？

生物動力法重視的不是症狀（西醫觀點），而是內在失調（自身小宇宙失衡）的更深層原因，如此才得以固本培元（中醫觀念）。

萬一固本不及？

即便經有機或生物動力法認證，還是被允許少量使用硫（抗粉孢菌〔Oïdium〕）與銅（抗霜黴病〔Mildiou〕）控制黴病。單純的硫與銅並非化學合成，對於土壤毒害相對較輕（但經年累月還是會造成重金屬沉積）。

銅與硫的用量？

除單獨使用硫與銅，葡萄農也常使用毒害相對較輕的波爾多液（Bouillie Bordelaise）：硫酸銅與熟石灰調成的藍色殺真菌劑。以銅而言，有機農法允許每年每公頃最多6公斤的銅；生物動力法機構更具野心：規定每年每公頃最多3公斤的銅。以上非化學合成的防治方法，基本上只是附著在植物表面，形成阻擋保護。化學合成者會進入植物內部循環系統造成失調，也意味著更容易生病，農藥商便建議更強效（更毒）的藥品，如此形成惡性循環。

如何固本？

生物動力法（Biodynamie）一分為二：「Bio」是生物、生機；「dynamie」即是生之動能，生之能量。要啟動能量，史坦勒提供了500～508號等九種配方。500與501號是此農法最基本與最常用的配方。

配方500號（Préparation 500）

使土壤的微生動、植物再現生機，使土壤活化，讓樹株可自行吸收大地之元氣與養分而自體強健，生生不息，不必再進食化學肥料。

製作方法：冬季時將有機牛糞填入牛角內，埋入沃土（埋土時機：月亮走到土象星座，如處女座），經過整個冬天後，於春分時再堀出土，取出牛糞，置入一大桶（銅槽或陶甕最佳），加入雨水稀釋，以長棍順時針攪動，使成一渦旋自頂端鑽入桶底，再立刻以逆時針攪動一逆旋，以形成初始混沌狀態，接著繼續攪拌以形成反方向的渦旋，前後正逆兩旋形成一「8」字形狀，此即賦予配方的動力法則，好將配方的訊息釋出溶入水中。如此渦旋與混沌規律交換地動力攪拌（也可用機器替代人力或使用「動力流道器」〔Flow-form〕）約一小時，再將稀釋的配方500號，於土象日的夜間噴灑葡

左圖：用以製作生物動力法配方所需的牛角。
中圖：動力攪拌先以順時針方向進行，使成一渦旋自頂端鑽入桶底。
右圖：再立刻以逆時針方向攪動一逆旋，以形成初始混沌狀態（如圖），接著再繼續攪拌以形成反方向的渦旋，前後正逆兩旋形成「8」字形狀，此即賦予配方的動力法則。

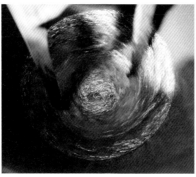
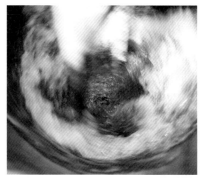

左圖：生物動力法配方500號：如上方小塑膠盒內所示，呈黑咖啡色、質地鬆綿且毫無臭味。配方501號：如下方小塑膠盒內所示，質地細滑。
中圖：西洋蓍草的花朵可以製作配方502號，用以增進堆肥中的硫與鉀。
右圖：乾燥的西洋蓍草502號配方。

葡園土壤即可；每公頃面積約需使用一至兩個牛角的牛糞配方（約100公克）。讀者欲知月球現在走到哪一宮位，可以購買「Deluxe Moon HD for iPad」應用軟體。

配方501號（Préparation 501）

有助葡萄樹葉進行光合作用。

製作方法：於夏至，將研磨成極細粉狀的矽石粉

左上：用以製作配方504號的異株蕁麻，又稱刺蕁麻，葉片帶刺。
右上：春天的阿爾薩斯特級園內綻放滿滿的蒲公英，是配方506號的原料。
右下：蕁麻也可以製成有機手工皂，可以處理皮膚乾燥紅癢。
左下：配方508號以喜愛親水環境的木賊為原料，可對抗黴菌。

填入牛角，埋入沃土（埋土時機：月亮走到風象星座，如水瓶座），經過整個夏天，於冬至左右再堀出土，動力攪拌如配方500號，於風象日（雙子、天秤、水瓶）的晨間噴灑在葡萄樹莖葉上；若在採收前噴灑配方501號，可助葡萄成熟。

配方502～507號

須配合堆肥使用，主要作用在分解堆肥，讓植株更易吸收各種微量元素。以下僅舉502號為製作詳例，503～507號僅列出原料、轉化或保存容器與對堆肥的作用。

502號製作方法：太陽走到獅子座時（8月11號之後），採下西洋蓍草（Achillea millefolia）的花朵，讓其在陰涼處的紙上風乾，隔年將乾燥的花塞入雄鹿膀胱（事前先浸潤在西洋蓍草的花茶中），接著將它懸吊以夏陽曝曬，10月時選擇土象日埋於土中，復活節後取出備用。西洋蓍草是金星的信使。502號可增進堆肥中的硫與鉀。

503號原料：德國洋甘菊（Matricaria chamomilla）花朵、牛腸、增進堆肥的鈣與硫。

504號原料：異株蕁麻（Urtica dioïca）、陶甕、增進堆肥的鐵與氮，促進腐殖質生成。

505號原料：橡木（Quercus robur）皮、家畜腦腔、增進堆肥鈣質並提升植株整體抗力。

506號原料：蒲公英（Taraxacum）的花、牛的腸繫膜、增進堆肥的矽與氫。

507號原料：纈草（Valeriana off.）的花榨汁、玻璃瓶、形成堆肥保護層並增進磷。

配方508號

此為木賊植物飲。

製作方法：將木賊泡水兩週，灑在葡萄樹上以對抗黴菌（木賊喜水，卻不黴腐，且莖內中空維持乾燥，因而有控制濕氣之效）。

配方500P號

此配方由澳洲人普多林斯基（Alex Podolinsky）所提出。500P的P指「Prepared」，也就是加料，即在配方500號的牛糞裡頭加入502～507號堆肥配方，之後才將牛角埋入土中。對於澳洲常見的廣大農場或是葡萄園，要有效地施用生物動力法堆肥難度很高，所以才有配方500P的出現。之後的攪拌與噴灑同500號配方。

依天時農作

史坦勒的信徒，德國人瑪麗亞‧圖恩（Maria Thun，1922～2012年）依據月亮在黃道十二宮（十二星座）間的運行，再參考太陽與各行星的宮位所制定成的《生物動力法種植年曆》也成為此農法信徒的農民曆。

原理便是月亮約每27.3天繞地球一圈，以占星學的角度來看，此期間內月亮將繞行黃道十二宮一圈，約2～3天就會從一個星座進入下一星座。當月亮進入一個宮位（星座），便會將此星座的影響力傳至地球。

信者認為，火象星座（射手、牡羊、獅子）對應於植物的果實，而當月亮進入火象星座時，為「果日」，適合採收葡萄或種植水果、番茄與穀物等，也是採收蜂蜜的佳時。

月亮走到風象時（雙子、天秤、水瓶），對應植物的花，為「花日」，此時適合種植花椰菜、朝鮮薊與一般的開花植物。

火象星座的「果日」，也是採收蜂蜜的佳時。

月亮走到水象時（巨蟹、天蠍、雙魚），對應莖和葉，為「葉日」，此時適合種植葉菜類（沙拉、菠菜與大蔥等）。不適採蜜，否則容易發酵。

土象星座（處女、魔羯、金牛），對應植物的根部，月亮在土象時，為「根日」，適合種植番薯、蘿蔔、馬鈴薯、蘆筍等長在地下的植物。

萬一無法完全遵循《生物動力法種植年曆》，怎麼辦？

採行生物動力法的酒莊在實施各項農事時，會參考《生物動力法種植年曆》或其他農民陰曆，如法國Michel Gros出版社的《月亮陰曆》（Calendrier Lunaire），但實際應用上並無法完全遵守。例如火象星座的果日雖是最佳葡萄採收時機，但有些酒莊的採收期較長，無法在2～3天的果日採完，若等至下個果日再採，葡萄可能過熟；下一個最佳採收象限是風象的花日（然而，有些酒莊認為土象根日所採收的果實，雖酒的風格比較內斂，卻也更具風土滋味）。另外，總不能在雨天的果日採收。

升月、降月與月相盈虧

月亮在軌道繞地球公轉時，從地球上看來，如果今天的月亮高度高於昨天，此為升月（Lune Montante）；若相反地，今日高度低於昨日，就是月亮正處於降月（Lune Descendante）階段。此外，從星座學來看，月亮從雙子走到射手時，是為降月；從射手走向雙子，是

為升月。升月時，植物的枝液會上升，在植物的上部充滿汁液與生命力，此時最適合進行嫁接或採收多汁的水果。在降月時，樹液會下降至根部，這時特別適合修葉、剪枝、採收根莖類植物，或採收的植物上半部花、葉等更容易讓其乾燥，也適合犁土。以上是北半球的情形，南半球剛好相反，月亮從雙子走到射手時，是為升月；從射手走向雙子，是為降月。

在赤道附近，升、降月不明顯，這時看的是月相的盈與虧。從新月到滿月，亮部面積愈來愈多，此為月相漸盈（Lune Croissante），此時植株最為健壯有精力，最適合對抗疾病，植物在花瓶裡可以活得更久，堆肥的溫度也會升高。義大利的Pian dell'Orino酒莊（Brunello di Montalcino產區）會在月圓之前，泡製「蕁麻植物飲」，灑在園中以抗粉孢菌；因月圓時黴菌繁殖力也特強，待此時才介入，已經無法「防患於未然」。從滿月到新月，暗部面積愈來愈多，此為月相漸虧（Lune Décroissante），此時，植物活性較弱，水果保鮮期較

短，但顏色與風味會顯得更鮮明，此時適合製作果醬與漬物等，也適合葡萄酒裝瓶。然而，也有人愛在升月時裝瓶，認為將來開瓶享用時，不致有風味閉鎖的情形。

諸事不宜

年曆也會標出月球軌道與黃道面相交的兩個月交點，此時不論月亮進入哪一宮，都不適宜進行農作。瑪麗亞‧圖恩也建議在花日與果日品酒，但要避開根日與葉日。當然可想而知，月交點也不適宜品酒。她與兒子馬提亞斯（Matthias）甚至在2010年首次出版《此時最好喝》（When wine tastes best）小冊告訴大家最佳品酒時段，現有應用程式版。然而須注意的是，四個象限的四種日子的轉換並非如應用程式所顯示的一刀切，例如果日轉換到根日的前兩、三小時，屬於性格較不明確且兼有兩種日子特徵的轉換期。

生物動力法的酒較好喝？

我們可說「它是生物動力法酒款，它很好喝！」但尚無法說是「因為它是生物動力法酒款，所以它很好喝！」最大特徵是，這些酒都以清透、細節，以及具礦物質風味見長，通常也更容易反應風土的來處。葡萄酒大師（MW）歐立維‧溫貝希特曾向我說：「所有的土壤都可以釀成有礦物質風味的酒，但與種植方式有關，土質要好，則要看酒農如何將礦物質保留住，像是土中有無蚯蚓、有無腐殖質、要有好菌及有機質。如此才能讓酒存有礦物質風味。」我想，生物動力法是最能反應酒中礦物質性格的農法。

生物動力法的認證機構

1997年成立的Demeter International提供生物動力法認證（含括葡萄酒之外的其他農作物），經其認證通過就可在標籤上印製「Demeter」認證標章（Demeter是希臘神話中的豐收與豐饒女神），其法國總部Demeter-France 就位於阿爾薩斯柯爾瑪市的「生物動力農法之家」（Maison de l'Agriculture Biodynamique）。創立於1995年的生物動力法酒農國際聯合會（簡稱Biodyvin）

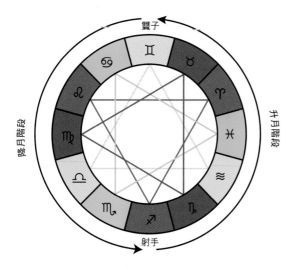

果日　■ 火象星座（受熱元素影響）

花日　□ 風象星座（受光元素影響）

葉日　■ 水象星座（受水元素影響）

根日　■ 土象星座（受土元素影響）

為另一認證協會，全由施行生物動力法的酒農組成，協會總裁由阿爾薩斯人歐立維・溫貝希特自2002年起擔任至今。這兩個協會在法國共有約七百家經過生物動力法認證的酒莊。

　　關於農法的查核與管控，Demeter擁有內部的稽查員（部分外聘），Biodyvin則委託ECOCERT公司對所屬會員進行查核。一般而言，需三年轉作期，才可獲得生物動力法認證。在某些層面上，Biodyvin對候選酒莊的資格審核更為嚴格一些：稽核員必須親訪酒莊且品試至少三款葡萄酒，Demeter則無此規定（僅審核書面資料）。

　　基本上，Demeter與Biodyvin的農法規章大同小異，但後者規定必須使用瑪麗亞・圖恩堆肥（Compost de bouse Maria Thun，MT，英文縮寫為CPP），Demeter認證時則不要求此項。簡言之，瑪麗亞・圖恩堆肥的做法是在月亮於處女座時，將玄武岩及有機生雞蛋殼添入源自生物動力農場的牛糞裡，接著加以動力鏟拌，然後再將它鏟入埋在土裡的橡木桶（上下無桶蓋，上頭有遮蔽物），然後添入配方502～506號，再以經過雨水動力攪拌的配方507號噴灑在整個堆肥上，放置一個月，待其上長出星狀蕈菇後，即可使用（與雨水經過二十分鐘的動力攪拌後，噴灑於土壤上，可增加土中微生物且可防土壤流失）。

　　至於尼可拉・裴立於2001年所創的法定產區文藝復興協會（Renaissance des Appellations）旨在推廣生物動力法及其葡萄酒，推廣方式主要是針對專業人士（進口商、侍酒師、葡萄酒專賣店人員等）與全世界的葡萄酒愛好者舉辦品酒會，期能在市場上造成影響。該協會比較像是生物動力法葡萄酒的展示櫥窗，既不參與認證，也不管控會員的農法執行狀況。欲參加此協會，必須事先取得Demeter或Biodyvin認證。

葡萄酒生命能量快照

　　「高敏度晶體成像」（Sensitive Crystallization）技術是在1936年由德國籍醫師菲弗（Dr. Ehrenfried

上圖：科西嘉一處以生物動力法種植芳香植物的精油蒸餾廠，中心處還擺放能量石。

右圖：尼可拉・裴立展示「高敏度晶體成像」呈現的葡萄酒結晶，通常過度使用化肥的酒，常呈現晶體無中心結構，形狀破碎不完整。以生物動力法耕作之產酒，通常晶體型態完美和諧，酒款風味佳且潛力十足。

Pfeiffer）所發明，以此特殊攝影技巧可以推測酒的品質與儲存潛力之大略趨向。做法是在玻璃皿內將幾滴酒液混合二氯化銅，在無振動的桌面靜置約十四至十八小時，在溫度攝氏28度與相對溼度30～50%的環境中，該溶液會形成如雪花般的晶體，再以背光方式拍下晶體。各酒的晶體狀態各異，當結晶愈均衡對稱、結構細密而晶絲細長且無空洞，表示酒質越佳。這方法當時被用來取得病患血液的晶體成像，由經驗豐富的醫師據此推估病人的健康狀態，甚至診斷癌症的發生及腫瘤位置。但因涉及人為對晶體的詮釋，此法並非精確無誤的科學方法。不過在實行生物動力法的酒界裡，卻是一種相當風行的「能量讀酒術」。

生物動力法與嗅覺能力

　　品酒人需要敏銳的感官能力，才能洞察酒質。

在《與植物相遇：歌德式植物觀》（*Rencontrer Les Plantes-Approche par la Méthode de Goethe*）一書裡的〈人類的感官〉章節提到：「嗅覺感知力的降低有可能發生，如食用過多容易形成黏液的食物（通常伴隨身體發炎產生），致使黏液在嗅覺黏膜過度增生。容易形成黏液的食物主要是動物乳製品與帶麩質的穀類（小麥、大麥、燕麥、裸麥與部分品種的米）。至於動物乳製品，畜養方式也會影響到乳製品產生黏液的效果：以有機或生物動力法畜養的動物所產的奶，相對於慣行畜養的奶，前者比較容易為人體所吸收且比較不易產生黏液。同理可證帶麩質的穀類」。所以，有機會的話不妨選擇生物動力法農產品。以阿爾薩斯而言，La Ferme de Truttenhausen農莊（Heiligenstein村）產有生物動力法認證蔬果，以及全阿爾薩斯最好的生物動力法芒斯特起司（Munster）。

何謂自然酒、自然派葡萄酒？

自然酒（Vin Naturel）當紅，但自然酒是什麼？簡而言之，自然酒就是少添加或不添加二氧化硫的葡萄酒。這樣的答案當然過於簡化，因為理想中的自然酒，應該是不去除任何東西、也無任何人工添加物的葡萄酒。然而，2020年春天之前，自然酒並無任何正式定

義，自然也無法可管，也不會有認證機構的存在，所以人人都可宣稱自己釀的是所謂的自然酒。如果連二氧化硫的添加量都無法可管，那麼其他五花八門、非專業人士無法名狀的合法添加劑又要如何控管，才能確知自己買得的是所謂的自然酒？

因此，自然酒或自然派葡萄酒，比較像是一種囊括以比較自然手法耕作與釀造所產出的酒的概念，且不總是能明確指出，喔，這家是自然酒，那家不是。伊莎貝爾·勒傑宏（Isabelle Legeron）所寫的《自然酒》（*Natural Wine*，積木文化）一書的〈其他值得推薦的酒農〉裡，將阿爾薩斯的Domaine Zind-Humbrecht列為自然酒、有機或生物動力法生產者之一。首先，這歸類未免過於廣泛；另外，這三者（有機、生物動力、自然酒）可合而為一於某生產者的生產手法，但也可以是彼此完全不相關，例如，我採行有機種植，但我添加的二氧化硫總量與其他添加劑，要比私人創設的自然酒協會的規定還要高出許多；相反地，我釀所謂的自然酒，但我施行的卻是慣行農法，且像一些商業大廠，為求快速與避險，我仍在酒中藉由添加劑協助釀酒。更何況，Zind-Humbrecht的莊主與葡萄酒大師（M.W.）的歐立維·溫貝希特跟我說：「目前所謂的自然酒裡有九成都是釀酒瑕疵的藉口」。

如何才能釀出優質的自然酒？

有些自然酒生動有活力、飽滿多汁，極為可口；另一些自然酒則屬於「自然地釀壞」或「自然地釀得不怎麼樣」。可惜的是，以目前而言，屬於後者的比例恐怕更高。釀得有問題的，酒中會出現一些不乾淨的怪味，例如過度氧化的蘋果味或核果味（帶一些氧化風格可以，但過重會遮蓋原有風味，除非所釀的是須長期培養的黃酒類型）、馬廄味、老鼠味或燒輪胎味、揮發酸過高、過於刺鼻或濁度太高致使味道混雜。

如何才能釀出好的自然酒？克里斯提昂·賓奈（Christian Binner）是阿爾薩斯釀造自然酒的好手，受訪時，我倆相談甚歡，他也同意我所歸納的優秀自然酒

以有機或生物動力法耕植的Sonnenglanz特級園在春天展現生機，於老藤下長出幾株美麗的葡萄風信子屬藍壺花（Muscari Neglectum）。

的兩個要件：第一是必須以有機農法或生物動力法為根基，否則這所謂的自然酒虛有其表。第二是拉長培養期讓酒渣自然地沉澱，且部分酒渣被酒液自行吸收，除穩定酒質，也不至於讓酒過度混濁影響口感，也不必靠機器過濾或黏合濾清來達成一定的澄清度（略濁無妨）。

二氧化硫的最高容許量

以干性白酒而言（甜白酒的二氧化硫容許量會高一些），2012年之前的慣行農法與有機酒的最高容許量均為每公升200毫克（以下都以每公升為計算單位）。2012年起，慣行農法白酒依舊維持200毫克，但有機酒降低為150毫克。Demeter白酒為90毫克（特殊狀況允許120毫克），Biodyvin白酒為105毫克（允許培養期超過九個月者可以放寬到135毫克）。法國自然酒協會（AVN）為40毫克，義大利的VinNatur協會規定所有酒款不得超出50毫克。創立於2012年的無添加葡萄酒協會（Vins S.A.I.N.S）祭出最嚴格的規定：不管是二氧化硫或任何其他酵母，外來添加物一律不准（依據2021年資料，目前會員酒莊僅有十三家，阿爾薩斯的Jean-Marc Dreyer是其中一員）。

自然酒才是能表現風土的好酒？

常聽到自然酒的信仰者說：唯有自然酒才能表現風土。真是這樣嗎？首先，我們必須定義何謂自然酒。然而如前討論，自然酒尚無**正式官方定義**，且對自然酒多所批評的阿爾薩斯生物動力法名莊莊主歐立維·溫貝希特根本不會把自己歸為所謂「自然酒」一類，但他家酒款其實二氧化硫含量都相當低，也都以野生酵母發酵，外人要說它們是自然酒，似乎也無不可（但不要在他面前說）。

然而，他家的酒不會有濁度過高的問題，也不會有怪味摻混其中，也是最能反映阿爾薩斯風土的釀品之一。事實上，釀造優良自然酒的條件更為嚴苛（葡萄一定要成熟且完美），稍有不慎就可能難以補救（以現代釀酒技術事後補救，就不算自然酒了），所以須絕對專

法國《葡萄藤》雜誌報導，釀酒人可購得使用的人工選育酵母種類琳瑯滿目，共高達三百五十一種，部分有助於在發酵後提高酒中酸度，部分則適合與乳酸菌一同添加使用，但總有些自然派的釀酒人不添加，真誠釀造以呈現一方風土的真滋味。

注與謹慎才能成事。與此同時，不少所謂的自然酒風味混雜、濁度過高、過度氧化或萃取過度（如釀製橘酒類型時浸皮過久）致使在品嚐時，常常會發生「我喝不出來這酒來自那塊風土或哪個品種，但我確知是所謂自然酒的味道」。如此的自然酒更能反映風土特色？當然，阿爾薩斯一些以慣行農法大量生產的合作社酒款酒色澄清，但味道薄弱無個性，也同樣無法反應風土。我想，只要是以有機或生物動力法原則耕作、順應氣候變遷機靈地變換照料葡萄園方式、精準應時採收、限制每公頃產量，並在釀酒時盡量減少干預，都能釀出映照風土的美釀。至於喝起來像不像所謂「自然酒」並不重要，因為要轉譯出來的是獨一而二的風土，而不是一種風格。

不為行銷而自然，不為自然而自然

我雖對目前的自然酒風潮與現象有所批評，但其實抱持正面與支持的態度，我也相信隨著釀造經驗值的增加與酒農間的無私分享，以及往後可能出現的自然酒官方規章（請務必將有機或生物動力法的施行列為自然酒的必要條件），目前的部分亂象可獲得緩解與澄清。我希望酒界能「不為行銷而自然」，有時會感覺空氣中飄

上圖：實施生物動力法，也釀自然派葡萄酒的尚皮耶・弗里克（Jean-Pierre Frick）。

中左：Domaine Rieffel所釀的黑皮諾自然酒口感溫潤宜人，具鮮明礦物味。

中右：Domaine Bohn也釀有幾款自然派紅、白酒。

下圖：史特拉斯堡一家有機超市在櫥窗上標明有售有機與生物動力法葡萄酒（Cave bio & biodynamique）。

盡一種詭異的氣氛：若提出對自然酒的一些不同看法，就要被認為落伍、沒品味。我也希望釀酒者可以「不為自然而自然」，不是每年份的每批次都適合做自然酒，該適時介入時還是不能袖手旁觀，釀得有問題的，就只是難喝的自然酒罷了，最後還是要回歸到酒的風味本身來討論。最後建議幾家阿爾薩斯的優秀自然酒釀造者，希望讀者也能在自然酒裡尋到所愛，拓展味蕾花園的繽紛多彩，推薦酒莊包括Binner、Gérard Schueller、Pierre Frick、Jean-Marc Dreyer、Rieffel、Rietsch、Muller-Koeberlé、Geschickt、Julien Meyer、Beck-Hartweg以及Laurent Bannwarth等等（本書介紹的幾家酒莊，如Domaine Bohn與Trapet雖不以自然酒為主要釀造目標，但在系列酒款中也包含幾款自然酒，值得嘗試）。

新突破：「自然法葡萄酒」標章

　　以前只要自嗨，就可宣稱自己釀的是「自然酒」。不過自2020年3月起，自然酒倡導職業公會（Syndicat de Défense des Vins Naturels）終於端出熱騰騰的明確規章，只要依照規章行事（如手工採收、野生酵母發酵、獲得有機認證、不添加二氧化硫、不運用逆滲透、加溫萃取酒色或過濾等釀酒程序等），且通過該公會認證，就可在酒瓶貼上或印上「自然法葡萄酒」（Vin Méthode Nature）圓型標章（注意：發酵過程會自然產生極微量二氧化硫，所以不添加二氧化硫不等於酒中二氧化硫含量等於0）。如果是在裝瓶前微量添加（發酵程序前不能添加），且總二氧化硫少於每公升30毫克（紅、白酒同樣標準），雖能貼上「Vin Méthode Nature」圓標，但底下必須以小字標明「Sulfites < 30mg/L」（即二氧化硫總量少於每公升30毫克）。不過值得注意的是，這並非法國政府正式認可且發放的標章，仍舊屬於民間公會性質，也並無第三方獨立機構對會員們進行正式查驗與認證。不過，該公會對「自然酒」的定義與標章已經由法國「競爭、消費暨反贗品處」（DGCCRF，隸屬法國經濟部）所認可。目前，法國已有八十五款葡萄酒獲得「自然法葡萄酒」標章（阿爾薩斯的Muller-Koeberlé已有多款酒獲得此認證標章）。

附錄 2　阿爾薩斯在地美食 Bonnes Choses Alsaciennes à Goûter

阿爾薩斯不僅葡萄酒精彩多樣，地方美食一樣引人垂涎：這裡有的，法國其他地區不一定有；德國有的，這裡基本上都有，且常常風味與做法更細緻；屬於阿爾薩斯獨有的，德國人（以及瑞士人）會穿越國界來這裡尋找，對德國人而言，阿爾薩斯是「南方天堂」。除以下提及的幾種特色料理與特產，限於篇幅沒特別提到的眾多熟食香腸肉片、生命之水（水果白蘭地；菁英品牌為Distillerie Metté）和威士忌（如Distillerie Hepp）都值得讀者與饕家啖嘗。

火焰烤餅（Tarte Flambée／Flammekueche）

顧名思義就是火烤的薄餅。最早源自於阿爾薩斯北方（下萊茵省）的農村。當農夫以柴火烤熱石爐以烤麵包時，在達到理想的烤麵包高溫之前，爐溫有段中溫期最適合用來烤薄餅，薄餅原料其實就是

原味（Nature）的火焰烤餅最經典最美味。

製作麵包剩下的殘餘麵團，將其桿薄之後，加上白起司、洋蔥圈與三層肉絲就成了傳統原味風格的火焰烤餅，個人認為這也是最好吃的版本，上萊茵省的一些餐廳會加入芒斯特起司或鮭魚，也有較少見的甜味（甜點）版本。目前在法國洛林（Lorraine）以及阿爾薩斯旁鄰的德國地區也能吃到。上菜時，通常桿成長方形的薄餅就置在木板上，切成小方片後，以手抓食即可。搭當地啤酒或干白酒都可（甜味版就搭甜酒）。若人在史特拉斯堡，建議可去這幾家餐廳吃火焰烤餅：Argentoratum、Restaurant Au Dauphin或電車可達的南郊Restaurant l'Homme Sauvage。

庫格洛夫我也偏好原味的，上面不撒糖霜。

庫格洛夫（Kugelhopf／Kouglouf／Kouglöpf）

阿爾薩斯人宣稱庫格洛夫是他們發明的，不過目前在德國與東歐幾個國家也能見著（捷克稱它為Bobovka），可確定的是阿爾薩斯幾乎所有傳統麵包店都可買到這吃起來有些像布里歐麵包的庫格洛夫（現代版本因為用機器攪拌麵團，帶進較多空氣、質地較粗鬆，因而有些像布里歐許，傳統以手拌麵團

的版本質地較密實）。製作此糕點的模型就像中空的鐘罩，傳說是模仿古時土耳其人的頭巾；這些模子（陶器或銅器）也是古早阿爾薩斯婦女的嫁妝（由大到小，七個一套）。好吃的庫格洛夫外表金黃略焦帶脆（上頭通常會以杏仁裝飾與增味），裡頭質地綿實鬆爽微甜（不像義大利Panettone那般軟綿，也不那麼甜），舊時代的婦女會在星期六製作，好讓家人在星期天早晨有頓豐盛奢華的早餐，搭果醬或蜂蜜都不錯。較少見的鹹味版本可搭阿爾薩斯干白酒（希爾瓦那或蜜思嘉都可，甜味版本就搭微甜的格烏茲塔明那）。我最喜歡的庫格洛夫由史特拉斯堡的Les Mains Dans la Farine麵包店所焙製。

阿爾薩斯酸菜盤（Choucroute Alsacienne／Sürkrüt）

法國70％的甘藍菜都種在阿爾薩斯，甚至有個村莊就叫甘藍菜村（Krautergersheim），而阿爾薩斯酸菜盤也是象徵此地區最知名的傳統菜。將甘藍菜斬成細絲，加入鹽巴後放入發酵桶，讓葉片上的乳酸菌將其發酵即成酸菜。製作酸菜

在露天節慶裡點上一盤阿爾薩斯酸菜盤吃來特別有滋味。

盤之前，須將酸菜以冷水沖洗幾次（這可是學問，洗過頭不酸無味，洗不夠又過於尖酸），再以鵝油或豬油炒洋蔥，再加入酸菜與一大杯阿爾薩斯白酒（麗絲玲最佳，啤酒也可以）與香料（如蒜頭、肉桂葉與杜松子等）燉煮一小時，之後加入豬肥肉、各式香腸、培根與馬鈴薯同煮。傳統上，酸菜盤以豬肉香腸為主菜，但也有較少見的海鮮酸菜盤。建議搭干性麗絲玲白酒。在餐廳點酸菜盤，對亞洲女生而言，可能「吃不完，兜著走」，或許可以兩個女生共點一盤，各人再點個前菜即可。若在史特拉斯堡，可去這幾家吃酸菜盤：Maison Kammerzell、Au Pont Corbeau、Restaurant Au Dauphin，或是Ribeauvillé村的Caveau de l'Ami Fritz。

阿爾薩斯燉肉鍋（Baeckeoffe／Bäckeoffe）

這種燉肉鍋是繼酸菜盤之後，阿爾薩斯最知名的傳統料理，尤以下萊茵省最為風行。料理方式：將不同的肉塊（牛、豬、小羊肉）與

阿爾薩斯燉肉鍋為冬季菜色，可搭配較圓潤但酸度也好的麗絲玲、白皮諾或希爾瓦那，不過黑皮諾也不錯。

芒斯特起司熟得剛好時，有些臭香，質地脂潤誘人。

紅蘿蔔、洋蔥、鹽、胡椒以及綜合香料束一起先以當地白酒醃過，接著將它們交錯鋪在阿爾薩斯橢圓形陶鍋裡，最後鋪上一層馬鈴薯片，再將白酒醃汁倒入陶鍋裡，接著將鍋蓋密封後，悶煮幾小時即成。來源：古時的家庭主婦會在星期六晚上醃好一鍋，隔天早上在望週日彌撒之前，先順道將它拿去麵包店，讓麵包師傅以麵團在鍋蓋周圍糊上一圈麵團以密閉，接著將整鍋置入凌晨用來烤麵包後依舊熱燙的爐子裡，以餘溫讓肉鍋燜燉三小時，待主婦們出教堂回家順道去麵包店將整鍋取回，回家後就有熱騰騰的菜餚可以享用。這道菜屬較為厚重的冬季菜色，建議搭配較圓潤但酸度也好的麗絲玲、白皮諾或希爾瓦那，阿爾薩斯黑皮諾也不錯，啤酒也行。欲嘗此菜，我建議史特拉斯堡一家充滿阿爾薩斯風情的酒館餐廳Le Baeckeoffe d'Alsace。

芒斯特起司（Munster／Minschterkass）

芒斯特是以新鮮全脂牛奶（生乳或殺菌乳）製成的軟質擦皮起司，自1969年起就受法國AOC法定產區規範保護。其氣味強烈臭香，但其實口感顯得相對溫和，熟得剛好時質地脂潤絲滑誘人。名稱其實源自阿爾薩斯上萊茵省芒斯特谷地上游的芒斯特村，該村又起源於村內的本篤修會，而「Munster」其實就是修道院的意思。其實孚日山脈東邊的阿爾薩斯以及西邊另一側的洛林都可以依法生產芒斯特，不過名稱不同，前者稱為芒斯特，後者則稱為芒斯特傑侯美（Munster-Géromé，因為最早在Gérardmer村販售）。芒斯特呈厚圓餅狀，直徑13～19公分，厚度2、4～8公分，最低限的窖藏培養期是二十一天（但通常會超過），培養期間每兩天會以鹽水與紅菌（*Brevibacterium linen*）擦拭後翻面，起司的橘黃色皮層即由此而來，窖中培養恆溫為攝氏11度。體型較小的版本稱為小芒斯特（Petit Munster），最低培養期十四天，口味較為溫和。每年4到10月風味最佳。帶甜味的格烏茲塔明那是最佳搭配酒款，當地人也愛以小茴香搭食，別有一番風味。建議購買處：史特拉斯堡的Mon Oncle Malker de Munster起司美酒美食舖、

夏末秋初是吃大馬士革李的季節。

大馬士革李子派滋味微酸微甜，果香豐富暖人心坎。

Maison Lorho（法國最佳工藝大師MOF得主所經營），或是Lapoutroie村的Fromagerie Haxaire（位於Kayserberg村西邊）。

大馬士革李與水果派
（Quetsches／Tarte aux Quetsches）

阿爾薩斯的大馬士革李自古有名聲，1933～1960年代的阿爾薩斯種有超過一百萬棵的大馬士革李樹。洛林是法國唯二生產此種李子的地區，此外旁鄰的德國、比利時與盧森堡也能找到。大馬士革李於8月中成熟，直到10月初都可以在市場上買到。它呈飽滿的橄欖橢圓形，深紫色，覆有一層白色果粉，果肉深金黃，肉質有嚼勁，酸甜美味。除了鮮吃，也能做成果乾、果醬以及蒸餾成生命之水，筆者最愛的就是大馬士革李子派，滋味微酸微甜，果香豐富暖人心坎，極富口感，不過一定要在秋季造訪阿爾薩斯才有機會在餐廳嘗到這當季限定的美味；外帶的話，建議前往史特拉斯堡的Naegel糕餅店（距大教堂不遠）購買。

冷杉甘露蜜（Miel de Sapin）

歐洲銀色冷杉（Abies alba）為長青的針葉樹喬木，生長在涼爽的高山森林裡，樹高可達40～50公尺；雖不開花，但產味道殊奇的甘露蜜，只有幾個少數地區生產此蜜。法國的第一個AOC法定產區冷杉甘露蜜是來自孚日山脈的孚日冷杉甘露蜜（Miel de Sapin des Vosges），尚有法規略鬆的阿爾薩斯甘露蜜（Miel de Sapin d'Alsace）。此規範正好區別了來自波蘭、較廉價、品質較次的冷杉甘露蜜揮軍法國市場。冷杉甘露蜜由蚜蟲分泌甜汁，再由蜜蜂採集釀製成甘露蜜，其泌蜜量非常不穩定，通常每十年僅有三年豐收。深咖啡蜜色，口感綿稠黏度大，甜中帶微酸，中後段嘗有甘草、松脂與普洱老茶暖香，以人參與紅棗氣韻作結。食此蜜，據說可防貧血、抗菌且利尿。富含多種礦物質（磷、鉀、鈣、硫、錳、鋅、硼、鐵、銅等），集多種微量元素之大成。阿爾薩斯的露天市場可以找著此蜜，史特拉斯堡的Vitana有機商店也售。

阿爾薩斯甘露蜜呈深咖啡色，口感綿稠黏度大，甜中帶微酸，中後段嘗有甘草、松脂與普洱老茶暖香。

Christine Ferber本店的洋槐蜂蜜與花朵風味大黃果醬（Rhubarbe d'Alsace, Miel et Fleurs d'Acacia）。

果醬與酒凍（Confitures／Gelée de Vin）

大部分的阿爾薩斯人都會自製果醬，但品質要好吃到連當地人都願意掏腰包，甚至成為享譽國際的果醬品牌，這就不容易了，這裡指的是人稱果醬女王的克莉絲汀・菲伯（Christine Ferber），她的果醬廚房與總店就位在上萊茵省尼德摩許威爾村（Niedermorschwihr），該村也是菁英酒莊Albert Boxler所在地。她的總店溫馨可愛，由家族雜貨舖演變而來，只不過後來果醬賣得太好，所以成為店裡的招牌，占據大部分空間，但店內一角仍然有賣一些雜貨：明信片、阿爾薩斯傳統餐盤與陶鍋、食譜書以及巧克力和蛋糕等。克莉絲汀的果醬種類超過上百種，我個人喜歡覆盆子與紫羅蘭果醬（Confiture de framboises et Violette）以及洋槐蜂蜜與花朵風味大黃果醬（Rhubarbe d'Alsace, miel et fleurs d'acacia）。克莉絲汀的果醬風味變化多端，酸得美味，甜得節制，讓人愛不釋口。

另一位我認定的阿爾薩斯

另一位阿爾薩斯果醬女王——嘉碧葉‧艾格諾，我最欣賞的是她的幾款野薔薇果醬（Confitures d'Eglantine）。

果醬女王——嘉碧葉‧艾格諾（Gabrielle Heguenauer）絕大多數讀者應不認識，她小巧溫馨的果醬舖L'Eglantine de Bergheim位在貝格翰（Bergheim）村，該村的知名酒莊是Deiss與Spielmann。嘉碧葉的果醬不追求華麗組合與繁複，就是老老實實用真材實料與愛心熬製，種類可能不若克莉絲汀多，但也相當令人眼花撩亂，我最欣賞的是幾款野薔薇果醬（Confitures d'Eglantine）；此外特製酒凍也是一絕（如蜜思嘉酒凍、麗絲玲酒凍與灰皮諾酒凍等等），如果您也愛蜂蜜，她也售自家的阿爾薩斯蜂蜜。讀者若有機會一逛，大概很難空手而回。

番紅花（Safran）

番紅花是鳶尾科番紅花屬的多年生花卉，也是常見香料，若以重量衡量，它是世上最昂貴的香料，因而俗稱「紅金」。一般要十六萬朵番紅花才能收集到1公斤的乾燥雌蕊柱頭（每朵紫色的番紅花只有三個柱頭）。它主要被用於食物香料上，如西班牙海鮮飯（六至八人份的海鮮飯約需二十絲的番紅花）；在現代醫學上，番紅花則有抑癌、抗氧化以及免疫調節等作用。番紅花原產自土耳其和伊朗一帶，後傳至西藏，因而又被稱作「藏紅花」，目前最大的產地是伊朗（占90％），其次為西班牙，不過其實目前阿爾薩斯也是新興產地，欲參觀農場（秋季開花）與購買阿爾薩斯番紅花與各式新鮮蕈菇，請洽Eric Kammerer（eric.kammerer@hotmail.fr）。在Taverne Alsacienne餐廳可以吃到野生鮟鱇魚與明蝦，搭配阿爾薩斯番紅花奶油醬汁（La Lotte Sauvage et Gambas, Crème de Safran d'Alsce）。

扭結餅（Bretzel／Bredschdel）

右上圖呈8字型或是倒B字型的扭結餅自中世紀起就是阿爾薩斯老

番紅花須趁早尚有晨露潤花時採摘。

一般要十六萬朵番紅花才能收集到1公斤的乾燥雌蕊柱頭，每朵番紅花只有三條紅絲柱頭。

撒上粗鹽後，就可將扭結餅麵團送入烤箱。

剛烤出爐的扭結餅外皮焦香鹹脆，內裡柔軟嚼來帶勁。

百姓的日常食物（一些老房子的門口上方甚至裝飾有扭結餅石雕），不過在德國南部、奧地利與瑞士德語區也能吃到。它的字源來自拉丁文的「Brachium」，就是雙臂的意思；某則傳說是一名麵包師傅依據妻子的交叉環臂的姿態所發明。剛烤出爐的扭結餅外皮焦香鹹脆（上頭會撒粗鹽），內裡柔軟嚼來帶勁，最適合搭啤酒或口味較清爽的阿爾薩斯白酒，若下午突然小餓，也可以順手買來止飢。自1492年史特拉斯堡頒布法令，將糕點師傅與麵包師傅做職業別的明顯區分後，現在只有麵包店能製作扭結餅。如果您人在史堡旅遊，建議買Woerlé麵包店的扭結餅試試（該店的長棍與德式硬麵包也非常優質）。

鵝肝、鵝肝醬（Foie Gras）

埃及人是最早灌肥家禽以取

口感脂滑的阿爾薩斯鵝肝醬搭配酸香的紅漿果果凍很合，換成格烏茲塔明那酒凍更是一絕。

肥肝者，後有希臘與羅馬人跟隨，之後則由散居各地的猶太人繼承傳統。因猶太戒律的限制，中世紀的中歐猶太人多以鵝油烹調，也讓養鵝與灌食鵝隻的技術得以發展，而不少猶太人居住的阿爾薩斯也是如此，史特拉斯堡在十八世紀時更被認為是「肥肝之都」，這裡主要指的是馳名遠近的鵝肝醬，當時的美食評論家布里亞薩瓦蘭（Brillat-Savarin）便對「史特拉斯堡鵝肝醬」讚不絕口。鵝肝醬是阿爾薩斯聖誕節時必吃的聖品（摻有黑松露的高級版更是人間難得美味），搭配晚摘的格烏茲塔明那或是灰皮諾最佳。當地也產鴨肝醬，風味比鵝肝醬更豐富濃郁一些（但後者較細緻）。創立於1803年的鵝肝醬老字號Edouard Artzner就位在史特拉斯堡市中心，建議有興趣的讀者一逛（也賣黑松露、魚子醬與各類肉醬）。

香料蜂蜜麵包（Pain d'Épices）

　　有一說法是香料蜂蜜麵包的最初原型來自中國，後於十字軍東征時西傳；依據阿郎‧黑（Alain Rey）所著的《法語歷史辭典》所述，蜂蜜香料麵包這詞最早被記載於1372年。目前法國東北部都可找到此糕點，但仍以阿爾薩斯所產最知名，形象也最鮮明。其重點原料就是麵粉、蜂蜜與香料（肉桂、丁香花蕾、薑與八角）。其實，一般的香料蜂蜜麵包吃來有些乾，風味普普，我僅愛史特拉斯堡「Au Galopin」麵包暨糕點店所製的小型庫格洛夫形狀的香料蜂蜜麵包：僅用蜂蜜，不摻糖，內裡鬆潤不柴，搭紅茶最好（此店未換掉舊店招，怕讀者找無，特列地址：18 Rue des Serrurieres）。此外，史堡西南方30公里處的蓋維勒（Gertwiller）小城有兩家蜂蜜香料麵包博物館與專賣店，進行酒鄉之旅時，不妨順路參觀：La Maison du Pain d'Épices LIPS、Le Palais du Pain d'Épices FORTWENGER。

耶誕小糕點（Bredele／Bredle）

　　「Bredele」直譯就是「耶誕節小糕點」。阿爾薩斯自每年11月底起，傳統上家家戶戶的賢妻良母

小型庫格洛夫造型的香料蜂蜜麵包僅用蜂蜜不摻糖，內裡鬆潤不柴，搭紅茶最好。

果乾雷可麗斯口感近似香料蜂蜜麵包，內含葡萄乾、核果與與漬桔皮等等。

都會開始烤製這種小糕點或小餅乾（人人都有各自的食譜秘方），通常一烤十多款，放在小鐵盒裡，自用送人兩相宜，當然現代人自烤節慶小餅乾的機會大大減少，更多人恐怕是外買的。如果有機會來訪阿爾薩斯的美麗耶誕市集，許多攤位都可買到不同口味的耶誕小糕點，除了「肉桂小星星餅乾」（Zimtsterne），我最喜歡的就屬「果乾雷可麗斯」（Leckerlis aux fruits，內含葡萄乾、核果與與漬

在史特拉斯堡與柯爾瑪都有分店的Pâtisserie Thierry Mulhaupt是全阿爾薩斯最佳的甜點店，除巧克力外，各種甜食都引人垂涎，筆者最愛巴西里綠檸檬塔（Tarte au Citron Vert au Basilic）。

桔皮等等）。除搭紅茶外，也可以搭配帶些甜味的「熱紅酒」或「熱白酒」。非耶誕季來訪阿爾薩斯，建議可在史堡大教堂斜對面的La Maison du Leckerlis d'Alsace店鋪購買此類小糕點。

珍珠手工啤酒（Bière Perle）

　　除葡萄酒外，阿爾薩斯的啤酒也久富盛名，除了Meteor（阿爾薩斯最老啤酒廠）與Fischer（現屬海尼根）等大廠之外，十九世紀初成立的珍珠啤酒廠（Perle）在1971年停止營運將近四十年之後，於2009年由阿茲涅（Christian Artzner）接手復活為菁英小廠，有些啤酒以100%阿爾薩斯啤酒花釀成，花香迎人泡沫細膩酒體豐腴，很讚。該廠啤酒多樣，「Dans Les Vignes」系列以加入不同阿爾薩斯品種的葡萄汁一起發酵為特色，以添入18%希爾瓦那釀造的那款來說，多了果香與酸度，筆者也很愛。下次，來到阿爾薩斯想喝啤酒時，記得點珍珠啤酒，讓旁人知道你也是「巷子內的」。購買店鋪：史堡市中心的Strasbourg Bière Import或是Auchan

每當看到市場上擺出一把把的白蘆筍，我就知道春天來了。

超市都有售。

阿爾薩斯白蘆筍（Asperges d'Alsace）

　　隨著春神降臨，阿爾薩斯的蘆筍季也展開序幕，3月中至5月初，多數的露天市場都可買到白蘆筍、綠蘆筍，甚至是野生的綠色細莖蘆筍（最愛以它清炒肉絲）。臺灣的高級西餐廳也常以白蘆筍為號召，常見在盤上擺兩根白蘆筍搭配一些醬汁，看來精緻珍貴。其實，這在阿爾薩斯就是常民食物。過去三年的每個春季我都在阿爾薩斯，每季我都可以吃掉百根左右的肥美白蘆筍。一般都水煮，但秘訣是清蒸更美味。醬汁其實隨人喜愛：一般就是油醋醬，並灑上一些白洋蔥碎；但也能做一些變化，如草莓季時，我也會將草莓切碎放入醬汁添味，淋上之後紅白相間更是賞心悅目。要吃白蘆筍，記得春天來，順便欣賞史堡市中心就有的櫻花滿樹！

阿爾薩斯辣根醬（Raifort d'Alsace）

　　客居阿爾薩斯朋友家時，我時

常上市場與自烹，畢竟這裡沒有夜市與自助餐。以日常醬料來說，我喜歡辣根醬（適搭各式白肉、臘腸或牛肉蔬菜燉鍋，我也用來調製生菜沙拉醬汁），更勝於山葵或芥末醬。辣根是原產於地中海東部地區的十字花科，由羅馬人引入高盧，1531年就見阿爾薩斯的史料紀載。讀者有興趣的話，不妨購買阿爾薩斯醬料老牌Alélor的產品試試（超市有售），通常我會選較不嗆辣（有加入鮮奶油）的Raifort d'Alsace Doux，或是有摻入熊蒜的特殊風味辣根醬Raifort Ail des Ours。Mon Oncle Malker de Munster店裡有各式辣根醬與高級版的阿爾薩斯芥末醬（如葡萄渣與紫羅蘭風味的芥末醬），值得一逛。

Les Frères Stumpt品牌的溫和口味阿爾薩斯辣根醬。

Bière Perle是阿爾薩斯的菁英啤酒小廠，有些啤酒以100%阿爾薩斯自產啤酒花釀成，花香迎人泡沫細膩酒體豐腴。

筆者參觀阿爾薩斯醬料老牌子Alélor工廠時，工作人員展示辣根。

附錄 3
餐廳推薦
Quelques Bons Restaurants à Essayer

筆者不是食評，星級餐廳吃得次數寥寥可數，所以如果讀者需要高檔美食餐廳的建議，其實參閱《米其林指南》即可。以下僅簡單提供幾家我個人實際用過餐且覺得值得再訪的餐廳名單（由北至南排列），供讀者遊訪阿爾薩斯時參考；有些食物美味，另些是酒單出眾。價格也在一般人可以負擔的範圍。

馬冷翰村（Marlenheim）
雄鹿餐廳（Restaurant Le Cerf）

位於史特拉斯堡西邊約二十五分鐘車程的雄鹿餐廳位於馬冷翰村，村內有家不錯的酒莊Domaine Fritsch（本書列為一串葡萄酒莊）。雄鹿是歷史悠久的米其林一星餐廳，整體服務與硬體設備皆佳，環境舒適雅緻。雄鹿餐廳曾推出高級版的酸菜盤（以煙燻鵝肝

雄鹿餐廳以皇后一口酥聞名。

與鑲料豬腳等替代一般的豬肉片與香腸）而受到英國媒體矚目，還曾獲「最佳皇后一口酥大獎」（Le Prix de la Meilleure Bouchée à la Reine），這也是當初我去用餐的主要原因。皇后一口酥這道菜就是在中空的柱狀千層酥裡填入以奶油燴製的小牛肉、小牛胸線與蕈菇等等，還搭配炒阿爾薩斯麵疙瘩，吃過後果真不虛此行。

Tel：03-88-87-73-73
Add：30 Rue du Générale de Gaulle, Marlenheim

阿爾薩斯上桌的海鮮盤新鮮美味。

史特拉斯堡（Strasbourg）
阿爾薩斯上桌（L'Alsace à Table）

這是家歷史悠久的海鮮餐廳，最知名的就是其海鮮盤，品質新鮮美味，若點較高檔的海鮮盤，擺設起來相當華麗富有節慶氣氛。也提供多樣品種的生蠔。建議可以點酒單上的Domaine Hering的「Clos de la Folie Marco Riesling」搭配。甜點：蘭姆巴巴酒味濃郁，好食。

Tel：03-88-32-50-62
Add：8 Rue des Francs-Bourgeois, Strasbourg

卡梅賽之家的經典菜阿爾薩斯酸菜三魚

卡梅賽之家（Maison Kammerzell）

餐廳古色古香的建築本身被列為歷史遺產，餐廳內的中古世紀氣氛也很迷人。許多名人都在這裡用過餐，並拍照留影於廊梯兩側，例如鋼鐵人小勞勃道尼、美國前總統雷根、法國前總統席哈克與現任法國統馬克宏等等。建議菜色：阿爾薩斯酸菜三魚（Choucroute aux Trois Poissons，分別是黑線鱈、鮭魚、庸鰈）、阿爾薩斯酸菜鮮鮭搭蒔蘿（Choucroute au Saumon Frais et à l'Aneth）、麗絲玲白酒燴雞（Fricassé de Poulet façon " Coq au Riesling"，搭奶油炒阿爾薩斯麵疙瘩）。

Tel：03-88-32-42-14
Add：16 Place de la Cathédrale, Strasbourg

許多名人如法國統馬克宏等等都曾在卡梅賽之家用餐留影。

烏鴉橋餐廳（Restaurant Au Pont du Corbeau）

就位在烏鴉橋旁不遠、值得參訪的阿爾薩斯博物館（Musée Alsacien）旁邊。小酒館氣氛極為熱絡，餐桌位置靠得很近，較為擁擠，但這可是當地人的愛店，不預約吃不到。提供阿爾薩斯傳統菜色：酸菜烤豬腳、酸菜豬肉盤、啤酒煨豬頰、酸菜鮭魚都不錯；春天時有白蘆筍可吃。酒單相當有特色，提供一些生物動力法酒莊（如Marc Kreydenweiss）或是自然派葡萄酒（如Julien Meyer）。

Tel：03-88-35-60-68
Add：21 Quai Saint-Nicolas, Strasbourg

老字號餐廳（La Vieille Enseigne）

這兩年經過改裝的老字號內裝變得現代寬敞與舒適，提供阿爾薩斯小酒館傳統菜色，並以十九世紀末阿爾薩斯畫家Henri Loux所繪製的「Obernai」餐盤盛菜，格外有氣氛。我當天點的黑皮諾醬汁牛肉相當美味。其實該店的特色在其酒單：非常齊全，不乏經典名酒（像是Josmeyer、Ostertag、Trimbach），也提供多家自然酒可供選擇，像是Domaine Kleinknecht、Rieffel、Catherine Riss等。

Tel：03-88-75-95-11
Add：Rue des Tonneliers, Strasbourg

雪維雷村（Scherwiller）

裕奈兒慕雷餐廳（Hünelmühle）

位於雪維雷村西郊，Château

位於貝格翰村內的侍酒師小酒館（左邊鑄鐵招牌處）。

de l'Ortenbourg城堡廢墟下方，Jean-Paul Schmitt酒莊對面（列為兩串葡萄酒莊）。其實此餐廳原屬於JPS酒莊，後由他人接手，但餐點一樣好吃。餐廳所在地其實有些偏僻，但嗜吃現已少見的「炸鯉魚薯條」傳統菜的饕客一定會聞香而來。相對於我曾吃過的版本，裕奈兒慕雷的炸鯉魚酥香爽脆肉質綿潤，建議可點一瓶Jean-Paul Schmitt的「Crémant Brut Zéro」搭配。飯後也別忘了到對面酒莊品酒。

Tel：03-88-92-06-04
Add：Ferme Hühnelmühle, Scherwiller

裕奈兒慕雷餐廳的炸鯉魚薯條酥香爽脆肉質綿潤。

貝格翰村（Bergheim）

侍酒師小酒館（Wistub du Sommelier）

位於貝格翰老村內，村外不遠就是知名酒莊Marcel Deiss。餐廳的核心是一座阿爾薩斯老暖爐，周圍環繞十幾張餐桌，桌距寬敞舒適。屬於現代法式料理，海鮮處理得恰到好處，搭配阿爾薩斯白酒相得益彰。五十一個特級園白酒基本上都能在此嘗到，各種風土滋味盡在酒單裡。建議可試試臺灣目前尚未進口的Sylvie Spielmann酒莊白酒。村內的果醬舖L'Eglantine de Bergheim有賣各葡萄品種的酒凍。

Tel：03-89-73-69-99
Add：51 Grand Rue , Bergheim

希克維爾村（Riquewihr）

托圖斯餐廳（Au Trotthus）

餐廳位於知名觀光酒村希克維爾的上坡處，村內有兩家優秀酒

托圖斯餐廳以精緻的法日混血創意菜為招牌。

莊：Hugel與Domaine Agapé。托圖斯的主廚Philippe Aubron除曾在澳洲與加勒比海工作，還曾於日本京都居住與執業超過二十年，所以菜色透出法日混血的創意，有時也推出日本全和牛套餐；基本上屬於精緻小份量的美食類型。餐廳名字直譯是「村內公用榨汁機房」的意思（其實就位於十六世紀的釀酒窖裡），昏黃燈光與粗木樑打造出溫馨放鬆的用餐氣氛。建議可點生物動力法酒莊Jean-Paul Schmitt或Domaine Bott-Geyl的酒搭餐。

Tel：03-89-47-96-47
Add：9 Rue des Juifs, Riquewihr

金葡萄串（La Grappe d'Or）

「金葡萄串」就位在希克維爾村進城不久後的右邊小巷內，店內的鵝黃燈光與牆上琳瑯滿目的葡萄農具裝飾很引人目光，經過此十六世紀老屋的當下就有入內用餐的衝

動。現代法式料理與阿爾薩斯傳統料理兼具，前者經過巧心精緻化，美味無負擔。我點的番紅花燉飯魚排與無花果為主的甜點都很令人滿意。建議可點Domaine Apagé的「Expression Pinot Gris」，干性圓潤飽滿帶香料調，具廣泛搭餐能力。

Tel：03-89-47-89-52
Add：1 Rue des Écuries-Seigneuriales, Riquewihr

凱瑟斯堡村（Kaysersberg）

湘芭小酒館（La Winstub du Chambard）

小酒館餐廳就位在曾被票選為法國最美村莊的凱瑟斯堡村內，屬於五星Chambard旅館的兩家餐廳之一，呈現溫馨小酒館氛圍，以阿爾薩斯傳統料理為主，若在秋冬來訪，可以試試當地野味（如紅酒醬汁鹿肉）。如果經濟能力許可，不妨試試旅館內另一家米其林二星餐廳：由法國工藝大師擔任主廚的La Table d'Olivier Nasti。

Tel：03-89-47-10-17
Add：9-13 Rue du Général de Gaulle, Kayserberg

英格塞村（Ingersheim）

阿爾薩斯餐酒館（Taverne Alsacienne）

位於柯爾瑪西郊，酒界人士愛來這裡用餐、舉辦主題品酒會。酒單相當完整，阿爾薩斯優秀酒莊的釀品多可飲到，建議試試Rolly Gassmann。這裡推出較為精緻一點的酒館菜：野生鮟鱇魚與明蝦，搭配阿爾薩斯番紅花奶油醬汁（La Lotte Sauvage et Gambas, Crème de Safran d'Alasce）、野生胡椒烤伊比利豬（La Pluma de Porc Iberique au Poivre Sauvage Saisie à la Plancha）、秋季時蔬鱈魚背搭配栗子南瓜醬汁，佐葡萄柚胡椒（Le Dos de Cabillaud Légume d'Automne, Coulis de Potimarron, baie de Timut）。

Tel：03-89-27-08-41
Add：99 Rue de la République, Ingersheim

金葡萄串餐廳位於十六世紀老屋內，氣氛溫馨。

文琛翰村（Wintzenheim）

美味角落（Au Bon Coin）

　　酒質優秀的兩串葡萄酒莊Josmeyer就位在文琛翰村內，餐廳距離酒莊走路約六分鐘距離（可以順道預約試酒）。美味角落為阿爾薩斯傳統菜餐廳，整體菜色尚可，可以試試烤阿爾薩斯鱒魚搭配阿爾薩斯麵疙瘩。餐廳的特色在其厚實的酒單，且許多阿爾薩斯老酒以合理價格供應，建議可以試試Albert Mann酒莊的老酒，例如「1996 Albert Mann Grand Cru Schlossberg Riesling」。

Tel：03-89-27-48-04
Add：4 Rue du Logelbach，Wintzenheim

衛多塞村（Wettolsheim）

陽光餐廳（Hôtel Restaurant Au Soleil）

　　此「陽光旅館」的附設餐廳位在柯爾瑪西南方5公里處的衛多塞酒村，村裡菁英酒莊雲集，如Domaine Albert Mann、Vignoble des 2 Lunes，以及只釀氣泡酒的Domaine Jean-Claude Buecher，眾酒莊都位於餐廳附近。主廚以當地食材烹製出美味的現代法式料理，強項在野味與鴨肝。Hengst特級園就在旁邊，不妨走走逛逛認識風土。餐廳裝潢現代舒適。

Tel：03-89-80-62-66
Add：20 Rue Sainte-Gertrude，Wettolsheim

Château d'Issenbourg & Spa城堡旅館附設的湯瑪利餐廳可鳥瞰葡萄園景致（下方葡萄園是Clos Château d'Isenbourg）。

魏斯塔頓村（Westhalten）

柯勒餐廳（Restaurant Koehler）

　　柯勒是白馬旅棧（Auberge du Cheval Blanc）的附屬餐廳，就位在Zinnkoepflé特級園下坡處，第一次是由酒莊莊主尚保羅·宙斯朗（Jean-Paul Zusslin）帶來，因為美味好食價格公道，所以我又二訪。整體環境優雅舒適，有專業侍酒師，酒單也頗精彩。真來了，別忘點Domaine Valentin Zusslin的「Crémant Terroir Clos Liebenberg」（品質勝過不少香檳）搭配杏仁片

柯勒餐廳以細緻手法呈現的的杏仁片鱒魚。

鱒魚，當然其他菜色也都很優（如生鮭魚粒南瓜溫湯）。餐後，也可以到相當陡峭的特級園裡散散步，練練腳力。

Tel：03-89-47-01-16
Add：20 Rue de Rouffach, Westhalten

胡發赫村（Rouffach）

湯瑪利餐廳（Restaurant Les Tommeries）

　　阿爾薩斯知名的葡萄種植與釀酒高職學校就位在胡發赫。村子北方的Château d'Issenbourg & Spa美麗城堡旅館（四星旅館）裡的附設餐廳湯瑪利擁有可以俯瞰的葡萄園環景，下方以梯田式種植的葡萄園是屬Dopff & Irion酒莊所有的獨占克羅園Clos Château d'Isenbourg（占地5公頃），可以釀出四個品種混調的美味白酒「Les Tourelles」。湯瑪利屬較精緻的現代法式料理。

Tel：03-89-78-58-50
Add：9-11 Rue de Pfaffenheim，

「年份」葡萄酒專賣店（Au Millésime）

　　「年份」位於史特拉斯堡市中心，應是史堡最老牌的葡萄酒專賣店，筆者曾在2001年底於店內實習過一個月。店內各產區的酒都有，甚至是各種烈酒、白蘭地、威士忌、蘋果酒等等（喜歡蘭姆酒者可以試試Rhums Compagnie des Indes，酒質相當細膩）。阿爾薩斯酒款相當齊全，建議可試Valentin Zusslin、Frédéric Mochel、Dirler-Cadé、Bott-Geyl與Domaine André Kientzler等等，或尋求店內專業人員的建議。

Web：https://www.aumillesime.com
Add：7 Rue du Temple Neuf, Strasbourg

「年份」可說是史堡最老牌的葡萄酒專賣店。

「自由的葡萄酒」專賣店（Au Fil du Vin Libre）

　　「自由的葡萄酒」位在史特拉斯堡南邊的運河旁，以有機、生物動力法，尤其是自然派葡萄酒為號招吸引不少愛酒人，也兼賣一些烈酒、啤酒與臘腸。值得購買的阿爾薩斯自然派葡萄酒有Julien Meyer、Cathrine Riss、André Kleinknecht、Domaine Rietsch、Domaine Rieffel、Jean-Marc Dreyer、Florian Beck-Hartweg、Pierre Frick、Jean-François Ginglinger、Christian Binner、Gérard Schueller、Laurent Banwarth（亦有釀陶甕酒）等。其他產區與國家的自然酒還包括羅亞爾河谷地的

Christian Binner（Domaine Binner）所釀的自然派葡萄酒可在「自由的葡萄酒」裡買到。

Alexandre Bain、Sébastien Riffault，西西里島的Arianna Occhipinti與Cos等等。

Web：http://www.aufilduvinlibre-strasbourg.com
Add：26 Quai des Bateliers, Strasbourg

「侍酒師」葡萄酒專賣店（La Sommelière）

　　位在柯爾瑪教堂旁的這家「侍酒師」是該市最佳葡萄酒專賣店，為Domaine Marc Tempé的關係企業。除葡萄酒，也賣蘋果烈酒（Calvados）與各式酒器。阿爾薩斯方面售有：Barmès-Buecher、Laurent Barth、Philippe Brand、Jean-Claude Buecher、Marcel Deiss、Dirler-Cadé、Pierre Frick、Clément Lissner 、Albert Mann、André Ostertag、Jean-Paul Schmitt、Marc Tempé、Vignoble du Rêveur、Domaine Weinbach、Zind-Humbrecht與Valentin Zusslin等等。

Web：http://www.lasommeliere.fr
Add：2 Rue des Tourneurs, Colmar

附 錄
5
阿爾薩斯歡樂節慶
Joyeuses Fêtes en
Alsace

巴爾葡萄採收節的三位入選採收皇后與佳麗。　　巴爾葡萄採收節的國際表演樂隊之一。

　　阿爾薩斯地區民風開放，友善外來者，旅遊業也是其重要收入來源，故歡迎遊客參訪其多樣的節慶活動，除國際知名的史特拉斯堡耶誕市集之外，還有艾基塞村（Eguisheim）的秋季新酒節（Fête du Vin Nouveau）、葡萄採收節與酸菜節可以參加，後兩者尤其有趣，簡介如下。

巴爾葡萄採收節（Fête des Vendanges de Barr）

　　上萊茵的「葡萄酒首都」是柯爾瑪，下萊茵則是位於史特拉斯堡西南方約半小時車程的巴爾市（Barr），阿爾薩斯的首株格烏茲塔明那也被種在這裡。每年秋季10月初該市會舉辦全阿爾薩斯最大的葡萄採收節，以慶祝一年一度採收季的到來（2021年將舉行第六十九屆），在兩天半的活動裡，除選出

採收季皇后與佳麗們，還會擺設許多美食攤位、工藝品攤位、眾家國際樂隊表演及節慶遊行。巴爾市最知名的兩個葡萄園是Kirchberg de Barr特級園與Clos de la Folie Marco克羅園，村內的優質酒莊Domaine Hering在採收節期間會開放品酒，除嘗嘗上述兩園的白酒，讀者不妨也試試他家釀得非常可口的黑皮諾。

巴爾市政府官網：https://www.barr.fr
巴爾市政府電話：03-88-08-66-66

甘藍菜村酸菜節（Fête de la Choucroute Krautergersheim）

　　位於史特拉斯堡西南方大約二十分鐘車程的甘藍菜村（Krautergersheim），顧名思義以種植用來醃漬酸菜的甘藍菜出名，每年9月底週末該村也會舉行盛大的酸菜節（2021年將舉行第四十八屆），酸菜節重頭戲是多姿多彩的

喧鬧花車遊行，當然品嘗當地美食（尤其是豬肉酸菜盤）更是不可少，村內也展示如何碾切酸菜成絲，以加粗鹽醃漬。除了買酸菜外，還有許多當地風土特產可以品嘗購買（如果醬、蜂蜜、糕點、藥草花茶與手工藝品等等）。若要看花車遊行，建議當天早上十點就到達，否則車子要停得老遠。請加入「Fête de la Choucroute Krautergersheim」臉書粉絲專頁以獲取相關資訊。

甘藍菜村酸菜節的遊行花車之一。

附錄 6　進口商一覽表
Les Importateurs de Vins d'Alsace

莊名	進口商	莊名	進口商
三串葡萄酒莊 Domaines Classés en 3 Grappes		Domaine Frédéric Mochel	尚無進口
Domaine Albert Boxler	尚無進口	Domaine Gross	尚無進口
Domaine Albert Mann	興饗	Famille Hugel	酩洋
Domaine Dirler-Cadé	尚無進口	Domaine Jean-Claude Buecher	尚無進口
Domaine Jean-Marc Dreyer	尚無進口	Domaine Jean-Paul Schmitt	餐桌有酒
Domaine Kirrenbourg	尚無進口	Domaine Jean Sipp	環風選酒
Domaine Loew	創潮	Domaine Josmeyer	翰品酒窖
Domaine Marcel Deiss	心世紀	Domaine Kumpf & Meyer	尚無進口
Domaine Marc Tempé	歐客佬（Jason's VINO）	Domaine Laurent Barth	尚無進口
Domaine Muller-Koeberlé	歐客佬（Jason's VINO）	Domaine Marc Kreydenweiss	Wine O'Clock Taiwan
Domaine Ostertag	泰德利	Domaine Meyer-Fonné	尚無進口
Domaine Rieffel	歐客佬（Jason's VINO）	Domaine Muré	三井
Domaine Rolly Gassmann	歐客佬（Jason's VINO）	Domaine Neumeyer	大樂酒坊
Domaine Schoenheitz	歐客佬（Jason's VINO）	Domaine Pierre Frick	新生活
Domaine Sylvie Spielmann	尚無進口	Domaine Rietsch	尚無進口
Domaine Valentin Zusslin	尚無進口	Domaine Schlumberger	金醇
Domaine Weinbach	佳釀	Domaine Schoffit	詩人酒窖
Domaine Zind Humbrecht	佳釀	Domaine Trapet	尚無進口
二串葡萄酒莊 Domaines Classés en 2 Grappes		Maison Trimbach	星坊
Domaine André Kientzler	尚無進口	Vignoble des 2 Lunes	馬戲團市集
Domaine Barmès-Buecher	Lep'titcru	一串葡萄酒莊 Domaines Classés en 1 Grappe	
Domaine Beck-Hartweg	尚無進口	Domaine Fritsch	尚無進口
Domaine Binner	BeApe	Domaine Hering	尚無進口
Domaine Bohn	酒友社	Domaine Pfister	尚無進口
Domaine Bott-Geyl	尚無進口	Wolfberger	橡木桶
Domaine Christian Barthel	歐客佬（Jason's VINO）		

阿爾薩斯最佳酒莊與葡萄酒購買指南
Les Meilleurs Domaines d'Alsace

作　　　者　劉永智
特約編輯　魏嘉儀

總 編 輯　王秀婷
責任編輯　王秀婷
編輯助理　梁容禎
行銷業務　黃明雪、林佳穎
版　　權　徐昉驊

發 行 人　凃玉雲
出　　版　積木文化
　　　　　104台北市民生東路二段141號5樓
　　　　　電話：(02) 2500-7696　　傳真：(02) 2500-1953
　　　　　官方部落格：http://cubepress.com.tw/
　　　　　讀者服務信箱：service_cube@hmg.com.tw
發　　行　英屬蓋曼群島商家庭傳媒股份有限公司城邦分公司
　　　　　台北市民生東路二段141號11樓
　　　　　讀者服務專線：(02)25007718-9　24小時傳真專線：(02)25001990-1
　　　　　服務時間：週一至週五上午09:30-12:00、下午13:30-17:00
　　　　　郵撥：19863813　　戶名：書虫股份有限公司
　　　　　網站：城邦讀書花園　網址：www.cite.com.tw
香港發行所城邦（香港）出版集團有限公司
　　　　　香港灣仔駱克道193號東超商業中心1樓
　　　　　電話：852-25086231　　傳真：852-25789337
　　　　　電子信箱：hkcite@biznetvigator.com
馬新發行所城邦（馬新）出版集團Cite (M) Sdn Bhd
　　　　　41, Jalan Radin Anum, Bandar Baru Sri Petaling,
　　　　　57000 Kuala Lumpur, Malaysia.
　　　　　電話：603-90578822　　傳真：603-90576622
　　　　　email: cite@cite.com.my

封面設計　Pure
內頁排版　Pure
製版印刷　上晴彩色印刷製版有限公司

城邦讀書花園
www.cite.com.tw

【印刷版】
2021 年 11 月 25 日 初版一刷　　Printed in Taiwan.
售價／990元
ISBN 978-986-459-359-0
版權所有・翻印必究

【電子版】
2021 年 11 月 初版
ISBN 978-986-459-358-3 (EPUB)

國家圖書館出版品預行編目資料

阿爾薩斯最佳酒莊與葡萄酒購買指南 =
Les Meilleurs Domaines d'Alsace/劉永智
著. -- 初版. -- 臺北市：積木文化出版：英
屬蓋曼群島商家庭傳媒股份有限公司城邦
分公司發行, 2021.11
　面；　公分
ISBN 978-986-459-359-0(平裝)

1.葡萄酒

463.814　　　　　　　　　　110016285